中等职业教育改革创新示范教材

计 算 机 绘 图
——AutoCAD 2011 中文版

主　编　刘魁敏
副主编　付生力　刘秀艳　李风冀
参　编　霍秀静　韩军武　薛兰格
　　　　王晓飞　张中波　付　尧

机 械 工 业 出 版 社

本书以 AutoCAD 2011 中文版为蓝本，以二维绘图基础—零件图—装配图的顺序为编写主线，全面、详细地介绍了 AutoCAD 2011 中文版的特点、功能、使用方法和技巧。全书共分 12 章，包括 AutoCAD 2011 的基础知识，二维绘图命令，二维图形编辑命令，精确绘图工具，基本绘图环境与编辑对象的特性，图形显示控制，图案填充，文字与表格，块、设计中心及创建注释性对象简介，尺寸标注，绘制装配图及图形输出。每章后都附有思考与练习题，读者可结合书中内容进行同步练习。

本书结构合理、内容简明实用、实例丰富、针对性强，既可作为中等职业学校的计算机绘图课程教材，也可供从事计算机辅助设计与绘图的工程技术人员参考使用。

图书在版编目（CIP）数据

计算机绘图：AutoCAD 2011 中文版/刘魁敏主编. —北京：机械工业出版社，2012.6（2023.2 重印）
职业教育示范专业规划教材
ISBN 978-7-111-38416-8

Ⅰ. ①计… Ⅱ. ①刘… Ⅲ. ①AutoCAD 软件－职业教育－教材
Ⅳ. ①TP391.72

中国版本图书馆 CIP 数据核字（2012）第 100921 号

机械工业出版社（北京市百万庄大街 22 号　邮政编码 100037）
策划编辑：王佳玮　责任编辑：王佳玮　王海霞
版式设计：霍永明　责任校对：陈　越
封面设计：鞠　杨　责任印制：单爱军
北京虎彩文化传播有限公司印刷
2023 年 2 月第 1 版第 8 次印刷
184mm×260mm·16 印张·395 千字
标准书号：ISBN 978-7-111-38416-8
定价：45.00 元

电话服务　　　　　　　　网络服务
客服电话：010-88361066　机 工 官 网：www.cmpbook.com
　　　　　010-88379833　机 工 官 博：weibo.com/cmp1952
　　　　　010-68326294　金 书 网：www.golden-book.com
封底无防伪标均为盗版　机工教育服务网：www.cmpedu.com

前　　言

AutoCAD 2011 是由美国 Autodesk 公司推出的计算机辅助设计与绘图软件，是目前最流行的计算机辅助设计（CAD）软件之一。它具有很强的绘图编辑功能，可进行 CAD 系统的二次开发，其操作简便、适用面广，广泛应用于机械、建筑、电子和航天等工程领域。

本书以实用为目的，注重 AutoCAD 的功能与工程制图的结合、课堂教学与上机实践的结合，以通俗的语言、大量的插图和实例，由浅入深地详细介绍了 AutoCAD 2011 软件的功能和使用方法。本书具有以下特点：

1）内容的系统性。本书以 AutoCAD 2011 为基础，以二维绘图基础—零件图—装配图的顺序为编写主线，按照绘图过程组织内容体系；从简单的平面图形绘制入手，详细介绍 AutoCAD 的基本功能，讲解循序渐进，知识点逐渐展开，便于读者接受其内容。

2）突出实用性。本书注重以图例介绍用 AutoCAD 绘制工程图样的方法，各章节中穿插了大量图例；相关单元设置了综合应用实例，直观、易懂；每章后均附有思考与练习题。这样编写旨在满足理论教学与上机实践有机结合的要求，并使学生从中领会 AutoCAD 的功能、特点和应用技巧。

3）贯彻执行新的国家标准。本书执行我国最新的制图国家标准，如表面粗糙度、几何公差的标注等相关标准，以便指导学生有效地将 AutoCAD 的丰富资源与国家标准相结合，进行规范化设计。

本书共分为 12 章，包括 AutoCAD 2011 的基础知识，二维绘图命令，二维图形编辑命令，精确绘图工具，基本绘图环境与编辑对象的特性，图形显示控制，图案填充，文字与表格，块、设计中心及创建注释性对象简介，尺寸标注，绘制装配图及图形输出。思考与练习题中带"*"的题目为选做题，可视情况取舍。

本书按 30 ~ 60 学时编写，既可作为中等职业学校的计算机绘图课程教材，也可供从事计算机辅助设计与绘图的工程技术人员参考使用。

参加本书编写的有刘魁敏（第 1、4 章及全部思考与练习题）、霍秀静（第 2 章）、韩军武（第 3 章）、薛兰格（第 5 章）、付生力（第 6、12）、王晓飞（第 7 章）、付尧（第 8 章）、刘秀艳（第 9 章）、李凤冀（第 10 章）、张中波（第 11 章）。全书由刘魁敏任主编，付生力、刘秀艳、李凤冀任副主编。

由于编者水平有限，书中难免存在错漏之处，望广大读者批评指正。

编　者

目　　录

第1章 AutoCAD 2011 的基础知识

本章主要介绍 AutoCAD 的一些基础知识，包括 AutoCAD 2011 的启动、工作界面、命令与数据的输入，以及图形文件的管理等内容。本章的学习，可为以后快速有效地绘图打下基础。

1.1 AutoCAD 2011 的启动

完成 AutoCAD 2011 中文版的安装后，操作系统的桌面上通常会自动生成 AutoCAD 2011 中文版的快捷方式图标，如图 1-1 所示。

可通过以下方式启动 AutoCAD 2011：

1）双击桌面上的 AutoCAD 2011 快捷方式图标。

2）单击"开始"→"程序"→"Autodesk"→"AutoCAD 2011-Simplified Chinese"→"AutoCAD 2011"，如图 1-2 所示。

图 1-1 AutoCAD 2011 快捷方式图标

图 1-2 通过"开始"菜单
启动 AutoCAD 2011

1.2 AutoCAD 2011 的工作界面

AutoCAD 2011 的工作界面如图 1-3 所示，主要由应用程序按钮、快速访问工具栏标题栏、菜单浏览器、菜单栏、工具栏、绘图窗口、坐标系图标、命令窗口与文本窗口、十字光标、状态栏、滚动条等组成。

（1）应用程序按钮 应用程序按钮位于界面的左上角，单击该按钮，系统弹出应用程序菜单，如图 1-4 所示。该菜单包含了 AutoCAD 的部分功能和命令，可以执行搜索命令、预览最近打开的图形文件、退出 AutoCAD 等。选择不同选项后即可执行相应操作。

（2）快速访问工具栏 AutoCAD 2011 的快速访问工具栏位于应用程序按钮的右侧，如图 1-5 所示。用户可以自定义此工具栏，使其显示最常用的工具。用鼠标右键单击快速访问工具栏，在弹出的快捷菜单中选择相关选项进行操作，即可在快速访问工具栏中添加或删除按钮等。

单击快速访问工具栏最右端的下拉按钮，系统将弹出如图 1-6 所示的下拉菜单。在其中可以自定义快速访问工具栏、打开或关闭工具按钮、显示或隐藏菜单栏等。

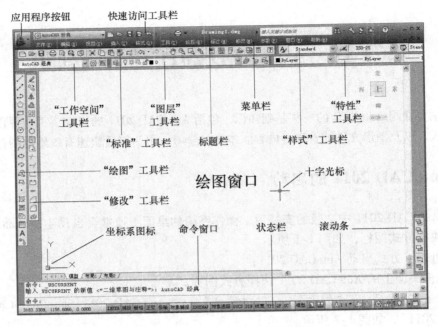

图 1-3　AutoCAD 2011 的工作界面

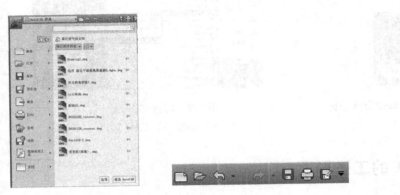

图 1-4　应用程序菜单　　　　图 1-5　快速访问工具栏

图 1-6　快速访问工具栏下拉菜单

（3）标题栏　标题栏位于工作界面的最上面，如图 1-7 所示，用于显示系统当前正在运行的程序名称（AutoCAD 2011）及文件名等信息。AutoCAD 默认新建的文件名为"DrawingN. dwg"（N 为阿拉伯数字）。

图 1-7　标题栏及信息中心

标题栏右侧是信息中心，用户可以搜索产品帮助文件，访问通信中心，管理收藏的搜索结果或访问其他帮助资源。信息中心右侧的按钮用来完成窗口的最小化、最大化和关闭应用程序等操作。

（4）菜单栏　标题栏的下方是菜单栏。同其他 Windows 程序一样，AutoCAD 2011 的菜单也是下拉形式的。AutoCAD 2011 默认的菜单栏中有文件（F）、编辑（E）、视图（V）、插入（I）、格式（O）、工具（T）、绘图（D）、标注（N）、修改（M）、参数（D）、窗口（W）和帮助（H）共 12 个菜单项，几乎包含了 AutoCAD 的所有绘图和编辑命令。

单击主菜单项或使用快捷键的方式可以打开对应的下拉菜单。用快捷键打开下拉菜单的方法是：先按住"Alt"键，然后输入菜单名称中括号内的热键字母。例如，欲打开"绘图（D）"下拉菜单（图 1-8），可先按住"Alt"键，再按"D"键。

一般来讲，AutoCAD 2011 下拉菜单中的命令有以下三种类型：

1）带有子菜单的菜单命令　这种类型的菜单命令后面跟有"▶"，表明后面带有子菜单。如绘制圆的命令，如图 1-8 所示。

2）打开对话框的菜单命令　这种类型的命令后面带有"…"，选中该命令，屏幕上会打开对应的对话框。

3）直接执行的菜单命令　选择这种类型的命令，将直接进行相应的绘图或其他操作。例如，选择"视图"→"重画"命令，系统将刷新显示所有视口。

图 1-8　带有子菜单的菜单命令

把光标移动到下拉菜单中的某个命令时，状态栏将同时显示对应的说明。

（5）工具栏　工具栏是一组图标型工具的集合。把光标移到某个图标上，稍停片刻即在该图标一侧显示相应的工具提示，单击图标按钮便可启动相应命令。AutoCAD 2011 提供了多种工具栏，图 1-9 所示为"绘图"和"修改"工具栏。

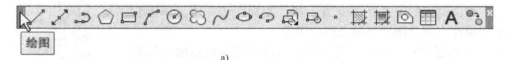

绘图

a)

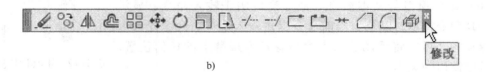

修改

b)

图 1-9　"绘图"和"修改"工具栏
a)"绘图"工具栏　b)"修改"工具栏

工具栏可以在绘图窗口"浮动"。如图 1-10 所示的四个工具栏呈水平位置，单击其右端的"×"标签可关闭该工具栏；用鼠标可以拖动"浮动"工具栏到绘图窗口边界，使之变为"固定"工具栏。这时工具栏上隐藏了"×"标签；也可以将"固定"工具栏拖出，使之再次成为"浮动"工具栏。

有些工具栏图标按钮的右下角带有一个小三角，在这些图标按钮上按住鼠标左键会打开相应的子工具栏，将光标移动到某一图标上然后松开鼠标，该图标即为当前图标，便执行相应命令，如图 1-11 所示。

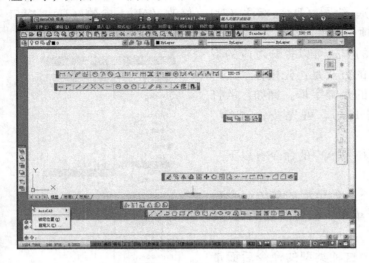

图 1-10　"浮动"工具栏与"固定"工具栏　　　　　图 1-11　缩放命令的子工具栏

　　　调用工具栏的方法是：将光标放在工具栏上（非状态显示框范围）并单击鼠标右键，此时系统弹出一个快捷菜单（图 1-12），从中可选用相应的工具栏选项。其中带"√"符号的表示已经在界面打开该工具栏。也可通过"工具"→"工具栏"→"Auto-CAD▶"方式调用工具栏。对于"固定"工具栏，用鼠标右键单击其两端对应区域便可弹出快捷菜单，从中也可设置工具栏等。

　　　（6）绘图窗口　绘图窗口是用来显示、绘制和编辑图形的工作区域。绘图窗口的下方有"模型"和"布局"选项卡，单击它们可实现模型空间与图纸空间之间的切换。

　　　（7）坐标系图标　坐标系图标显示当前绘图所使用的坐标系形式。

　　　（8）命令窗口与文本窗口　命令窗口用于输入命令、显示 AutoCAD 命令提示，以及为当前命令提供输入值等。命令窗口可以是浮动的，可以将浮动的命令窗口移动到屏幕上的任何位置，并可调整窗口的大小。

图 1-12　工具栏快捷菜单

　　　输入命令名或值后，按"Enter"键，默认情况下将启用动态输入，此功能可在光标旁边显示命令提示和输入值，如图 1-13 所示。

　　　任何命令在处于执行交互状态时，都可按"Esc"键取消该命令，回到"命令："状态，也只有在此状态下才可输入命令。

　　　文本窗口是记录 AutoCAD 命令及操作过程的窗口（图 1-14），可以通过选择"视图"→"显示"→"文本窗口"命令，或者按"F2"键打开或关闭文本窗口。

　　　（9）十字光标　十字光标用于绘图和编辑图形时，指定点或选择对象，它位于绘图窗口内。

　　　（10）状态栏　状态栏用于显示 AutoCAD 的当前状态（图 1-15），如当前光标的坐标、绘图辅助工具的设置、绘图空间、注释比例、应用程序状态栏菜单设置等。其有关内容将在后续章节中介绍。

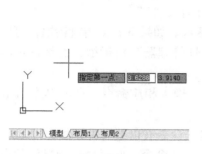

图 1-13 动态输入

图 1-14 文本窗口

图 1-15 状态栏

状态栏中相关项的状态，可通过单击鼠标左键进行开或关的转换；也可以单击鼠标右键，从弹出的菜单中选择开、关及设置。这些模式还可以通过功能键打开或关闭，见表 1-1。

表 1-1 功能键及其作用

功 能 键	作 用	功 能 键	作 用
F1	AutoCAD 帮助	F7	栅格显示开/关
F2	切换文本/绘图窗口	F8	正交模式开/关
F3	对象捕捉开/关	F9	光标捕捉模式开/关
F4	数字化仪模式开/关	F10	极轴追踪模式开/关
F5	切换等轴测平面模式	F11	对象捕捉追踪开/关
F6	坐标显示开/关	F12	动态输入模式开/关

（11）滚动条　AutoCAD 2011 绘图窗口的下方和右侧提供了用来浏览图形的水平和竖直方向的滚动条。在滚动条中单击鼠标，单击滚动条上带箭头的按钮或拖动滚动条中的滑块，用户便可以在绘图窗口中按水平或竖直两个方向浏览图形。

1.3 AutoCAD 命令

用 AutoCAD 2011 绘图时，必须输入正确的命令，并正确地回答命令的提示。AutoCAD 2011 有上百条命令，其种类繁多，参数和子命令各不相同。正确地理解命令和使用命令是学习 AutoCAD 2011 的基础。

1.3.1 AutoCAD 命令的输入方法

在 AutoCAD 系统中，任何操作都是通过输入不同的命令来实现的。AutoCAD 系统提供了多种命令的输入方法。

（1）键盘输入　当命令窗口出现"命令："提示时，用键盘输入命令名，然后按"Enter"键，便执行该命令。

AutoCAD 命令名是一些英文单词或它的简写，因此，一些命令在"命令："提示下，可以省略输入，即输入命令名的简写字母，如直线命令可输入"L"。

在大多数情况下，直接输入命令会打开相应的对话框。如果不想使用对话框，可以在命令前加上"-"，如"-LAYER"，此时不打开"图层特性管理器"对话框，而是显示等价的命令行提示信息，同样可以对图层特性进行设定。

（2）工具栏输入　单击工具栏中的某个图标按钮，输入相应命令。此时命令行显示该命令，但命令前有下划线。

（3）菜单输入　在 AutoCAD 2011 中，通过菜单输入命令有以下三种方法：

1）下拉菜单输入　选中下拉菜单选项，输入 AutoCAD 命令。此时命令行显示的命令与从键盘输入的命令一样，但其前面有下划线。

2）快捷菜单输入　用鼠标右键单击屏幕上不同的位置或不同的进程，将弹出不同的快捷菜单，从中可以选择与当前操作相关的命令，如图 1-16 所示。

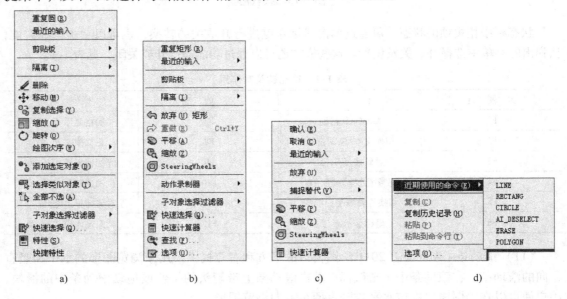

图 1-16　快捷菜单

a）选择某对象，但未执行命令时的绘图窗口快捷菜单　b）未选择对象、未执行命令时的绘图窗口快捷菜单
c）执行某命令时的绘图窗口快捷菜单　d）命令窗口快捷菜单

此外，按住"Shift"键，用鼠标右键单击工作界面，将弹出"对象捕捉和点过滤"菜单（图 1-17），可选择其中的选项。

3）单击应用程序按钮，显示菜单项，可从中选择相应的菜单命令。

（4）重复命令的输入　在 AutoCAD 执行完某个命令后，如果要立即重复执行该命令，按"Enter"键或空格键即可。也可利用右键快捷菜单重复执行某个命令（图 1-16a、b、d）。

（5）嵌套命令的输入　所谓嵌套（或称透明）命令是指在某一命令的执行期间，可以插入执行另一条命令，而执行完后能回到原命令执行状态，且不影响原命令继续执行的命令。

从键盘输入嵌套命令时，应在该命令前加一"'"符号；当用户用鼠标单击命令按钮时，系统可自动切换到嵌套命令的状态而无需用户输入。执行嵌套命令时会出现"＞＞"提示符。不是所有命令都能作为嵌套命令使用，通常用作嵌套命令的是一些绘图辅助命令，如"ZOOM"、"PAN"等。

例如，在"LINE"命令的执行过程中，使用嵌套"ZOOM"命令，其操作过程如下：

命令：LINE↓

指定第一点：（指定一点）

指定下一点或［放弃（U）］：（指定一点）

指定下一点或［放弃（U）］：　'ZOOM↓

＞＞指定窗口的角点，输入比例因子（nX 或 nXP），或者［全部（A）/中心（C）/动态（D）/范围（E）/上一个（P）/比例（S）/窗口（W）/对象（O）］＜实时＞：W↓

＞＞指定第一个角点：（指定一点）

＞＞指定对角点：（指定一点）

正在恢复执行 LINE 命令

指定下一点或［放弃（U）］：（指定一点）

指定下一点或［闭合（C）/放弃（U）］：↓

图 1-17　"对象捕捉和
点过滤"菜单

1.3.2　AutoCAD 命令的执行方式

在 AutoCAD 中，不论以哪种方式输入命令，命令的执行过程都是一样的。下面以"ZOOM"命令的提示为例说明 AutoCAD 命令的执行过程。

命令：ZOOM↓

＞＞指定窗口的角点，输入比例因子（nX 或 nXP），或者［全部（A）/中心（C）/动态（D）/范围（E）/上一个（P）/比例（S）/窗口（W）/对象（O）］＜实时＞：W↓

这里"ZOOM"是命令，"↓"表示按"Enter"键确认，其余是命令提示。

要执行某一个命令时，大多数情况下应首先输入命令，按"Enter"键确认后，Auto-CAD 提示输入参数或命令选项的缩写字母，这些交互式信息输入完毕后再按"Enter"键确认，命令功能才能被执行。

1. 提示说明

1）选项中不带括号的提示为默认选项，此例中可直接指定一点或输入比例因子（nX或 nXP）。

2）要选择"［　］"里的选项，首先应输入该选项的标识字符，如"全部"选项的标识字符"A"，然后按系统提示输入相关内容。

3）"＜＞"内为默认值（系统的默认值，可重新输入或修改）或当前值。若对提示直接按"Enter"键确认，则系统将取默认值。

4）"（）"里的内容是 AutoCAD 命令选项的说明。

2. 中止命令的方式

1）命令执行完毕。

2）从菜单栏或工具栏调用另一命令，这将自动终止当前正在执行的任何命令。

3）从该命令的右键快捷菜单中选择"取消"选项。

4）任何时候要中断命令，可按"Esc"键，有的命令需要按两次"Esc"键。

3. "Enter"键的等效键

1）除了在文字输入的情况下，空格键与"Enter"键具有同等功效，这样可以方便操作。

2）对于一些命令或命令选项，单击鼠标右键也相当于按"Enter"键。若在命令执行过程中单击鼠标右键，弹出右键快捷菜单，然后用鼠标左键单击"确认"选项，也相当于按"Enter"键。当然，这与在"选项"对话框中的"用户系统配置"选项卡内定义的鼠标右键工作方式有关。

由此可见，对本书后面叙述中的"Enter"一词的实际操作，可以按"Enter"键，多数情况也可以按空格键或鼠标右键。

3）执行完一条命令后按"Enter"键，可重复执行上一条命令。

1.3.3 本书的约定

为了阅读方便，本书在以后的叙述中约定如下：

1）以"↓"代表按"Enter"键，多数情况下也代表按空格键或鼠标右键。

2）楷体字表示的内容为 AutoCAD 2011 命令窗口中的命令和提示。

1.4 数据的输入

1.4.1 AutoCAD 坐标系统简介

AutoCAD 系统是采用三维笛卡儿直角坐标系来确定点的位置的。在状态栏中显示的三维坐标值就是笛卡儿坐标系中的数值，它准确地反映了当前光标所处的位置。

AutoCAD 的默认坐标系为世界坐标系（WCS）。它由三个互相垂直并相交的坐标轴 X、Y、Z 组成，X 轴的正向为水平向右，Y 轴的正向为垂直向上，Z 轴的正向为垂直屏幕向外侧，如图 1-18 所示。

世界坐标系（WCS）是默认坐标系统，其坐标原点和坐标轴方向是不变的。为了方便绘图，可以根据需要对世界坐标系进行平移、旋转等操作，建立用户坐标系（UCS）。用户坐标系是相对世界坐标系而言的。尽管用户坐标系中三个坐标轴之间仍然相互垂直，但其在方向及位置上有很大的灵活性，如图 1-19 所示。

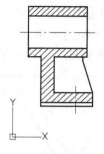

图 1-18　世界坐标系

图 1-19　用户坐标系示例

1.4.2　数据的输入方法

输入一条命令后，通常还需要为命令的执行提供一些必要的附加信息，如输入点、数值、角度等。下面介绍几种数据的输入方法。

1. 点坐标的输入

（1）用键盘输入点的坐标

1）直角坐标　直角坐标又可分为以下两类：

① 绝对直角坐标　绝对直角坐标是相对当前坐标系原点的坐标。用直角坐标系中的 X、Y、Z 的坐标值，即（X，Y，Z）表示一个点。在键盘上按顺序直接输入数值，各数值之间用"，"隔开。二维点可直接输入（X，Y）的数值，如图 1-20 所示。

② 相对直角坐标　所谓相对直角坐标，是指某点相对于已知点沿 X 轴和 Y 轴的位移（ΔX，ΔY）。输入时，必须在其前面加"@"符号。如图 1-21 所示，"@50，90"表示点 C 相对于点 B，沿 X 轴方向移动"50"（数值的单位为操作当前状态设置的单位，后同），沿 Y 轴方向移动"90"，也等同于点 C 的绝对坐标为（65，110）。

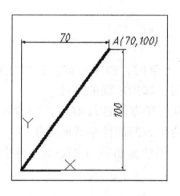

图 1-20　绝对直角坐标

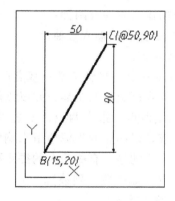

图 1-21　相对直角坐标

2）极坐标　极坐标是通过相对于极点的距离和角度来定义的位置。在系统默认的情况下，AutoCAD 2011 以逆时针方向来测量角度，水平向右（即 X 轴正向）为 0°。

① 绝对极坐标　绝对极坐标是指通过输入某点与当前坐标系原点的距离，及该点在 XOY 平面中与坐标原点的连线与 X 轴正向的夹角来确定的位置，其输入格式为"距离 < 角度"。如图 1-22 所示，"100 < 30"表示 D 点距原点为"100"，与 X 轴的正向夹角为 30°。

② 相对极坐标　相对极坐标是指通过定义某点与已知点之间的距离，以及两点之间连线与 X 轴正向的夹角来定位该点的位置，其输入格式为"@ 距离 < 角度"。如图 1-23 所示，"@ 110 < 60"表示点 F 相对于点 E 的距离为"110"，E、F 连线与 X 轴正向夹角为 60°。

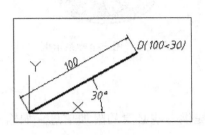

图 1-22　绝对极坐标

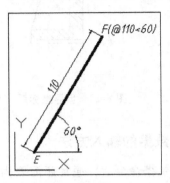

图 1-23　相对极坐标

（2）用光标输入点　移动光标到所需要的位置后，按鼠标左键，就输入了光标所处位置点的坐标。

（3）目标捕捉方式输入　用目标捕捉方式捕捉屏幕上已有图形的特殊点（如端点、中点、中心点、交点、切点、插入点、垂足点等，详见第 4 章）。

（4）直接距离输入　对于二维点，可移动光标指定方向，然后直接输入距离，即完成该点坐标的输入。这实际上是用相对坐标方法输入。

2. 数值的输入

在 AutoCAD 中，一些命令的提示需要输入数值，包括高度、宽度、长度、半径、直径、行数或列数、行间距及列间距等。

数值的输入方法有两种：

1）从键盘直接输入数值。

2）指定点。

① 指定一点　当确定某一基点后，在系统提示输入值时，指定一点。这时系统会自动计算出基点到指定点的距离，并以该值作为输入的数值，如指定圆的半径。

② 指定两点　指定两点，系统以这两点之间的距离和方向进行响应，如输入行（列）间距值；或者以两点的坐标增量来响应，如同时输入两个方向的偏移或间距值。

值得注意的是，有些命令的提示要求只能是正数，不能是负数（如直径、半径）；有些只能是整数（如行数、列数）。

3. 位移的输入

位移是一个矢量，表示两点之间的距离和方向。一些命令需要输入位移。

（1）从键盘上输入位移

1）输入两个位置点的坐标，这两点的坐标差即为位移。

2）输入一个点的坐标，用该点的坐标作为位移。

（2）用光标确定位移　在命令提示下，用光标拾取一点，此时移动光标，屏幕上出现与拾取点连接的一橡皮筋线，用光标拾取另一点，则确定了位移。

4. 角度的输入

有些命令的提示要求输入角度，采用的角度制度与精度由 UNITS 命令设置。一般规定，X 轴的正向为 0°方向，逆时针方向为正值，顺时针方向为负值。

（1）直接输入角度值　在角度提示符后，用键盘直接输入其数值。

（2）通过输入两点确定角度值　通过输入第一点与第二点的连线方向确定角度，但应注意其大小与输入点的顺序有关。规定第一点为起始点，第二点为终点，角度数值是指从起点到终点的连线与以起始点为原点的 X 轴正向、逆时针转动所夹的角度。例如，起始点为 (0，0)，终点为 (0，10)，其夹角为 90° (图 1-24a)；起始点为 (0，10)，终点为 (0，0)，其夹角为 270° (图 1-24b)。

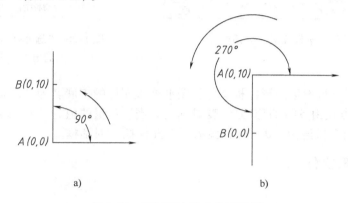

图 1-24　通过两点输入角度示例

1.5　AutoCAD 的文件管理

1.5.1　创建新图形

1. 功能

设置绘图环境，创建一个新的图形文件。

2. 命令格式

（1）工具栏　标准→![按钮]按钮

（2）下拉菜单　文件→新建

（3）快捷键　Ctrl + N

（4）应用程序按钮　在应用程序按钮菜单中选择"新建"选项

（5）输入命令　NEW↓（或 QNEW）

执行上述命令后，系统弹出"选择样板"对话框，如图 1-25 所示。

利用该对话框，可以调用默认的图形样板文件。另外，单击该对话框右下角的"打开"下拉箭头，将弹出一下拉列表（图 1-26）。在该下拉列表中，"打开（O）"选项用于打开已选择的样板文件；"无样板打开-英制（I）"选项是以英制单位打开系统内部默认的图形样板文件，默认图形边界（称为图形界限）为 12in×9in；"无样板打开-公制（M）"选项是以公制单位打开系统内部的图形样板文件，默认图形边界为 $429\text{mm} \times 297\text{mm}$。

图 1-25 "选择样板"对话框

图 1-26 "选择样板"对话框中的
"打开"下拉列表

也可根据需要自行设置图形样板文件。图形样板文件的扩展名为".dwt"。

NEW 命令的方式由 STARTUP 系统变量确定。当该变量的值为"1"时，显示"创建新图形"对话框；当变量值为"0"时，显示"选择样板"对话框。

1.5.2 打开图形文件

1. 功能

打开一个现有的图形文件。

2. 命令格式

（1）工具栏 标准→📂 按钮

（2）下拉菜单 文件→打开

（3）快捷键 Ctrl + O

（4）应用程序按钮 在应用程序按钮菜单中选择"打开"选项

（5）输入命令 OPEN↓

执行上述命令后，系统弹出"选择文件"对话框，如图 1-27 所示。可从中选择需要打开的文件，此时右面的"预览"框中将显示该图形文件的预览图像。默认情况下，打开图形文件的类型为".dwg"格式，也可通过文件类型显示框右侧的下拉箭头，在弹出的下拉列表框中选择文件的类型。

另外，单击"选择文件"对话框右下角的"打开"下拉箭头，将弹出一下拉列表（图1-28），可以用图示的四种方式打开图形文件。其中，使用"以只读方式打开（R）"方式时，无法对打开的图形进行编辑修改；以"局部打开（P）"、"以只读方式局部打开（T）"方式打开图形时，将弹出"局部打开"对话框，从中可以打开和加载局部图形。

1.5.3 保存图形文件

新绘制或修改图形后，应对图形文件进行存盘，常用的方法如下。

1. QSAVE（或 SAVE）命令

（1）功能 将当前未命名的图形文件命名并存盘，并继续处于当前的图形文件状态下；

图 1-27　"选择文件"对话框

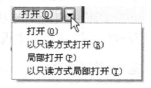

图 1-28　"选择文件"对话框中的
"打开"下拉列表

对已命名的图形文件及时存盘。

（2）命令格式

1）工具栏　标准→   按钮

2）下拉菜单　文件→保存

3）快捷键　Ctrl + S

4）应用程序按钮　在应用程序按钮菜单中选择"保存"选项

5）输入命令　QSAVE↓

执行上述命令后，对未命名的图形文件，在弹出的"图形另存为"对话框（图 1-29）中命名并存盘；对已命名的图形文件快速存盘。

2. SAVEAS 命令

（1）功能　将当前未命名的图形文件命名并存盘；将已命名的图形文件另外存储在一个图形文件中，并把新的图形文件作为当前图形文件。

（2）命令格式

1）下拉菜单　文件→另存为

2）快捷键　Ctrl + Shift + S

3）应用程序按钮　在应用程序按钮菜单中选择"另存为"选项

4）输入命令　SAVEAS↓

执行上述命令后，系统弹出"图形另存为"对话框（图 1-29），利用该对话框可完成文件的保存。

若输入的文件存储路径、文件类型和文件名与已存在的图形文件相同，则系统将出现"图形另存为"提示对话框，如图 1-30 所示。在该对话框中单击"是（Y）"按钮，系统会

图 1-29　"图形另存为"对话框

把当前图形存入该文件名下，并替换原图形文件；单击"否（N）"按钮，则返回"图形另存为"对话框，可重新输入文件名进行保存；单击"取消"按钮，则取消存盘操作。

绘制图形时应注意及时存盘，以免因意外断电或机器故障造成图形丢失。为防止意外发生，用户可以设置自动保存功能，自动保存时间间隔可设置为 1～120min。可通过菜单栏中的"工具"→"选项"，打开"选项"对话框，然后在"打开和保存"选项卡中进行设置。

图 1-30 "图形另存为"提示对话框

1.5.4 退出图形文件

1. 功能

存储或放弃已做的图形文件改动，并退出 AutoCAD 系统。

2. 输入命令

（1）下拉菜单　　文件→退出

（2）快捷键　　Ctrl + Q

（3）应用程序按钮　　在应用程序按钮菜单中选择"退出 AutoCAD"选项，或者单击界面右上角的 ✕ 按钮

（4）输入命令　　QUIT↓（或 EXIT）

执行上述命令后，若已命名的图形文件未改动，则立即退出 AutoCAD 系统；若已命名的图形文件有改动或文件没有命名，则系统弹出"AutoCAD 退出"提示对话框，如图1-31 所示。

图 1-31 "AutoCAD 退出"提示对话框

1）单击"是（Y）"按钮，将对已命名的文件存盘并退出 AutoCAD 系统；对未命名的文件则弹出"图形另存为"对话框（图 1-29），命名后存盘并退出 AutoCAD 系统。

2）单击"否（N）"按钮，将放弃对图形所做的修改并退出 AutoCAD 系统。

3）单击"取消"按钮，将取消退出命令并返回原绘图、编辑状态。

1.6　AutoCAD 的帮助系统

在学习和使用 AutoCAD 2011 的过程中，可能会遇到一些问题和困难，AutoCAD 2011 中文版提供了详细的中文在线帮助，善于使用这些帮助可以使解决问题和困难变得容易。

在 AutoCAD 2011 中激活在线帮助系统的方法如下。

（1）工具栏　　标准→ ❓ 按钮

（2）下拉菜单　　帮助→帮助

（3）将光标移至菜单栏或菜单上按"F1"键

（4）输入命令　　HELP↓（或? ↓）

执行上述命令后，屏幕显示"AutoCAD 2011 帮助"窗口，如图 1-32 所示。此窗口的"常用"选项卡中有用户手册、命令参考、自定义手册、安装、AutoCAD 2011 中的新增功能

等，展开后可以查找所需的内容。另外，还可以通过"索引颜色"选项卡和"搜索"等功能进行学习和疑难解答。

图 1-32　"AutoCAD 2011 帮助"窗口

以上激活在线帮助系统的方法虽然可以方便快捷地启动帮助界面，但是不能定位问题所在，对于某一具体命令，还要手动定位该命令的解释部分才行。利用下面的方法可以准确快速地对具体命令进行定位查找：

1）要显示工具栏中某命令的帮助，可将光标移至该按钮上，然后按"F1"键。

2）当要获取帮助的命令处于激活状态时，按"F1"键，单击 按钮，输入"HELP"，或者通过"帮助"→"帮助"菜单，可进入该命令的帮助窗口。图 1-33 所示为直线命令的帮助窗口。

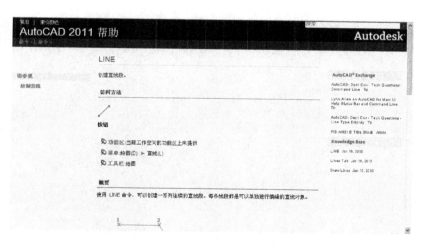

图 1-33　直线命令的帮助窗口

此外，通过 AutoCAD 2011 的帮助系统还可以了解有关 AutoCAD 的其他内容及信息。

思考与练习题一

1. AutoCAD 2011 工作界面由哪几部分组成？它们分别具有什么作用？

2. 怎样打开和关闭工具栏？

3. 在 AutoCAD 系统中，命令的输入方式有哪几种？

4. 在 AutoCAD 2011 工作界面的不同区域单击鼠标右键，其功能有哪些？

5. 点坐标的输入有哪几种方式？如何输入位移量？如何输入角度？

6. 试创建一样板文件"YB. dwt"和图形文件"TX. dwg"，并练习打开所创建的样板文件和图形文件。

7. 熟悉保存文件、打开文件及退出 AutoCAD 系统的操作方法。

第2章　二维绘图命令

二维图形是指在二维平面空间绘制的图形，主要由基本图形元素（如点、直线、圆、圆弧和多边形等）组成。了解基本图形元素的画法，是绘制整个图形的基础。AutoCAD 提供了丰富的绘图方法，本章主要介绍一些基本的二维绘图命令。"绘图"工具栏和"绘图"下拉菜单分别如图 2-1 和图 2-2 所示。

图 2-1　"绘图"工具栏

图 2-2　"绘图"下拉菜单

2.1　常用的基本命令

为了便于上机操作，这里首先简单介绍几个常用的命令。

1. 设置图形界限

（1）功能　设置绘图区的界限，控制绘图边界的限制。

（2）命令格式

1）下拉菜单　格式→图形界限

2）输入命令　LIMITS↓

执行上述命令后，命令行提示：

重新设置模型空间界限：

指定左下角点或〔开（ON）/关（OFF）〕＜当前值＞：（默认选项为指定一点作为图纸左下角点；或者按"Enter"键或输入其他选项）

指定右上角点＜当前值＞：（指定一点或按"Enter"键，以确定图纸右上角点）

执行上述操作后便在模型空间设置出绘图区域。

设置图形界限后，通常还要执行缩放视图命令中的"全部（A）"选项，打开栅格显示后，可观察到图形界限范围。

2. 图形缩放命令

（1）功能　在当前窗口内缩放图形，以改变其视觉大小。

（2）命令格式

1）工具栏　标准→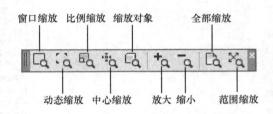按钮（图2-3）或"缩放"工具栏（图2-4）

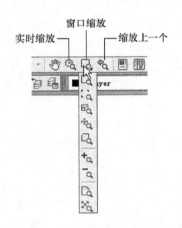

图 2-3　"标准"工具栏中的"缩放"子工具栏　　　　图 2-4　"缩放"工具栏

2）下拉菜单　视图→缩放→子菜单选项（图2-5）

3）快捷菜单　没有选定对象时，在绘图区域单击鼠标右键并选择"缩放"选项进行实时缩放

4）输入命令　ZOOM↓（或Z）

输入"ZOOM"命令后，命令行提示：

指定窗口的角点，输入比例因子（nX 或 nXP），或者

〔全部（A）/中心（C）/动态（D）/范围（E）/上一个（P）/比例（S）/窗口（W）/对象（O）〕＜实时＞：

这里只简单介绍实时缩放的功能。

（3）实时缩放　实时缩放功能可实时缩放图形，命令格式如下：

1）工具栏　标准→按钮

2）下拉菜单 视图→缩放→实时（图 2-5）

3）快捷菜单 没有选定对象时，在绘图区域中单击鼠标右键，然后选择"缩放"选项

4）输入命令 ZOOM↓（或 Z）（按"Enter"键两次，执行实时缩放命令）

（4）说明 执行上述命令后，屏幕上会出现一个带"+"和"-"的放大镜图标。按住鼠标，向下方拖动，实时缩小图形；向上方拖动，则实时放大图形。

很多鼠标都是 Windows 支持的 3D 鼠标（带滚轮）。在任何状态下，鼠标滚轮向下滚动，则全图缩小；向上滚动，则全图放大。缩放的基准点是光标当前的位置。

图 2-5 "缩放"命令的子菜单

3. 删除命令

（1）功能 删除当前选择的对象。

（2）命令格式

1）工具栏 修改→![按钮]按钮

2）下拉菜单 修改→删除

3）快捷菜单 选择要删除的对象，在绘图区域中单击鼠标右键，然后选择"删除"选项

4）输入命令 ERASE↓

执行上述命令后，命令行提示：

选择对象：（选择删除对象）

……

选择对象：↓（选择删除对象后按"Enter"键，所选实体从屏幕上消失）

4. 特殊点捕捉命令

（1）功能 捕捉可见对象上的某些特殊点。

（2）命令格式

1）工具栏 对象捕捉→![按钮]按钮

2）下拉菜单 工具→草图设置

3）状态栏 在状态栏的"栅格"、"捕捉"、"极轴"、"对象捕捉"、"3DOSNAP"、"对象追踪"、"DYN"、"QP"或"SC"按钮上单击右键，从弹出的快捷菜单中单击"设置"

4）输入命令 OSNAP↓

执行上述命令后，系统弹出"草图设置"对话框，如图 2-6 所示。该对话框的"对象捕捉"选项卡提供了 13 种对象捕捉方式。根据需要选择相应的捕捉方式，可实现对特殊点的

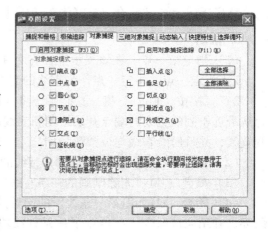

图 2-6 "草图设置"对话框中的
"对象捕捉"选项卡

捕捉。

　　此外，还可以使用"对象捕捉"工具栏（图 2-7）实现对特殊点的捕捉。使用时直接单击所选捕捉按钮即可，但捕捉功能仅一次有效。

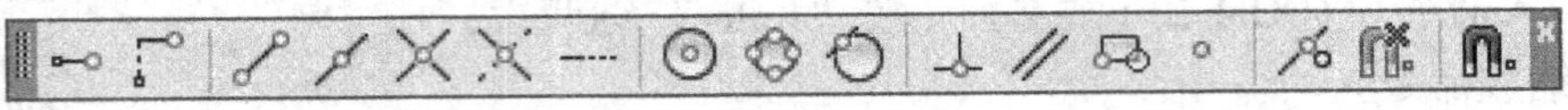

图 2-7　"对象捕捉"工具栏

2.2　绘制直线

1. 功能

绘制一直线段或连续的直线段，其中每条线段都是独立的对象。

2. 命令格式

（1）工具栏　绘图→ 按钮

（2）快捷菜单　绘图→直线

（3）输入命令　LINE↓（或 L）

执行上述命令后，命令行提示：

指定第一点：（指定一点，或按"Enter"键。指定一点后，命令行提示）

指定下一点或［放弃（U）］：（指定一点，或者输入"U"或按"Enter"键结束命令。指定一点后，命令行提示）

指定下一点或［放弃（U）］：（指定一点，或者输入"U"或按"Enter"键结束命令。指定一点后，命令行提示）

指定下一点或［闭合（C）/放弃（U）］：（指定一点，或者输入"C"或 U，或者按"Enter"键结束命令）

……

指定下一点或［闭合（C）/放弃（U）］：↓（结束命令）

3. 说明

（1）指定第一点　在该提示下，有两种响应方式。

1）指定一点　指定一点作为直线的起点，开始绘制直线。

2）直接按"Enter"键　这时系统将从上一次绘制的直线或圆弧续接直线。图 2-8 所示为从最近绘制的直线的端点开始绘制新直线；图 2-9 所示为从最近绘制的圆弧的端点开始绘制直线，并且所绘直线与该圆弧相切。

（2）指定下一点　指定一点作为直线的端点。

（3）放弃（U）　删除刚画的一条直线段。该方式可连续使用。

（4）闭合（C）　以第一条线段的起始点作为最后一条线段的端点，形成一个闭合的线段环，并结束该命令。在绘制了一系列线段（两条或两条以上）之后，可以使用"闭合"选项。

例2-1 绘制如图2-10所示的图形。

图2-8 直线续接直线

a）按"Enter"键之前 b）按"Enter"键之后

图2-9 直线续接圆弧

a）按"Enter"键之前 b）按"Enter"键之后

操作过程如下：

命令：LINE↓

指定第一点：（指定 P_1 点）

指定下一点或［放弃（U）］：@40, 0↓（用相对直角坐标法确定 P_2 点）

指定下一点或［放弃（U）］： <正交 开>10↓（用直接距离输入法确定 P_3 点。这时将光标移至 P_2 点的上方）

指定下一点或［闭合（C）/放弃（U）］：@30<150↓（用相对极坐标法确定 P_4 点）

指定下一点或［闭合（C）/放弃（U）］：C↓

结束命令，结果如图2-10所示。

在例2-1中，当命令行提示"指定下一点："时，也可用其他方法输入点，同样可绘出该图形。

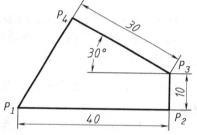

图2-10 用直线命令绘制四边形

2.3 绘制射线和构造线

1. 绘制射线

（1）功能 绘制从指定点开始向确定方向无限延长的直线。

（2）命令格式

1）下拉菜单 绘图→射线

2）输入命令 RAY↓

执行上述命令后，命令行提示：

指定起点：（指定射线的起点）

指定通过点：（指定射线要通过的点，生成一条射线）

……

指定通过点：↓

起点和通过点定义了射线的延伸方向，射线在此方向上延伸到显示区域的边界。由指定的通过点，可创建多条射线。按"Enter"键结束命令。

2. 构造线

（1）功能 绘制过指定点向两个方向无限延伸的直线，常用作绘图的辅助线。

（2）命令格式

1）工具栏　绘图→  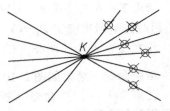按钮

2）下拉菜单　绘图→构造线

3）输入命令　XLINE↓

执行上述命令后，命令行提示：

指定点或［水平（H）/垂直（V）/角度（A）/二等分（B）/偏移（O）］：（输入选项）

（3）选项说明

1）指定点　用无限长直线所通过的两点定义构造线的位置。输入命令后，命令行提示：

指定点或［水平（H）/垂直（V）/角度（A）/二等分（B）/偏移（O）］：（指定一点，如图 2-11 中的 K 点）

指定通过点：（指定一点，生成一条构造线）

指定通过点：（指定一点，生成一条构造线，或按"Enter"键结束命令）

……

图 2-11 所示为过 K 点绘制多条构造线。

2）水平（H）　绘制一条通过选定点的水平构造线。输入"H"后，命令行提示：

　指定通过点：（指定一点，生成一条过该点的水平构造线）

　指定通过点：（指定一点，生成一条过该点的水平构造线，或按"Enter"键结束命令）

　……

图 2-11 过指定点绘制多条构造线

图 2-12 所示为绘制多条水平构造线。

3）垂直（V）　该选项与"水平（H）"选项类似，用于绘制一条通过选定点的垂直构造线。图 2-13 所示为绘制多条垂直构造线。

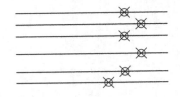

图 2-12 绘制多条水平构造线

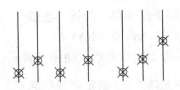

图 2-13 绘制多条垂直构造线

4）角度（A）　以指定的角度绘制一条构造线。输入"A"后，命令行提示：

输入构造线的角度（0）或［参照（R）］：

① 输入构造线的角度（0）　默认选项为通过指定点按输入的角度绘制构造线。输入一角度后，命令行提示：

指定通过点：（指定一点，生成一条构造线）

指定通过点：（指定一点，生成一条构造线，或按"Enter"键结束命令）

……

② 参照（R）　以一条已知直线对象为参照线绘制构造线。构造线可与所选直线对象平行或成一定角度，此角度从参照线开始按逆时针方向测量。输入"R"后，命令行提示：

选择直线对象：（可选择直线、多段线、射线或构造线）

输入构造线的角度<当前值>：（输入一角度）

指定通过点：（指定一点，生成一条构造线）

指定通过点：（指定一点，生成一条构造线，或按"Enter"键结束命令）

……

图 2-14 所示为绘制相对于参照直线为 15°的多条构造线。

5）二等分（B）　绘制平分给定角的构造线，如图 2-15 所示。输入"B"后，命令行提示：

指定角的顶点：（指定一点）

指定角的起点：（指定一点）

指定角的端点：（指定一点，生成一条构造线）

指定角的端点：（指定一点，生成一条构造线，或按"Enter"键结束命令）

……

指定角的顶点、起点可被重复利用，同一顶点、起点的角可在一次构造线命令中绘出其角平分线。

图 2-15 所示为绘制二等分角的构造线。

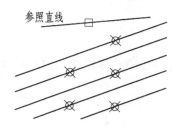

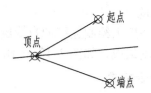

图 2-14　绘制相对于参照直线为　　　　　　图 2-15　绘制二等分角的构造线
15°的多条构造线

6）偏移（O）　绘制与所选择直线对象平行的构造线。输入"O"后，命令行提示；

指定偏移距离或［通过（T）］<当前值>：

① 指定偏移距离　默认选项为按构造线偏离选定对象的距离绘制构造线。给出偏移距离后，命令行提示：

选择直线对象：（选择直线、多段线、射线或构造线）

指定向哪侧偏移：（指定一点，生成一条构造线）

选择直线对象：（选择直线对象，或按"Enter"键结束命令）

指定向哪侧偏移：（指定一点，然后按"Enter"键退出命令）

重复选择直线对象可绘制多条构造线，各构造线与其所选择的直线对象间等距。

图 2-16 所示为绘制等距偏移的构造线。

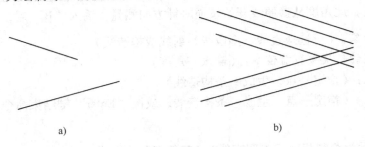

图 2-16　绘制等距偏移的构造线

a）原图　b）偏移结果

② 通过（T）　绘制从一条直线偏移并通过指定点的构造线。输入"T"后，命令行提示：

选择直线对象：（选择直线、多段线、射线或构造线）

指定通过点：（指定一点，生成一条构造线）

选择直线对象：（选择直线对象，或按"Enter"键结束命令）

指定通过点：（指定一点，然后按"Enter"键退出命令）

重复选择直线对象可绘制多条构造线，各构造线与其所选择的直线对象间不一定等距。

2.4　绘制多段线

1. 功能

该命令用来绘制连续的直线段、圆弧段或两者组合的线段。多段线为独立对象，并可由不同的宽度组成，如图 2-17 所示。

2. 命令格式

（1）工具栏　绘图→ ⏎ 按钮

（2）下拉菜单　绘图→多段线

（3）输入命令　PLINE↓

执行上述命令后，命令行提示：

指定起点：（指定点）

当前线宽为×××（当前宽度）

指定下一个点或 ［圆弧（A）/半宽（H）/长度（L）/放弃（U）/宽度（W）］：（输入选项）

3. 选项说明

（1）指定下一个点　指定一点，按当前线宽绘制一条直

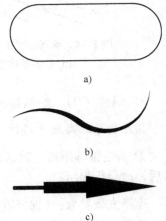

图 2-17　多段线示例

线段，命令行显示前一个提示。该项为默认选项。可重复上述操作，若按"Enter"键，则命令结束。

（2）圆弧（A） 将弧线段添加到多段线中。选择该项后，命令行提示：

指定圆弧的端点或 [角度（A）/圆心（CE）/闭合（CL）/方向（D）/半宽（H）/直线（L）/半径（R）/第二个点（S）/放弃（U）/宽度（W）]：

1）指定圆弧的端点 绘制圆弧，圆弧与多段线的上一段相切。系统将显示前一个提示。

2）角度（A） 指定圆弧从起点开始的包含角。输入正数将按逆时针方向绘制圆弧，输入负数将按顺时针方向绘制圆弧。

3）圆心（CE） 指定圆弧的圆心。

4）闭合（CL） 从指定的最后一点到起点绘制圆弧，从而创建闭合的多段线。至少指定两个点才能使用该选项。

5）方向（D） 指定弧线段的起始方向。

6）半宽（H） 半宽是指从宽多段线线段的中心到其一边的宽度。起点半宽将成为默认的端点半宽，端点半宽在再次修改半宽之前将作为所有后续线段的统一半宽。宽线线段的起点和端点位于宽线的中心。

7）直线（L） 退出"圆弧"选项，并返回初始 PLINE 命令提示。

8）半径（R） 指定圆弧的半径。

9）第二个点（S） 指定三点圆弧的第二个点和端点。

10）放弃（U） 用于取消上一段绘制的圆弧。

11）宽度（W） 用于指定下一弧线段的宽度。

（3）长度（L） 用于按指定长度绘制直线段。其方向与前一段直线相同或与前一段圆弧相切。

（4）其余选项 其含义与圆弧方式绘制多段线选项的含义类同，这里不再赘述。

例 2-2 用多段线命令绘制如图 2-18 所示的图形。

操作过程如下：

命令：PLINE↓。

指定起点：（指定 P_1 点）。

当前线宽为：0.0000。

指定下一个点或 [圆弧（A）/半宽（H）/长度（L）/放弃（U）/宽度（W）]：W↓

指定起点宽度 <0.0000>：0.4↓ （本例线宽取 0.4mm）

指定端点宽度 <0.4000>：↓

指定下一个点或 [圆弧（A）/半宽（H）/长度（L）/放弃（U）/宽度（W）]：<正交 开>（输入 P_2 点）

指定下一个点或 [圆弧（A）/闭合（C）/半宽（H）/长度（L）/放弃（U）/宽度（W）]：（输入 P_3 点）

指定下一个点或 [圆弧（A）/闭合（C）/半宽（H）/长度（L）/放弃（U）/宽度（W）]：（输入 P_4 点）

　　指定下一个点或［圆弧（A）/闭合（C）/半宽（H）/长度（L）/放弃（U）/宽度（W）］：A↓

　　指定圆弧的端点或［角度（A）/圆心（CE）/闭合（CL）/方向（D）/半宽（H）/直线（L）/半径（R）/第二个点（S）/放弃（U）/宽度（W）］：CE↓

　　指定圆弧的圆心：（输入 O 点）

　　指定圆弧的端点或［角度（A）/长度（L）］：A 指定包含角：−180↓（绘至 P_5 点）

　　指定圆弧的端点或［角度（A）/圆心（CE）/闭合（CL）/方向（D）/半宽（H）/直线（L）/半径（R）/第二个点（S）/放弃（U）/宽度（W）］：L↓

　　指定下一个点或［圆弧（A）/闭合（C）/半宽（H）/长度（L）/放弃（U）/宽度（W）］：（输入 P_6 点）

　　指定下一个点或［圆弧（A）/闭合（C）/半宽（H）/长度（L）/放弃（U）/宽度（W）］：（输入 P_7 点）

　　指定下一个点或［圆弧（A）/闭合（C）/半宽（H）/长度（L）/放弃（U）/宽度（W）］：（输入 P_8 点）

　　指定下一个点或［圆弧（A）/闭合（C）/半宽（H）/长度（L）/放弃（U）/宽度（W）］：C↓

　　结束命令，结果如图 2-18 所示。

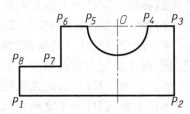

图 2-18　用多段线命令绘制图形

2.5　绘制正多边形和矩形

1. 绘制正多边形

（1）功能　绘制闭合的等边多段线。

（2）命令格式

1）工具栏　绘图→⬠按钮

2）下拉菜单　绘图→多边形

3）输入命令　POLYGON↓

执行上述命令后，命令行提示：

输入侧面数＜当前值＞：（输入介于 3 与 1024 之间的整数或按"Enter"键）

指定正多边形的中心点或［边（E）］：（输入选项）

（3）选项说明

1）指定正多边形的中心点　定义正多边形的中心点，为默认选项。输入中心点后，命令行提示：

输入选项［内接于圆（I）/外切于圆（C）］＜当前值＞：

　①内接于圆（I）　绘制一个内接于假想圆的正多边形（如图 2-19 中的正五边形）。选择该选项后，命令行提示：

指定圆的半径：

此时若输入半径值，则绘制出一顶点位于该半径的圆周上，且底边为水平方向的正多边形；若输入一个点，则以该点为多边形的一个顶点来确定多边形，该点与多边形中心点的距离即为假想圆的半径。

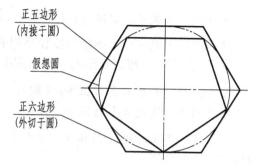

②外切于圆（C）　绘制一个外切于假想圆的正多边形（如图 2-19 所示的正六边形）。选择该选项后，命令行提示：

指定圆的半径：

此时，若输入半径值，则绘制出各边中点位于该半径的圆周上，且底边为水平方向的正多边形；若输入一个点，则以该点为多边形某一边的中点来确定多边形，该点与多边形中心点的距离即为假想圆的半径。

图 2-19　以"内接"、"外切"画正多边形

2）边（E）　通过指定第一条边的端点来定义正多边形。选择该选项后，命令行提示：

指定边的第一个端点：（指定一点）
指定边的第二个端点：（指定一点）

执行上述操作后便完成了正多边形的绘制，如图 2-20 所示。

这里，两个端点确定了正多边形的边长，两点的输入顺序确定了多边形的位置，即按两点顺序逆时针方向构成正多边形。

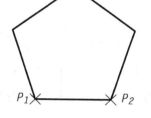

2. 绘制矩形

（1）功能　用于绘制矩形多段线。

（2）命令格式

1）工具栏　绘图→▢按钮

图 2-20　以"边长"画正多边形

2）下拉菜单　绘图→矩形

3）输入命令　RECTANG↓

执行上述命令后，命令行提示：

指定第一个角点或［倒角（C）/标高（E）/圆角（F）/厚度（T）/宽度（W）］：（输入选项）

（3）选项说明

1）指定第一个角点　指定矩形的一个角点。之后命令行提示：

指定另一个角点或［面积（A）/尺寸（D）/旋转（R）］：

①指定另一个角点　使用指定的点作为对角点创建矩形，如图 2-21a 所示。

②面积（A）　根据矩形的面积和长度（宽度）确定宽度（长度），并生成矩形。选择该选项后，命令行提示：

输入以当前单位计算的矩形面积＜当前值＞：（输入一个非零正值）
计算矩形标注时依据［长度（L）/宽度（W）］＜当前值＞：（若输入 L）

输入矩形长度 < 当前值 > ：（输入一个非零值）

这样便可生成一个以确定长度和面积的矩形。

③ 尺寸（D）　根据矩形的长度和宽度绘制矩形。选择该选项后，命令行提示：

指定矩形的长度 < 当前值 > ：（输入一个非零值）

指定矩形的宽度 < 当前值 > ：（输入一个非零值）

指定另一个角点或 ［面积（A）/尺寸（D）/旋转（R）］：（输入矩形另一个角点的方位，以确定矩形的位置）

④ 旋转（R）　按指定的旋转角度绘制矩形。图 2-21b 所示为旋转 30° 的矩形。

2）倒角（C）　用于设置倒角距离。图 2-21c 所示的第一个倒角距离和第二个倒角距离均为 "3"。

3）标高（E）　用于设置三维矩形的标高。

4）圆角（F）　用于设置矩形的圆角半径。图 2-21d 所示的圆角半径为 "$R4$"。

5）厚度（T）　用于设置三维矩形的厚度。

6）宽度（W）　用于设置矩形的线宽。图 2-21e 所示的矩形线宽为 "0.4"，其余线宽均为 "0.2"。

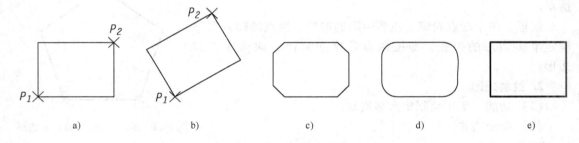

图 2-21　矩形的倒角、圆角和线宽

2.6　绘制圆弧和圆

1. 绘制圆弧

（1）功能　绘制圆弧。

（2）命令格式

1）工具栏　绘图→ 按钮

2）下拉菜单　绘图→圆弧→子菜单选项（图 2-22）

3）输入命令　ARC↓（或 A）

单击 按钮或输入 "ARC" 后，命令行提示：

指定圆弧的起点或 ［圆心（C）］：（指定点或输入 C 或按 "Enter" 键）

图 2-22　"圆弧" 下拉菜单

　　输入不同的选项，会出现不同的提示，其具体功能与"圆弧"子菜单提供的 11 种方式相似。常见的圆弧绘制方式如图 2-23 所示。

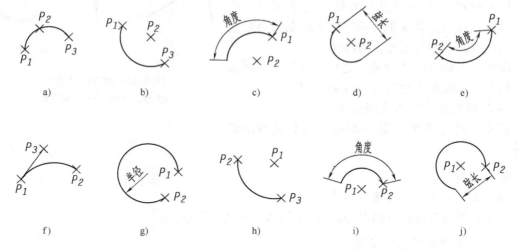

图 2-23　常见的绘制圆弧的方式

a）三点　b）起点、圆心、端点　c）起点、圆心、角度　d）起点、圆心、弦长　e）起点、端点、角度　f）起点、端点、方向　g）起点、端点、半径　h）圆心、起点、端点　i）圆心、起点、角度　j）圆心、起点、弦长

（3）说明

1）三点　通过指定圆弧上的三点，即圆弧的起点、通过的第二个点和端点绘制圆弧，如图 2-23a 所示。

2）起点、圆心、端点　通过给定圆弧的起点、圆心和端点绘制圆弧，如图 2-23b 所示。

3）起点、圆心、角度　通过给定圆弧的起点、圆心和包含角绘制圆弧，如图 2-23c 所示。

4）起点、圆心、弦长　通过给定圆弧的起点、圆心和弦长绘制圆弧，如图 2-23d 所示。

　　注意：输入的圆弧弦长数值不能超过圆弧直径，否则将提示输入值无效并取消命令。

5）起点、端点、角度　通过给定圆弧的起点、端点和包含角绘制圆弧，如图 2-23e 所示。

6）起点、端点、方向　通过给定圆弧的起点、端点和圆弧在起点处的切线方向绘制圆弧，如图 2-23f 所示。

7）起点、端点、半径　通过给定圆弧的起点、端点和圆弧半径绘制圆弧，如图 2-23g 所示。

8）圆心、起点、端点　通过给定圆弧的圆心、起点和端点绘制圆弧，如图 2-23h 所示。

9）圆心、起点、角度　通过给定圆弧的圆心、起点和圆心角绘制圆弧，如图 2-23i 所示。

10）圆心、起点、弦长　通过给定圆弧的圆心、起点和弦长绘制圆弧，如图 2-23j 所示。

11）继续　在绘制其他直线、圆弧或多段线后，选择该选项，系统将自动以刚才绘制的对象的终点为起点，绘制与之相切的圆弧。

圆弧子菜单中的"继续"选项，等价于在圆弧命令的第一个提示下直接按"Enter"键。

图 2-24 所示为圆弧续接直线示例。

首先绘制出直线（图 2-24a），然后执行圆弧命令：

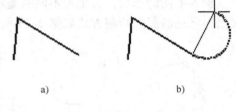

图 2-24　圆弧续接直线
a）续接之前　b）续接之后

命令：ARC↓

指定圆弧的起点或［圆心（C）］：↓

指定圆弧的端点：（指定一点，画出圆弧，并结束命令）

（4）绘制圆弧的有关规定

1）从起点到端点沿逆时针方向画圆弧。

2）夹角为正值时，按逆时针方向画圆弧；夹角为负值时，按顺时针方向画圆弧。角度值以度（°）为单位。

3）弦长为正值时，绘制一小段圆弧（小于 180°）；弦长为负值时，绘制一大段圆弧。

4）半径为正值时，绘制一小段圆弧（小于 180°）；半径为负值时，绘制一大段圆弧。

2. 绘制圆

（1）功能　绘制圆。

（2）命令格式

1）工具栏　绘图→⊘按钮

2）下拉菜单　绘图→圆→子菜单选项（图 2-25）

3）输入命令　CIRCLE↓（或 C）

单击⊘按钮或输入 CIRCLE 后，命令行提示：

指定圆的圆心或［三点（3P）/两点（2P）/切点、切点、半径（T）］：（输入选项）

输入不同的选项，会出现不同的提示，其具体功能与"圆"下拉菜单提供的 6 种方式相似。各种绘制圆的方式如图 2-26 所示。

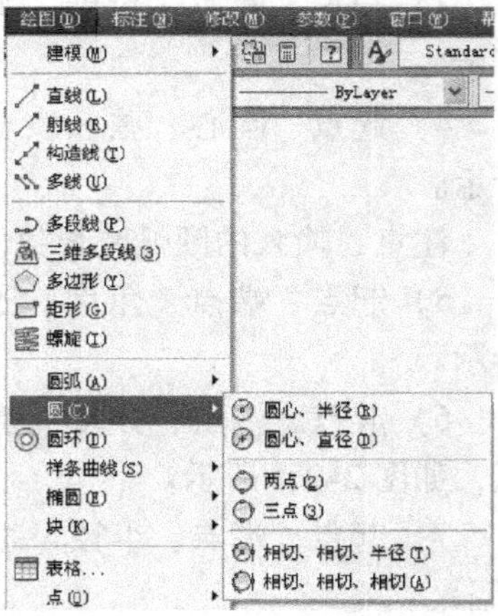

图 2-25　"圆"下拉菜单

（3）说明

1）圆心、半径　通过给定圆心和半径绘制一个圆，图 2-26a 所示。

2）圆心、直径　通过给定圆心和直径绘制一个圆，图 2-26b 所示。

3）两点（2P）　通过给定两个点绘制一个圆，图 2-26c 所示。系统会提示指定圆直径的第一个端点和第二个端点。

4）三点（3P）　通过给定圆上的三点绘制一个圆，图 2-26d 所示。系统会提示指定圆上的第一点、第二点和第三点。

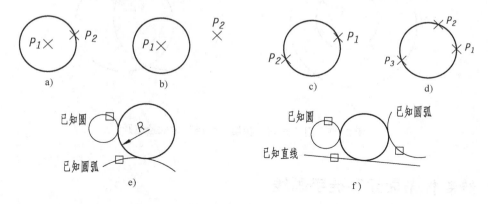

图 2-26　各种绘制圆的方式
a）圆心、半径　b）圆心、直径　c）两点　d）三点　e）切点、切点、半径
f）相切、相切、相切

5）切点、切点、半径（T）　通过给出的半径绘制与两个已知对象相切的圆。

例如，要绘制一个与一条已知直线和一个已知圆相切的圆（图 2-26e），其操作过程如下：

命令：CIRCLE↓

指定圆的圆心或 [三点（3P）/两点（2P）/切点、切点、半径（T）]：T↓

指定对象与圆的第一个切点：（用光标拾取圆）

指定对象与圆的第二个切点：（用光标拾取圆弧）

指定圆的半径 <6.0000>：（输入半径）

这时绘出一圆（图 2-26e）并结束命令。

6）相切、相切、相切　绘制与三个已知对象相切的圆。

例如，要绘制一个与一个圆弧、一个圆、一条直线同时相切的圆（图 2-26f），其操作过程如下：

命令：CIRCLE↓

指定圆的圆心或 [三点（3P）/两点（2P）/切点、切点、半径（T）]：3P↓

指定圆上的第一个点：<对象捕捉 开>（对象捕捉模式选择"切点"。用光标拾取圆）

指定圆上的第二个点：（用光标拾取圆弧）

指定圆上的第三个点：（用光标拾取直线）

结果如图 2-26f 所示。

值得注意的是，在用"相切、相切、半径（T）"的方式绘制圆时，切点拾取位置不同，指定半径不同，所绘制圆的位置是不同的，如图 2-27 所示。

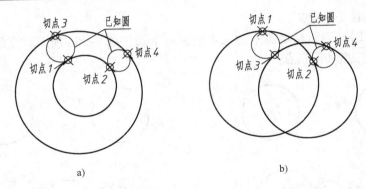

图 2-27　用"相切、相切、半径"方式绘制圆

2.7　绘制样条曲线和徒手画线

1. 绘制样条曲线

（1）功能　用来绘制光滑的曲线，通常用来绘制机械图样中的波浪线等（图 2-28）。

（2）命令格式

1）工具栏　绘图→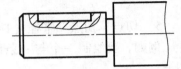按钮

2）下拉菜单　绘图→样条曲线

3）输入命令　SPLINE↓

图 2-28　样条曲线的应用示例

执行上述命令后，命令行提示：

当前设置：方式 = 当前值　节点 = 当前值

指定第一个点或 ［方式（M）/节点（K）/对象（O）］：（输入选项）

（3）选项说明

1）指定第一个点　通过输入一系列的点，生成一条样条曲线，这是默认的选项。指定第一点后，命令行提示：

输入下一个点或 ［起点切向（T）/公差（L）］：（指定一点）

输入下一个点或 ［端点相切（T）/公差（L）/放弃（U）/闭合（C）］：

……

① 起点切向（T）　定义样条曲线的第一点和最后一点的切线方向。

② 端点相切（T）　定义最后一点的切线方向。

③ 公差（L）　用于设置样条曲线的拟合公差。公差越小，样条曲线与拟合点越接近，反之则越远。当公差为零时，生成的样条曲线通过每个拟合点。

④ 放弃（U）　删除最后一个指定点。

⑤ 闭合（C）　将最后一个点定义为与第一个点重合，并使其在连接处相切，构成封闭样条曲线。

2）方式（M）　选择是使用控制点还是拟合点来创建样条曲线，如图 2-29 所示。

3）节点（K）　指定节点参数，它会影响曲线在通过拟合点时的形状。

图 2-29　控制创建样条曲线的方式

a）使用控制点　b）使用拟合点

4）对象（O）　将由多段线拟合成的样条曲线转换成等价的样条曲线。

2. 徒手画线

（1）功能　通过移动鼠标来生成一系列线段，相当于徒手画线。

（2）命令格式　输入命令：SKETCH↓

执行该命令后，命令行提示：

类型 =（当前值）　增量 =（当前值）　公差 =（当前值）

指定草图或［类型（T）/增量（I）/公差（L）］:（输入选项）

（3）说明

1）指定草图　该选项为默认选项。在当前设置下开始画线，即按住鼠标左键，移动鼠标进行徒手画线；松开鼠标左键后，便画出一条连续线。可重复上述操作，按"Enter"键便结束命令，这时命令行显示已画出线的数量、类型等。

2）类型（T）　指定徒手画线的对象类型，包括直线、多段线和样条曲线。

3）增量（I）　定义每条手画直线段的长度。定点设备所移动的距离必须大于增量值，这样才能生成一条直线。

4）公差（L）　对于样条曲线，用来指定样条曲线的曲线布满手画线草图的紧密程度。

2.8　绘制椭圆和椭圆弧

在 AutoCAD 2011 中，绘制椭圆和椭圆弧的命令均为"ELLIPSE"，只是其在绘图工具栏上对应的按钮不同，前者为 ⬭ ，后者为 ⌒ 。椭圆命令的选项中同时包含了绘制椭圆和椭圆弧两部分内容。因此，绘制椭圆时只能选择椭圆命令；而绘制椭圆弧时，既可以选择椭圆命令，又可以选择椭圆弧命令。

这里仅介绍用椭圆命令（对应于 ⬭ 按钮）绘制椭圆和椭圆弧的方法。

1. 功能

绘制椭圆或椭圆弧。

2. 命令格式

1）工具栏　绘图→ ⬭ 按钮

2）下拉菜单　绘图→椭圆→子菜单选项（图 2-30）

3）输入命令　ELLIPSE↓

执行上述命令后，命令行提示：

图 2-30　"椭圆"子菜单

指定椭圆的轴端点或［圆弧（A）/中心点（C）］：（输入选项）

3. 选项说明

（1）指定椭圆的轴端点　根据两个端点定义椭圆的第一条轴，这是默认选项。指定一点后，命令行提示：

指定轴的另一个端点：（指定一点）

指定另一条半轴长度或［旋转（R）］：

1）指定另一条半轴长度　以一个轴的两端点和另一条半轴的长绘制椭圆（图2-31a），这是默认方式。

操作过程如下：

命令：ELLIPSE↓

指定椭圆的轴端点或［圆弧（A）/中心点（C）］：（指定一点）

指定轴的另一个端点：（指定一点）

指定另一条半轴长度或［旋转（R）］：（指定长度）

这时绘出一椭圆（图2-31a）并结束命令。

2）旋转（R）　通过绕第一条轴旋转圆来创建椭圆（图2-31b）。所谓"旋转"是指一个圆以其一条直径为轴旋转，旋转一个角度后，此圆在与其直径平行的平面上的投影成为一个椭圆。椭圆的长轴是圆的直径，其长度保持不变；短轴的长度由旋转角度确定。当旋转角度为零时，将画成一个圆；当旋转角度大于89.4°时，命令无效，系统拒绝执行。

操作过程如下：

命令：ELLIPSE↓

指定椭圆的轴端点或［圆弧（A）/中心点（C）］：（指定一点）

指定轴的另一个端点：（指定一点）

指定另一条半轴长度或［旋转（R）］：R↓

指定绕长轴旋转的角度：（指定旋转角度）

这时绘出一椭圆（图2-31b）并结束命令。

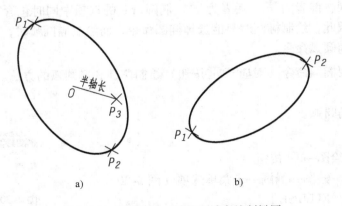

图2-31　利用椭圆—轴的两端点绘制椭圆

a）两端点、半轴长　b）两端点、旋转

用该选项绘制的椭圆，其第一条轴只能是长轴，另一条轴只能是短轴。绕长轴旋转的角度值可从键盘输入；也可移动鼠标，在屏幕上拾取一点，该点到椭圆中心点的连线与 X 轴的夹角即为旋转角度值。

（2）中心点（C）　通过指定的中心点创建椭圆（图 2-32）。

操作过程如下：

命令：ELLIPSE ↓

指定椭圆的轴端点或 ［圆弧（A）/中心点（C）］：C ↓

指定椭圆的中心点：（指定一点）

指定轴的端点：（指定一点）

指定另一条半轴长度或 ［旋转（R）］：（指定长度，或者使用"旋转（R）"选项）

这时绘出一椭圆。图 2-32 所示为用"中心点、端点及半轴长"方式绘制的椭圆。

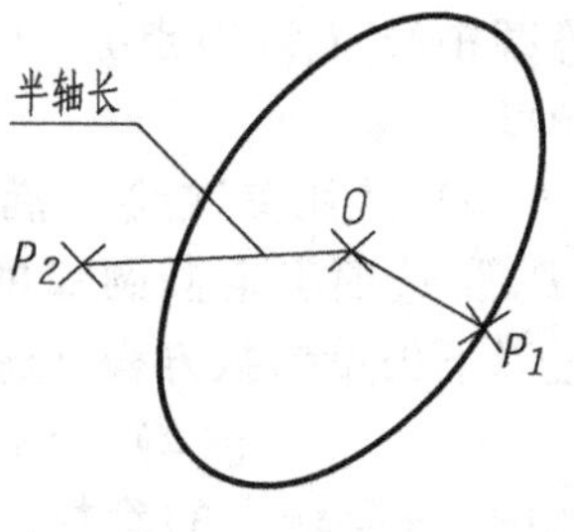

（3）圆弧（A）　用来绘制椭圆弧。椭圆弧是椭圆的一部分，与椭圆不同的是，它的起点和终点没有闭合。绘制椭圆弧时需要确定的参数为：椭圆弧所在椭圆的两条轴，以及椭圆弧的起点和终点的角度。选用该选项，与使用椭圆弧命令绘制椭圆弧的过程完全相同。

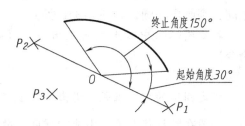

图 2-32　"中心点、端点及半轴长"方式画椭圆

用椭圆命令绘制椭圆弧时，首先选择"圆弧（A）"选项，绘制一个虚拟的椭圆，然后根据所给条件在上面截取一段椭圆弧，绘制虚拟椭圆的步骤与前面所述相同。绘制椭圆弧有以下三种方法：

1）以起始角度和终止角度绘制椭圆弧（图 2-33）　操作过程如下：

命令：ELLIPSE ↓

指定椭圆的轴端点或 ［圆弧（A）/中心点（C）］：A ↓

指定椭圆弧的轴端点或 ［中心点（C）］：（指定一点后，命令行提示）

指定轴的另一个端点：（指定一点）

指定另一条半轴长度或 ［旋转（R）］：

（以上是绘制椭圆的过程。指定另一条半轴长度后，命令行提示）

指定起始角度或 ［参数（P）］：（输入起始角度）

指定终止角度或 ［参数（P）/包含角度（I）］：（输入终止角度）

这时绘出一椭圆弧（图 2-33）并结束命令。

椭圆弧的起始角度（终止角度）是由椭圆第一条轴的第一个端点、椭圆中心（为顶点）和椭圆弧起点（终点）所形成的逆时针角度。起始角度和终止角度可以从键盘输入；也可以移动鼠标，在屏幕的合适位置处拾取一点，椭圆第一条轴的第一个端点、椭圆中心（为顶点）与该点所

图 2-33　以起始角度和终止角度绘制椭圆弧

形成的逆时针角度为起始角度或终止角度。

2）以起始角度和包含角度绘制椭圆弧（图2-34） 操作过程如下：

命令：ELLIPSE↓
指定椭圆的轴端点或［圆弧（A）/中心点（C）］：A↓
（略去绘制椭圆的过程）
指定起始角度或［参数（P）］：（输入起始角度）
指定终止角度或［参数（P）/包含角度（I）］：I↓
指定弧的包含角度＜当前角度＞：（输入椭圆弧包含的角度）

这时绘出一椭圆弧（图2-34）并结束命令。

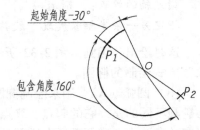

这里的包含角度是指由椭圆第一条轴的第一个端点、椭圆中心（为顶点）与椭圆弧的终点所形成的逆时针角度。

3）使用参数绘制椭圆弧 用户也可以使用"参数（P）"选项确定椭圆弧的起点和终点。AutoCAD 2011 通过以下矢量参数方程创建椭圆弧：

$$p(u) = c + a\cos(u) + b\sin(u)$$

图2-34 以起始角度和包含角度
绘制椭圆弧

式中，u 是输入的参数，c 是椭圆的中心点，a 和 b 分别是椭圆的长半轴和短半轴。

2.9 绘制圆环

1. 功能
此命令用于绘制实心或空心的圆和圆环。

2. 命令格式
1）下拉菜单 绘图→圆环
2）输入命令 DONUT↓

执行上述命令后，命令行提示：

指定圆环的内径＜当前值＞：（输入内径值或按"Enter"键。如果内径值为"0"，则圆环将填充为圆，如图2-35a 所示）

指定圆环的外径＜当前值＞：（输入外径值或按"Enter"键。若圆环的外径尺寸与内径相同，则画出一圆，如图2-35b 所示）

指定圆环的中心点或＜退出＞：（指定一点，则画出一个圆环或按"Enter"键结束命令）

……

指定圆环的中心点或＜退出＞：↓（结束命令）

一般在默认状态下，生成的圆环是填充的圆环，如图2-35c 所示。圆环是否填充，取决于系统变量 FILL 的设定值。图2-35d 所示为不填充状态。

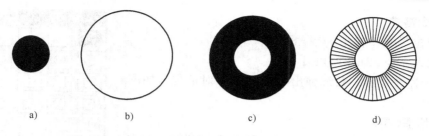

图 2-35　圆环的画法

2.10　绘制点与对象的等分

在工程图样中，点主要用于定位，如标注孔、轴的中心位置等；还有一类等分点，用于对对象进行等分。在 AutoCAD 中，点也可以作为捕捉对象的节点。

2.10.1　绘制点

1. 绘制单点

（1）功能　根据点的样式和大小绘制单个点。该命令执行一次只能绘制一个点。

（2）命令格式

1）下拉菜单　绘图→点→单点

2）输入命令　POINT↓（或 PO）

执行上述命令后，命令行提示：

当前点模式：PDMODE =（当前值）　PDSIZE =（当前值）

指定点：（单击指定点所在的位置，便绘制出一点，并结束命令）

2. 绘制多点

（1）功能　根据点的样式和大小绘制多个点。执行该命令后可连续绘制多个点。

（2）命令格式

1）工具栏　绘图→ 按钮

2）下拉菜单　绘图→点→多点

执行上述命令后，命令行提示：

当前点模式：PDMODE =（当前值）　PDSIZE =（当前值）

指定点：（单击需要添加点的位置，可绘制出多个点，或者按"Esc"键结束命令）

2.10.2　设置点样式

点在几何中是没有形状和大小的，只有坐标位置。为了清楚点的位置，可以人为地设置点的显示样式和大小。

1. 功能

该命令用于设置点的显示样式和大小。

2. 命令格式

1）下拉菜单　格式→点样式

2）输入命令　DDPTYPE↓

执行上述命令后，系统弹出"点样式"对话框，如图 2-36 所示。

3. 对话框说明

（1）点样式　AutoCAD 2011 提供了 20 种点样式，对应于系统变量 PDMODE。如图 2-36 所示，第一行对应于 PDMODE 的值为 0～4、第二行为 32～36、第三行为 64～68、第四行 96～100。

（2）"点大小"文本框　用于设置点的大小，对应于系统变量 PDSIZE（PDMODE 的值为 0 和 1 时除外）。

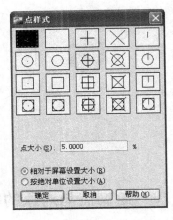

图 2-36　"点样式"对话框

1）相对于屏幕设置大小　设置点相对于屏幕大小的百分数，对应于 PDSIZE 的负值。这时若把点所在的区域放大，再重新生成（REGEN），则点标记就会变到放大前的大小。

当 PDSIZE 设置为 0 时，所生成点的大小为相对屏幕的 5%。

2）按绝对单位设置大小　用绝对单位设置点标记的大小，对应于 PDSIZE 的正值。这时显示的点，其大小随图形的缩放而改变。

单击"确定"按钮，完成点的设置。

2.10.3　定数等分

1. 功能

将点或块沿对象的长度或周长等间隔标记。所选对象只能是单个实体，如直线、圆、圆弧、椭圆、矩形、多段线等，文字、尺寸或块等不能作为选定对象（有关块的知识见第 9 章）。

2. 命令格式

1）下拉菜单　绘图→点→定数等分

2）输入命令　DIVIDE↓

执行上述命令后，命令行提示：

选择要定数等分的对象：（拾取需要等分的实体）

输入线段数目或［块（B）］：

3. 选项说明

（1）输入线段数目　该选项为默认选项。可在 2～32767 范围内输入整数作为等分段数，对所选对象进行等分，并在每个等分点处按当前点的样式显示标记。

（2）块（B）　沿选定对象等间距插入块。输入"B"后，命令行提示：

输入要插入的块名：（输入要插入的块名后，命令行提示）

是否对齐块和对象？［是（Y）/否（N）］＜Y＞：（输入"Y"，块将围绕其插入点旋转，使插入块的 X 轴方向与定数等分对象在等分点相切或对齐；输入"N"，块将始终以 0° 旋转角插入）

输入线段数目：

输入线段数目后，在等分处插入块，并结束命令。

图 2-37 所示为 6 等分样条曲线，且在等分点处插入"灯笼"图块。其中，图 2-37a 所示为在等分点对齐块；图 2-37b 所示为在等分点未对齐块。

图 2-37 定数等分样条曲线

a）对齐的块 b）未对齐的块

定数等分并不把所选对象实际等分为单独对象，而只是在对象定数等分的位置上添加节点，这些节点将作为几何参照点，起辅助作图的作用。例如，三等分给定角（图 2-38a）的作图方法是：以角的顶点为圆心，绘制与两条边连接的圆弧，并将圆弧等分为三段（图 2-38b），再连接角顶点和定数等分的节点（图 2-38c），即完成对给定角的三等分（图 2-38d）。

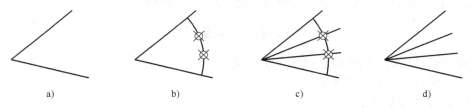

图 2-38 定数等分给定角

a）给定角（被等分角） b）作圆弧并等分圆弧 c）过顶点与等分点连线 d）三等分角的结果

2.10.4 定距等分

1. 功能

该命令用于将点或块在对象上的指定间隔处标记。所选对象只能是单个实体，如直线、圆、圆弧、椭圆、矩形、多段线等，文字、尺寸或块等不能作为选定对象。

2. 命令格式

1）下拉菜单 绘图→点→定距等分

2）输入命令 MEASURE↓

执行上述命令后，命令行提示：

选择要定距等分的对象：（拾取需要定距等分的实体）

指定线段长度或 [块（B）]：（指定距离或输入 B）

3. 选项说明

（1）指定线段长度　沿选定对象按指定间隔标记点，从最靠近用于选择对象的点的端点处开始标记。

如图 2-39a 所示，若指定线段长度为"10"，则等分效果如图 2-39b 所示。

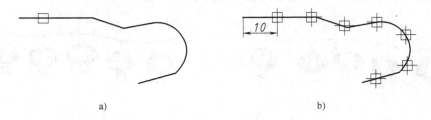

a)　　　　　　　　　　　　　　　　　　b)

图 2-39　定距等分多段线

a）选择等分对象　b）定距等分的结果

（2）块（B）　沿选定对象按指定间隔插入块。输入"B"后，命令行提示：

输入要插入的块名：（输入要插入的块名后，命令行提示）

是否对齐块和对象？［是（Y）/否（N）］<Y>：（输入"Y"，表示对齐块；输入"N"，表示不对齐块。选择"Y"或"N"后，命令行提示）

指定线段长度：

指定线段长度后，将按照指定间隔插入块，并结束命令。

思考与练习题二

1. 如何绘制直线、构造线、射线、多段线？

2. 多段线与直线有哪些区别？

3. 画圆的方法有哪几种？

4. 如何画椭圆、椭圆弧？

5. 点的标记样式有哪几种？如何改变点的大小和形状？

6. 用 LIMITS 命令设置图纸幅面 210mm × 297mm、297mm × 420mm，用 ZOOM 命令中的"全部（A）"选项在当前视口中缩放显示整个幅面，并存为"A4. dwt"和"A3. dwt"。

7. 分别在 A4 图纸幅面内绘制如图 2-40 ~ 图 2-42 所示的图形，不标注尺寸。

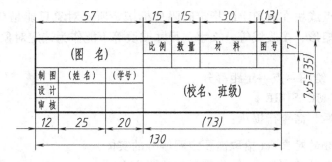

图 2-40　习题 7（一）

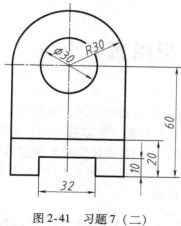

图 2-41　习题 7（二）

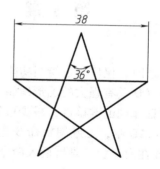

图 2-42　习题 7（三）

*8. 在 A4 图纸幅面内绘制如图 2-43 所示的图形，不标注尺寸。

*9. 用多段线命令在 A4 图纸幅面内绘制如图 2-44 所示的图形，不标注尺寸。

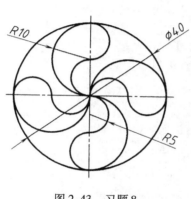

图 2-43　习题 8

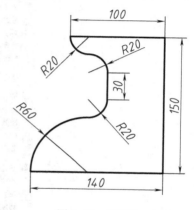

图 2-44　习题 9

第3章 二维图形编辑命令

绘制图形时，仅仅通过绘图功能一般不能形成最终所需的图形，编辑图形是不可缺少的过程。AutoCAD 具有强大的图形编辑（即图形修改）功能，可以帮助用户合理地构造与组织图形，保证作图的准确性，减少重复的绘图操作，从而提高绘图效率和图形质量。

在 AutoCAD 中，二维编辑命令是通过"修改"工具栏（图 3-1）、"修改"下拉菜单（图 3-2）或在命令窗口直接输入命令的方式来调用的。

图 3-1 "修改"工具栏

图 3-2 "修改"下拉菜单

3.1 选择对象

所谓"对象"，是指用 AutoCAD 命令在屏幕上绘制的图形、输入的文字、标注的尺寸、插入的图像等。

在编辑对象之前，首先需要对编辑的对象进行选择。AutoCAD 用虚线高亮显示所选的对象，这些对象构成选择集。选择集可以包含单个对象，也可以包含复杂的对象编组。

3.1.1　设置"选择集"选项卡

"选择集"选项卡是用来设定选择对象的选项。用户可以根据习惯对其拾取框、夹点显示及视觉效果等方面进行设置，以达到提高绘画效率和精确度的目的。

选择"工具"→"选项"或快捷菜单中的"选项"，或者使用 OPTIONS 命令等，系统将弹出"选项"对话框，从中可选择"选择集"选项卡，如图 3-3 所示。

"选项"对话框的"选择集"选项卡中部分选项的含义如下。

（1）拾取框大小　以像素为单位设置对象选择目标的高度。拾取框是在编辑命令中出现的对象选择工具。拖动滑块可以设置十字光标中部方形图框的大小。

（2）选择集预览　当光标的拾取框移动到对象上时，该对象以加粗或虚线显示预览效果。

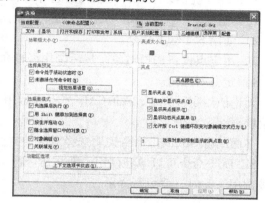

图 3-3　"选项"对话框中的"选择集"选项卡

1）"命令处于活动状态时"复选框　选择该复选框时，只有当某个命令处于激活状态，并在命令行显示"选择对象"提示时，将拾取框移动到对象上，该对象才会显示选择效果。

2）"未激活任何命令时"复选框　该复选框的作用与上述复选框相反，即选择该复选框时，只有当没有任何命令处于激活状态时，才可以显示选择效果。

3）"视觉效果设置"按钮　单击该按钮将显示"视觉效果设置"对话框。从中可设置选择集的视觉效果，如被选择对象的线型、线宽及选择区的颜色、透明度等。

（3）选择集模式　用于控制与对象选择方法相关的设置。该选项可以定义选择集同命令之间的先后执行顺序、选择集的添加方式，以及与组或填充对象有关的选择集的各类详细设置。

（4）夹点大小　拖动滑块可以设置夹点的大小。在未激活命令时选择对象，对象的特征点上会显示一些小方块、矩形块、小三角等，这些便为夹点，利用夹点可以编辑对象。有关夹点的内容详见 3.10。

（5）夹点　用来设置夹点的颜色及显示方式等。

3.1.2　选择对象的方法

AutoCAD 提供了两种编辑对象的途径：

1）先执行编辑命令，然后选择要编辑的对象。

2）先选择要编辑的对象，然后执行编辑命令。

这两种途径的执行效果是相同的，但选择对象是进行编辑的前提。AutoCAD 提供了多种对象选择方法，还可以把选择的多个对象组成整体，如选择集和对象组，对其进行整体编辑与修改。

1. 构造选择集

选择集可以仅由一个图形对象构成，也可以是一个复杂的对象组，如位于某一特定图层上的具有某种特定颜色的一组对象。选择集的构造可以在调用编辑命令之前或之后进行。

AutoCAD 提供以下几种方法构造选择集：

1）先选择一个编辑命令，然后选择对象，按 "Enter" 键结束操作。

2）使用 SELECT 命令。

3）用定点设备选择对象，然后调用编辑命令。

4）定义对象组。

无论使用哪种方法，AutoCAD 都将提示用户选择对象，此时光标的形状由十字光标变为拾取框。

下面结合 SELECT 命令说明选择对象的方法。

SELECT 命令可以单独使用，即在命令行输入 "SELECT"；也可以在执行其他编辑命令时被调用。此时，命令行提示：

选择对象：

这时，用户可用某种方式选择对象作为响应。AutoCAD 提供多种选择方式，可以输入 "?" 查看这些选择方式。选择该选项后，命令行提示：

需要点或窗口（W）/上一个（L）/窗交（C）/框（BOX）/全部（ALL）/栏选（F）/圈围（WP）/圈交（CP）/编组（G）/添加（A）/删除（R）/多个（M）/前一个（P）/放弃（U）/自动（AU）/单个（SI）/子对象（SU）/对象（O）

选择对象：

上面各选项的含义如下：

（1）需要点或窗口（W）　这是默认方式，可以通过直接点取方式或窗口方式选择对象。

1）直接点取方式　移动拾取框到要选择的对象上，单击鼠标左键，就会选中并高亮显示该对象。这种方式一次只能选择一个对象，可连续地选择多次。该点的选定也可以通过使用键盘输入一个点的坐标值来实现。

2）窗口（W）　该方式通过指定对角点的方式定义矩形窗口来选择对象，凡完全位于该窗口内的对象均被选中（矩形窗口显示为实线框），如图 3-4 所示。这里应从左到右指定角点创建窗口选择，否则为创建窗交选择。

另外，还应注意以下两点：

1）以上为默认选择对象方式。如在 "选择对象:" 提示下，输入 "W"，则只有完全处于矩形窗口内的对象被选中。

2）图 3-4 所示为在执行命令时，选中对象的显示方式。在未执行命令时选择对象，所选中的对象除高亮显示外，还会显示夹点，如图 3-5 所示。

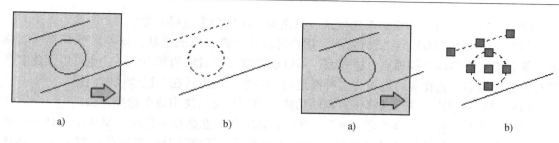

图 3-4　"窗口"对象选择方式
a）右拉选择窗口　b）选择后的图形

图 3-5　未执行命令时"窗口"对象选择方式
a）右拉选择窗口　b）选择后的图形

（2）上一个（L）　用于选择最近一次创建的可见对象。

（3）窗交（C）　以指定对角点的方式定义矩形窗口，凡完全处于该矩形窗口内及与窗口相交的对象均被选中（矩形窗口显示为虚线框），如图 3-6 所示。

（4）框（BOX）　该方式可实现窗口和窗交两种方式的选择。如果矩形的对角点是从右至左指定的，则框选与窗交方式等效，否则，框选与窗选等效。

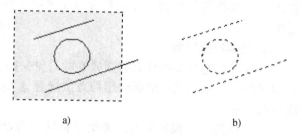

图 3-6　"窗交"对象选择方式
a）确定选择窗口　b）选择后的图形

（5）全部（ALL）　选择模型空间或当前布局中，除冻结图层或锁定图层上的对象之外的所有对象。

（6）栏选（F）　选择与选择栏相交的所有对象。栏选方法与圈交方法相似，只是栏选不闭合，并且栏选可以自交。

（7）圈围（WP）　选择多边形（通过待选对象周围的点定义）中的所有对象。该多边形可以为任意形状，但不能与自身相交或相切。

（8）圈交（CP）　选择多边形（通过在待选对象周围指定点来定义）内部或与之相交的所有对象。该多边形可以为任意形状，但不能与自身相交或相切。

（9）编组（G）　选择指定对象编组中的全部对象（对象编组命令为 GROUP）。

（10）添加（A）　切换到添加模式时，可以使用任何对象选择方法将选定对象添加到选择集。

（11）删除（R）　切换到删除模式时，可以使用任何对象选择方法从当前选择集中删除对象。删除模式的替换模式是在选择单个对象时按下"Shift"键，或者使用"自动"选项。

（12）多个（M）　在对象选择过程中单独选择对象。选中对象不立刻高亮显示，按"Enter"键确认选择对象结束后，所有被选取的对象同时高亮显示。

（13）前一个（P）　选择最近创建的选择集。

（14）放弃（U）　取消最后加入选择集的对象。

（15）自动（AU）　切换到自动选择方式。这是 AutoCAD 系统默认的选择方式，其功能包括直接点取方式、窗口方式和窗交方式。

（16）单个（SI）　切换到单选模式。只选择一次即结束选择对象。

（17）子对象（SU）　在此方式下，用户可以逐个选择原始形状，这些形状是复合实体的一部分或三维实体上的顶点、边和面。可以选择这些子对象的其中之一，也可以创建多个子对象的选择集。选择集可以包含多种类型的子对象。该方式在三维建模时使用。

（18）对象（O）　结束选择子对象的功能。使用户可以使用对象选择方法。

另外，还有一种"选择循环方式"。当几个对象交叉重叠在一起时，要从中选择一个对象十分困难，此时可使用"选择循环方式"进行选择。其方法是：单击状态栏上的"选择循环"按钮 SC，启用"选择循环"功能；将光标移到重叠对象处，单击鼠标左键，这时会弹出一"选择集"面板，显示重叠对象名称及所选中的对象等；连续单击左键可循环选择对象。

2. 快速选择对象

有时需要选择某些具有共同属性的对象来构造选择集，如选择具有相同颜色、线型或线宽的对象。除可以使用前面介绍的方法选择这些对象外，AutoCAD 还提供了 QSELECT 命令用以选择对象。

（1）功能　以设置的对象类型和特性作为过滤条件来选择对象。

（2）命令格式

1）下拉菜单　工具→快速选择

2）快捷菜单　当没有运行命令时在绘图区单击鼠标右键，从弹出的快捷菜单中选择"快速选择"

3）输入命令　QSELECT↓

执行上述命令后，系统弹出"快速选择"对话框，如图3-7 所示。

（3）对话框说明

1）"应用到"下拉列表框　此下拉列表框用于显示和确定过滤条件的适用范围。默认范围是"整个图形"，表示过

图 3-7　"快速选择"对话框

滤条件将应用到整个图形文件。也可单击该下拉列表框右边的"选择对象"按钮 ，根据当前所指定的过滤条件选择对象，构造新的选择集。此时，应用的图形范围便被当前选择集所代替。

2）"对象类型"下拉列表框　用于指定要过滤的对象类型，默认的类型是"所有图元"。当没有选择对象时，"对象类型"下拉列表框中包含所绘制图形中的所有对象类型；如果已有一个选择集，则包含所选对象的类型。

3）"特性"列表框　用于指定作为过滤条件的对象特性。其中列出的特性是相应于上面所选对象类型所拥有的特性，即选择不同的对象类型，特性列表的内容不同。

4）"运算符"下拉列表框　用于控制过滤的范围，包含"＝等于"、"＜＞不等于"、"＞大于"、"＜小于"、"全部选择"等。其中，"＞大于"、"＜小于"选项对某些对象是不可用的。

5）"值"下拉列表框　用于输入过滤的特性值。

6）"如何应用"区　在该区的两个选项中，选择"包括在新选择集中"单选框，则由满足过滤条件的对象构成选择集；选择"排除在新选择集之外"单选项，则由不满足过滤条件的对象构成选择集。

7）"附加到当前选择集"复选框　用于确定所创建的选择集是添加到当前选择集中，还是替代当前选择集。

8）单击"确定"按钮，关闭对话框　屏幕上与指定过滤条件相匹配的对象被自动选中，以虚线显示。

3.2 删除、删除恢复、放弃和重做命令

1. 删除命令

（1）功能　该命令用于删除当前选择的对象。

（2）命令格式

1）工具栏　修改→ 按钮

2）下拉菜单　修改→删除

3）快捷菜单　选择要删除的对象，在绘图区域中单击鼠标右键，然后选择"删除"

4）输入命令　ERASE↓

执行上述命令后，命令行提示：

选择对象：（选择编辑对象）

……

选择对象：↓（结束选择编辑对象，同时所选对象从图形中删除）

2. 删除恢复命令

（1）功能　该命令用于恢复最后一次删除的对象。

（2）命令格式　输入命令 OOPS↓

执行上述命令后，便恢复最后一次删除的对象。

3. 放弃和多重放弃命令

（1）功能　该命令用于取消上一次操作。可重复使用，依次向前取消完成的命令操作。

（2）命令格式

1）工具栏　标准→ 按钮

2）下拉菜单　编辑→放弃

3）快捷菜单　无命令运行和无对象选定的情况下，在绘图区域单击鼠标右键，然后选择"放弃"

4）快捷键　CTRL + Z

5）输入命令　U↓（或 UNDO）

执行上述命令后，便取消了上一次操作。单击该工具栏按钮右侧下拉箭头，还可以选择放弃的步骤。

4. 重做命令

（1）功能　恢复上一个用 UNDO 或 U 命令放弃的效果。该命令必须紧跟在 UNDO 或 U 命令之后。

（2）命令格式

1）工具栏　标准→ 按钮

2）下拉菜单　编辑→重做

3）快捷菜单　无命令运行和无对象选定的情况下，在绘图区域单击鼠标右键，然后选择"重做"

4）输入命令　REDO↓

执行上述命令后，便达到了重做的目的。单击该工具栏按钮右侧下拉箭头，还可以选择重做的步骤。

3.3　复制、镜像和偏移对象

1. 复制对象

（1）功能　对选择的对象作一次或多次复制。

（2）命令格式

1）工具栏　修改→ 按钮

2）下拉菜单　修改→复制

3）快捷菜单　选择要复制的对象，在绘图区域中单击鼠标右键，然后选择"复制选择"

4）输入命令　COPY↓

执行上述命令后，命令行提示：

选择对象：（选择编辑对象）

……

选择对象：↓

当前设置　复制模式 = 单个

指定基点或［位移（D）/模式（O）/多个（M）］<位移>：（输入选项）

（此选项仅在将复制模式设置成"单个"时才显示）

（3）选项说明

1）指定基点　用指定的两点定义一个矢量，表示复制对象移动的距离和方向。指定一点后，命令行提示：

指定第二个点或<使用第一个点作为位移>：

如果再指定一点，系统将用指定两点定义的矢量复制对象。

如果在"指定第二个点或<使用第一个点作为位移>："提示下按"Enter"键，则第一个点将被认为是相对 X、Y 的位移。例如，如果指定基点为（20，30），并在下一个提示下按"Enter"键，则所选对象将被复制到距其当前位置沿 X 方向 20 个单位，沿 Y 方向 30

个单位的位置。

在默认情况下，COPY 命令将自动重复。要退出该命令，可按"Enter"键。

2）位移（D） 用输入的坐标值指定相对距离和方向。选择此选项后，命令行提示：

指定位移 < 当前值 >：（输入一点，系统将该点的坐标值作为相对 X、Y 的位移，复制所选的对象，并结束命令）

3）模式（O） 控制是否自动重复该命令。该设置由 COPYMODE 系统变量控制。输入"O"后，命令行提示：

输入复制模式选项 ［单个（S)/多个（M)］< 当前值 >：（输入"S"或"M"，选择复制模式）

4）多个（M） 替代"单个"模式设置。在命令执行期间，将 COPY 命令设置为自动重复。此选项仅在将复制模式设置成"单个"时才显示。输入"M"后，命令行提示：

指定基点或 ［位移（D)/模式（O)］< 位移 >：（指定一点，命令行提示）

指定第二个点或 < 使用第一个点作为位移 >：（指定一点，命令行提示）

指定第二个点或 ［退出（E)/放弃（U)］< 退出 >：（指定一点，命令行提示）

……

指定第二个点或 ［退出（E)/放弃（U)］< 退出 >：

可重复复制操作，或按"Enter"键结束命令。

例 3-1 绘制如图 3-8b 所示的图形。

分析 首先作出带有圆角的矩形及一个小圆等，如图 3-8a 所示（过程略），然后用复制命令作出另外三个直径相同的小圆，如图 3-8b 所示。复制图形的过程如下：

命令：COPY↓

选择对象：（拾取圆和中心线）

选择对象：↓

当前设置：复制模式 = 多个

指定基点或 ［位移（D)/模式（O)］< 位移 >：（指定圆心为基点，即 O 点）

指定第二个点或 < 使用第一个点作为位移 >：（将光标放在矩形的另一圆弧附近，待捕捉圆心符号出现后，便拾取，即圆心 A 点）

指定第二个点或 ［退出（E)/放弃（U)］< 退出 >：（方法同上，拾取圆心 B 点）

指定第二个点或 ［退出（E)/放弃（U)］< 退出 >：（方法同上，拾取圆心 C 点）

指定第二个点或 ［退出（E)/放弃（U)］< 退出 >：↓

结果如图 3-8b 所示。

2. 镜像对象

（1）功能 以选定的直线为对称轴，生成与实体对象对称的实体。

（2）命令格式

1）工具栏 修改→⚐按钮

2）下拉菜单 修改→镜像

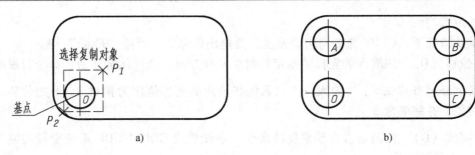

图 3-8　复制对象

a）复制前　b）复制后

3）输入命令　MIRROR↓

执行上述命令后，命令行提示：

选择对象：（选择编辑对象）

……

选择对象：↓

指定镜像线的第一点：（指定一点）

指定镜像线的第二点：（指定一点）

要删除源对象吗？［是（Y）/否（N）］＜N＞：（输入"Y"，则删除原拾取对象；输入"N"，则不删除源对象，该选项为默认选项）

图 3-9 所示为以 AB 为镜像线，保留源对象的镜像示例。

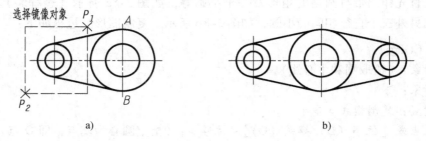

图 3-9　镜像对象

a）镜像前　b）镜像后

文字的镜像分为两种状态：完全镜像和可识读镜像。当系统变量 MIRRTEXT 的值为"1"时，文字作完全镜像，方向反转，不可识读（图 3-10a）；当系统变量 MIRRTEXT 的值为"0"时，文本作可识读镜像，不改变文字的方向（图 3-10b）。

默认情况下，镜像文字对象时，不更改文字的方向。如果要反转文字，应将系统变量 MIRRTEXT 设置为"1"。操作过程如下：

命令：MIRRTEXT↓

输入新值＜0＞：1↓

3. 偏移对象

（1）功能　创建同心圆、平行线或等距曲线。可以偏移复制直线、圆弧、圆、二维多

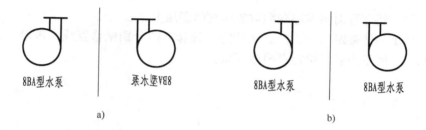

图 3-10　文字镜像

a）MIRRTEXT = 1　b）MIRRTEXT = 0

段线等。

（2）命令格式

1）工具栏　修改→按钮

2）下拉菜单　修改→偏移

3）输入命令　OFFSET↓

执行上述命令后，命令行提示：

当前设置：删除源 = （当前值）　图层 = （当前值）　OFFSETGAPTYPE = （当前值）

指定偏移距离或［通过（T）/删除（E）/图层（L）］<当前值>：（输入选项）

（3）选项说明

1）指定偏移距离　在距现有对象指定的距离处创建对象。该选择为默认选项。指定偏移距离后，命令行提示：

选择要偏移的对象，或［退出（E)/放弃（U)］<退出>：

① 选择要偏移的对象后，命令行提示：

指定要偏移的那一侧上的点，或［退出（E)/多个（M)/放弃（U)］<退出>：（指定对象上要偏移的那一侧上的点，则完成了对所选对象的偏移。命令行继续提示）

选择要偏移的对象，或［退出（E)/放弃（U)］<退出>：

……

可重复偏移操作，或按"Enter"键结束命令。

② 退出（E)　退出偏移命令。

③ 多个（M)　使用当前的偏移距离依次把偏移出的实体作为要偏移的源对象进行偏移。

④ 放弃（U)　放弃上一次偏移操作。

2）通过（T)　将偏移对象通过指定点偏移，并可进行多次偏移。

3）删除（E)　提示在偏移后是否删除源对象。

4）图层（L)　确定将偏移对象偏移在当前图层上还是源对象所在的图层上。输入"L"后，命令行提示：

输入偏移对象的图层选项［当前（C)/源（S)］<当前值>：

① 当前（C)　将偏移对象偏移在当前图层上。

② 源（S）　将偏移对象偏移在源对象所在的图层上。

图 3-11 所示为偏移距离是"5"，按指定的偏移方向分别偏移直线、多段线、圆、圆弧和矩形；图 3-12 所示为通过指定点偏移圆弧。

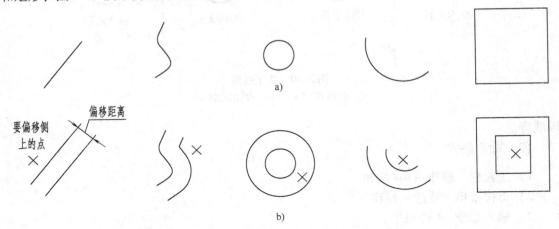

图 3-11　按指定的偏移距离和偏移方向偏移对象
a）被偏移对象　b）偏移过程

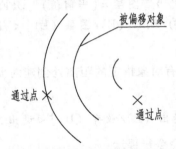

图 3-12　通过指定点偏移圆弧

3.4　阵列、移动和旋转对象

1. 阵列对象

（1）功能　将选定的对象按指定方式（矩形或环形）作多重复制。

（2）命令格式

1）工具栏　修改→⊞按钮

2）下拉菜单　修改→阵列

3）输入命令　ARRAY↓

执行上述命令后，系统弹出"阵列"对话框（图 3-13）。在该对话框中，有矩形阵列和环形阵列两个单选框。

（3）对话框说明

1）矩形阵列　用矩形阵列的方式复制对象，其对话框如图 3-13 所示。"行数"、"列数"文本框分别用于确定矩形阵列的行数和列数。"偏移距离和方向"区用于指定阵列偏移的距离和方向。具体选项如下：

①"行偏移"文本框 指定行间距。指定为正数，则向上添加行；反之，则向下添加行。

②"列偏移"文本框 指定列间距。指定为正数，则向右添加列；反之，则向左添加列。

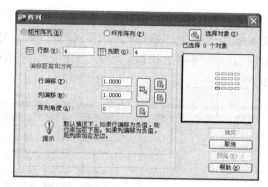

③"拾取两个偏移"按钮 单击该按钮将临时关闭"阵列"对话框，这时可以使用定点设备指定矩形的两个对角点，从而设置行间距和列间距。ΔX 为列间距，ΔY 为行间距。

图 3-13 "阵列"对话框的"矩形阵列"选项

④"拾取行偏移"按钮 单击该按钮将临时关闭"阵列"对话框，这时可以使用定点设备指定行间距。系统提示用户指定两个点，并使用这两个点之间的距离和方向来指定"行偏移"中的值。

⑤"拾取列偏移"按钮 单击该按钮将临时关闭"阵列"对话框，此时可使用定点设备指定列间距。系统提示用户指定两个点，并使用这两个点之间的距离和方向来指定"列偏移"中的值。

⑥"阵列角度"文本框 指定旋转角度。

⑦"拾取阵列的角度"按钮 单击该按钮将临时关闭"阵列"对话框，此时可以输入值或使用定点设备指定两个点，从而指定旋转角度。

对话框中其他按钮的作用如下：

①"选择对象"按钮 单击该按钮，返回绘图状态，可选择阵列对象。

②"预览"按钮 单击此按钮会弹出一对话框，若对阵列效果满意，则选"接受"；若需改动，则按"修改"。

③"确定"、"取消"按钮 "确定"用于按指定方式设置阵列对象；"取消"用于取消当前的操作。

工程图中常有一些图形呈矩形阵列排列，只要绘制其中的一个单元，就可以按阵列之间的几何关系轻松地创建阵列对象。

如图 3-14 所示，一建筑物的立面示意图中已经绘制了一个窗户的图形（图 3-14a），现在需要将其他窗户的图形阵列出来（图 3-14b），具体作法是：

① 在"阵列"对话框的"矩形阵列"选项中设置参数。根据结构要求，这里将"行数"设置为"4"（注意，阵列的总数包括原始对象），"列数"设置为"3"，"行偏移"设置为层高"3000"，"列偏移"设置为开间"3500"，"阵列角度"设置为"0"。

② 单击"选择对象"按钮，选择要阵列的对象（这一步可在设置参数前或后进行）。这时，系统切换到绘图界面，选择窗户的图形（图 3-14a）。

③ 单击"预览"按钮，图形窗口显示当前参数下的阵列效果，单击"接受"按钮，完成矩形阵列的创建。阵列结果如图 3-14b 所示。

2）环形阵列　围绕指定的中心点复制选定对象，其对话框如图 3-15 所示。"中心点"文本框用于确定环形阵列的中心位置。可以直接输入坐标值；也可以单击右侧按钮，返回绘图窗口，从屏幕上拾取。"方法和值"区用于确定环形阵列的方式和参数。其中具体选项如下：

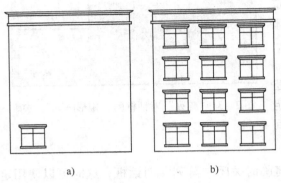

图 3-14　矩形阵列
a）原图　b）矩形阵列结果

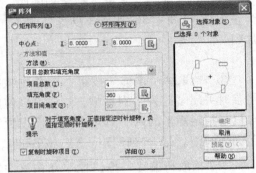

图 3-15　"阵列"对话框的"环形阵列"选项

①"方法"下拉列表框　用于确定环形阵列的方式和值。单击右侧的下拉箭头，在弹出的下拉列表框中选择环形阵列的方式，包括"项目总数和填充角度"、"项目总数和项目间的角度"和"填充角度和项目间的角度"三种。选择的方式不同，设置的值也不同。可以直接在对应的文本框中输入值，也可以单击相应的按钮，在绘图窗口中指定。

②"项目总数"文本框　用于设置环形阵列中所显示对象的数目。其中包括源对象，默认值为"4"。

③"填充角度"文本框　用于设置环形阵列所对应的圆心角度（以度为单位），默认值为"360"。

④"拾取要填充的角度"按钮　单击该按钮将临时关闭"阵列"对话框，此时可以定义环形阵列所对应的圆心角度。

⑤"项目间角度"文本框　设定环形阵列中相邻对象所对应的圆心角度。此值只能为正，默认值为 90°。

⑥"拾取项目间角度"按钮　单击该按钮将临时关闭"阵列"对话框，此时可以定义环形阵列中相邻对象所对应的圆心角度。

对话框中其他选项的作用如下：

①"复制时旋转项目"复选框　用于设定环形阵列中的对象是否旋转，其效果如图 3-16 所示。

②"详细/简略"　选择"详细"时，将显示对象的基点信息，此按钮名称变为"简略"。

所谓对象基点，是指相对于选定对象指定新的参照（基准）点。对对象指定阵列操作时，这些选定对象将与阵列中心点保持不变的距离。要创建环形阵列，ARRAY 命令将确定从阵列中心到最后选定对象上的参照点（基点）之间的距离，所使用的点取决于对象类型。对于圆弧、圆、椭圆，其默认基点为圆心；对于多边形、矩形，其默认基点为第一个角点；

对于圆环、直线、多段线、三维多段线、射线、样条曲线，其默认基点为起点。

当创建环形阵列而且不旋转对象时，为达到预期效果，可指定基点，如图 3-16c 所示。
其他选项同矩形阵列，这里不再赘述。

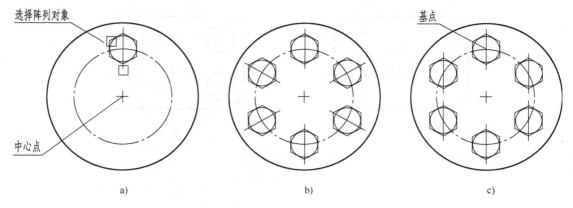

图 3-16　环形阵列

a）选择对象与指定中心点　b）旋转阵列对象　c）不旋转阵列对象

2. 移动对象

（1）功能　将选定的对象从当前位置平移到一个新的位置。

（2）命令格式

1）工具栏　修改→![按钮]按钮

2）下拉菜单　修改→移动

3）快捷菜单　选择要移动的对象，在绘图区域中单击鼠标右键，然后选择"移动"

4）输入命令　MOVE↓

执行上述命令后，命令行提示：

选择对象：（选择编辑对象）

……

选择对象：↓

指定基点或［位移（D）］<位移>：（输入选项）

（3）选项说明

1）指定基点　用指定的两点定义一个矢量，表示所选对象要移动的距离和方向。指定
一点后，命令行提示：

指定第二个点或<使用第一个点作为位移>：

如果再指定一点，则系统将用指定两点定义的矢量移动对象，并结束命令。

如果在"指定第二个点或<使用第一个点作为位移>："提示下按"Enter"键，则第
一个点将被认为是相对 X、Y 的位移。例如，如果指定基点为（30，20），并在下一个提示
下按"Enter"键，则所选对象将被移动到距其当前位置沿 X 方向 30 个单位，沿 Y 方向 20
个单位的位置。

2）位移（D）　用输入的坐标值指定相对距离和方向。选择该选项后，命令行提示：

指定位移<当前值>：（输入一点，系统将该点的坐标值作为相对 X、Y 的位移，移动所选的对象，并结束命令）

图 3-17 所示为移动对象示例。

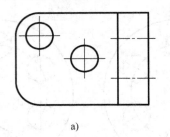
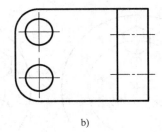

a)   b)

图 3-17　移动对象

a）移动前　b）移动后

3. 旋转对象

（1）功能　将选定的对象绕指定点旋转一定的角度。

（2）命令格式

1）工具栏　修改→ 按钮

2）下拉菜单　修改→旋转

3）快捷菜单　选择要旋转的对象，在绘图区域中单击鼠标右键，然后选择"旋转"

4）输入命令　ROTATE↓

执行上述命令后，命令行提示：

UCS 当前的正角方向：ANGDIR =（当前值）　ANGBASE =（当前值）

选择对象：（选择编辑对象）

……

选择对象：↓

指定基点：（确定基点位置，命令行提示）

指定旋转角度，或［复制（C）/参照（R）］<当前值>：（输入选项）

（3）选项说明

1）指定旋转角度　此项为默认选项，所选对象按指定角度进行旋转并结束命令。

2）复制（C）　旋转所选对象，保留源对象。

3）参照（R）　将所选对象绕指定点由参照角旋转到新的指定角度。输入"R"后，命令行提示：

指定参照角<当前值>：（可输入一参照角度值，也可输入一点。若输入一点，命令行提示）

指定第二点：（再输入一点，这时系统以这两点与 X 轴正方向之间的夹角为参照角，命令行提示）

指定新角度或［点（P）］<当前值>：（可直接输入新角度值或通过拾取点的方法输入新角度，结束命令）

图3-18所示为一图形对象绕 O 点旋转160°的情形。

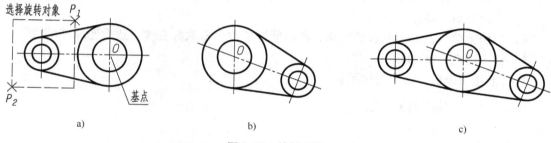

图3-18 旋转对象

a）选择对象与指定基点 b）旋转160° c）旋转（复制）160°

例3-2 将如图3-19a所示的矩形旋转一定角度，使之成为图3-19b所示的图形。

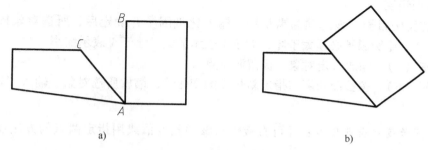

图3-19 用参照方式旋转对象

a）原图 b）旋转结果

操作过程如下：

命令：ROTATE↓

UCS当前的正角方向：ANGDIR=逆时针 ANGBASE=0

选择对象：（选择矩形）

选择对象：↓

指定基点：（拾取 A 点）

指定旋转角度，或［复制（C）/参照（R）］<0>：R↓

指定参照角<0>：（拾取 A 点）

指定第二点：（拾取 B 点）

指定新角度或［点（P）］<0>：（拾取 C 点）

结果如图3-19b所示。

3.5 缩放和拉伸对象

1. 缩放对象

（1）功能 按比例放大或缩小选定的对象，缩放后对象的比例保持不变。

（2）命令格式

1）工具栏　修改→□按钮

2）下拉菜单　修改→缩放

3）快捷菜单　选择要缩放的对象，在绘图区域中单击鼠标右键，然后选择"缩放"

4）输入命令　SCALE↓

执行上述命令后，命令行提示：

选择对象：（选择编辑对象）

……

选择对象：↓

指定基点：（指定缩放基点）

指定比例因子或［复制（C）/参照（R）］＜当前值＞：（输入选项）

（3）选项说明

1）指定比例因子　该选项为默认项。输入比例因子并确定后，所选对象按其数值缩放，结束命令。比例因子必须大于零，大于 1 表示放大，小于 1 表示缩小。

2）复制（C）　缩放选定对象，保留源对象。

3）参照（R）　按参照长度与指定新长度的变化量，缩放所选对象。输入"R"后，命令行提示：

指定参照长度＜当前值＞：（可直接输入参照长度值或用指定两点的方法输入参照长度，命令行提示）

指定新的长度或［点（P）］＜当前值＞：（可直接输入新的长度值或用指定点的方法输入新的长度）

此时，系统以指定参照长度与指定新长度的比值作为比例因子，对所选对象进行缩放。图 3-20 所示为以 P_1 为基点将多边形放大 1 倍（比例因子为 2）的情形。

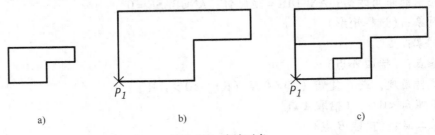

图 3-20　缩放对象

a）原图　b）指定放大 1 倍　c）放大（复制）1 倍

利用缩放对象命令可使某些图形的画法变得简单一些。如图 3-21 所示，画退刀槽的局部放大图时，可先把退刀槽部分复制下来，再利用缩放、画样条曲线、修剪等命令完成局部放大图的绘制。

例 3-3　用参照方式将图 3-22a 中右侧的小正方形放大到与左侧的正方形大小相等，如图 3-22b 所示。

操作过程如下：

命令：SCALE↓

选择对象：（选择小正方形）

选择对象：↓

指定基点：（拾取 *A* 点）

指定比例因子或［复制（C）/参照（R）］<当前值：R↓

指定参照长度<1.0000>：（拾取 *A* 点）

指定第二点：（拾取 *B* 点）

指定新的长度或［点（P）］<1.0000>：　P↓

指定第一点：（拾取 *C* 点）

指定第二点：（拾取 *D* 点）

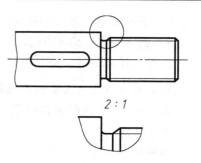

2∶1

图 3-21　缩放对象命令应用实例

结束命令，结果如图 3-22b 所示。

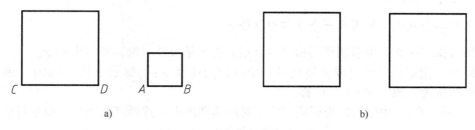

a)　　　　　　　　　　　　　　　b)

图 3-22　用参照方式缩放对象

a）原图　b）放大结果

2. 拉伸对象

（1）功能　拉伸由交叉窗口或交叉多边形包围的对象（图 3-23），并可移动（而不是拉伸）完全包含在交叉窗口或交叉多边形中的对象或单独选定的对象。有些对象（如圆、椭圆、块和文字）无法拉伸。

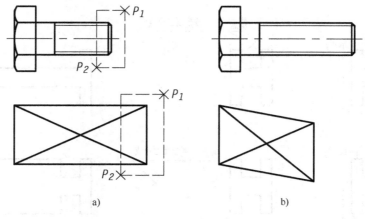

a)　　　　　　　　　　　　　　　b)

图 3-23　拉伸对象

a）拉伸前　b）拉伸后

（2）命令格式

1）工具栏　修改→ 按钮

2）下拉菜单　修改→拉伸

3）输入命令　STRETCH↓

执行上述命令后，命令行提示：

以交叉窗口或交叉多边形选择要拉伸的对象...

选择对象：（选择编辑对象）

……

选择对象：↓

指定基点或［位移（D）］＜位移＞：（输入选项）

（3）选项说明

1）指定基点　用指定的两点定义一个矢量，表示所选对象要拉伸的距离和方向。指定一点后，命令行提示：

指定第二个点或＜使用第一个点作为位移＞：

如果再指定一点，则系统将用指定两点定义的矢量拉伸对象，并结束命令。

如果在"指定第二个点或＜使用第一个点作为位移＞："提示下按"Enter"键，则第一个点将被认为是相对 X、Y 的位移。

2）位移（D）　用输入的坐标值指定相对距离和方向。选择该选项后，命令行提示：

指定位移＜当前值＞：（输入一点，系统将该点的坐标值作为相对 X、Y 的位移，拉伸所选的对象，并结束命令）

拉伸命令必须使用交叉窗口（窗交 C）或交叉多边形（圈交 CP）来选择要拉伸的对象，AutoCAD 只移动选择窗口内的顶点和端点，窗口外的顶点和端点则保持不变（图3-24）。同时，该命令将移动而非拉伸用直接点取方式选择的对象、通过交叉窗口或交叉多边形选择的封闭曲线图形，以及完全位于交叉窗口或交叉多边形内的对象。

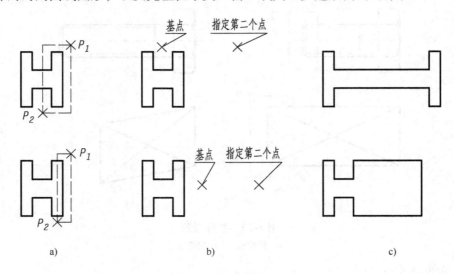

图 3-24　拉伸对象

a）选择拉伸对象　b）指定基点和位移　c）拉伸结果

3.6　拉长、修剪和延伸对象

1. 拉长对象

（1）功能　用于改变所选对象的长度及圆弧的圆心角。它可以拉长或缩短直线、多段线、椭圆弧和圆弧，对样条曲线则只能缩短。拉长命令对闭合的对象（如圆、多段线矩形、多段线多边形）只起测量作用，不能改变其长度。

（2）命令格式

1）下拉菜单　修改→拉长

2）输入命令　LENGTHEN↓

执行上述命令后，命令行提示：

选择对象或［增量（DE）/百分数（P）/全部（T）/动态（DY）]：（输入选项）

（3）选项说明

1）选择对象　这是默认选项，起测量作用。选择了一个对象后，系统将显示其当前长度值，对于圆弧，还显示其包含的圆心角，并再次回到原提示。

2）增量（DE）　以指定的长度增量或角度增量，增加或减小选中对象的长度或角度。该增量从距离选择点最近的端点处开始测量，正值拉长对象，负值缩短对象。选择该选项后，命令行提示：

输入长度增量或［角度（A）]<当前值>：

① 输入长度增量　该选项表示用给定的增量修改对象的长度（图3-25）。输入长度增量后，命令行提示：

选择要修改的对象或［放弃（U）]：（选择一个对象或输入"U"）

选择要修改的对象或［放弃（U）]：

……

提示将一直重复，直到按"Enter"键结束命令。

② 角度（A）　该选项表示用给定的角度增量改变弧长（图3-26）。选择该选项后，命令行提示：

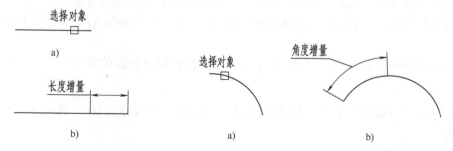

图3-25　用指定长度增量拉长直线　　　图3-26　用指定角度增量拉长圆弧

　　a）选择拉长对象　b）拉长结果　　　　　a）选择拉长对象　b）拉长结果

输入角度增量<当前值>：(输入角度增量后，命令行提示)

选择要修改的对象或［放弃（U）］：(选择一个对象或输入"U")

……

3）百分数（P）　该选项通过设置对象改变长度后相对于原来长度的百分比，达到延长或缩短对象的目的。百分比大于100%为延长对象，小于100%为缩短对象。选择该选项后，命令行提示：

输入长度百分数<当前值>：(输入非零正值或按"Enter"键)

选择要修改的对象或［放弃（U）］：(选择一个对象或输入"U")

……

4）全部（T）　该选项表示通过重新设置对象的总长度（或总角度），来延长或缩短对象。选择该选项后，命令行提示：

指定总长度或［角度（A）］<当前值>：

① 指定总长度　将对象从离选择点最近的端点拉长到指定值。输入总长度值后，命令行提示：

选择要修改的对象或［放弃（U）］：(选择一个对象或输入"U")

……

② 角度（A）　通过给定总的角度值来改变圆弧或椭圆弧的长度。选择该选项后，命令行提示：

指定总角度<当前值>：(输入一角度后，命令行提示)

选择要修改的对象或［放弃（U）］：(选择一个对象或输入"U")

……

5）动态（DY）　打开动态拖拉模式。在此模式下，一旦拾取了对象，则远离拾取点的一个端点将固定不变，靠近拾取点的一个端点随光标的移动而移动，从而可动态地改变对象的长度。对于圆弧和椭圆弧，动态改变后，圆弧的半径及椭圆弧的形状保持不变。选择该选项后，命令行提示：

选择要修改的对象或［放弃（U）］：(用光标拾取要修改的对象)

指定新端点：(用鼠标拖动要修改的对象，到达所需位置后，单击鼠标左键。命令行提示)

选择要修改的对象或［放弃（U）］：(用光标拾取要修改的对象)

……

动态模式只能改变直线、圆弧和椭圆弧的长度。"放弃（U）"选项用于取消最近一次的修改。

2. 修剪对象

（1）功能　用指定的剪切边修剪选定的对象，实现部分擦除，或者将被修剪的对象延伸到剪切边。可被修剪的对象包括直线、圆弧、椭圆弧、圆、二维和三维多段线、构造线、射线及样条曲线。修剪边界可以是直线、圆弧、椭圆弧、圆、二维和三维多段线、构造线、面域、射线、样条曲线及文字。

（2）命令格式

1）工具栏　修改→ ╱ 按钮

2）下拉菜单　修改→修剪

3）输入命令　TRIM↓

执行上述命令后，命令行提示：

当前设置：投影＝（当前值），边＝（当前值）

选择剪切边…

选择对象或＜全部选择＞：（输入选项后，命令行提示）

选择要修剪的对象，或按住"Shift"键选择要延伸的对象，或［栏选（F）/窗交（C）/投影（P）/边（E）/删除（R）/放弃（U）］：（输入选项）

（3）选项说明

1）选择要修剪的对象　指定被修剪对象。选择修剪对象提示将会重复，因此可以选择多个修剪对象，按"Enter"键可退出命令。如果实体与剪切边不相交，则不能剪除，命令行提示"对象未与边相交"。

在使用该命令的过程中，一定要清楚哪个对象是剪切边，哪个对象是要修剪的对象，以及要剪掉剪切边的哪一侧，如图3-27所示。

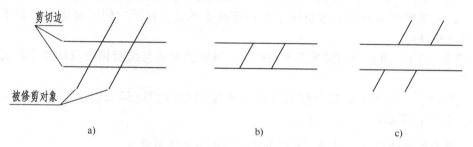

图3-27　修剪对象

a）选择剪切边　b）修剪剪切边外侧　c）修剪剪切边内侧

由于被修剪对象也可作为剪切边，所以在选择剪切边时，可不区分是被修剪对象还是剪切边，一次选中多个对象作为剪切边，如图3-28所示。

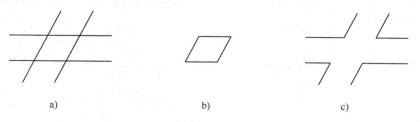

图3-28　修剪对象

a）四条线既是剪切边又是被修剪对象　b）修剪剪切边外侧　c）修剪剪切边内侧

2）按住"Shift"键选择要延伸的对象　这时把命令中的修剪模式暂时转换为延伸模式，即把剪切边作为延伸边界，而将被修剪对象作为被延伸对象。如图 3-29 所示，选择直线作为修剪边，若不按住"Shift"键，则选择圆弧，是修剪；若按住"Shift"键，选择圆弧的一端，则是把直线作为延伸边界，将圆弧延伸到直线。

图 3-29　修剪命令中"Shift"键的作用

a）原图　b）操作过程　c）延伸后

3）栏选（F）　用栏选方式选择要修剪的对象。

4）窗交（C）　用窗交方式选择要修剪的对象。

5）投影（P）　用于指定剪切时系统使用的投影方式。输入"P"后，命令行提示：

输入投影选项［无（N）/UCS（U）/视图（V）］＜当前值＞：

① 无（N）　表示不进行投影。在三维空间中，剪切边必须与修剪对象相交才能进行修剪。

② UCS（U）　表示将剪切边和被剪切对象投影到当前 UCS（用户坐标系）的 *XOY* 平面上，剪切边与被剪切对象在三维空间中不一定真正相交，只要它们的投影在投影平面上相交，即可进行修剪。

③ 视图（V）　表示按当前视图方向投影。只要剪切边与被剪切对象的投影相交，即可进行修剪。

6）边（E）　用于决定被修剪对象是否需要使用剪切边延长线上的虚拟边界。输入"E"后，命令行提示：

输入隐含边延伸模式［延伸（E）/不延伸（N）］＜当前值＞：

① 延伸（E）　表示延伸剪切边，使其与被剪切对象相交后进行修剪。

② 不延伸（N）　表示不延伸剪切边。剪切边与被剪切对象必须直接相交才能进行修剪，如图 3-30 所示。

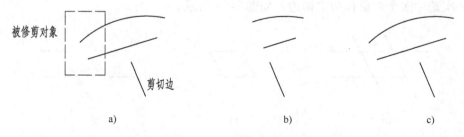

图 3-30　修剪命令中"边（E）"选项的作用

a）选择剪切边　b）"延伸"效果　c）"不延伸"效果

7）删除（R） 在执行修剪命令的过程中删除对象。

8）放弃（U） 取消前一次操作。

使用修剪命令，可将如图 3-31a 所示的与已知圆相切的圆修剪为如图 3-31c 所示的连接圆弧。这是利用修剪命令绘制圆弧的常用方法。

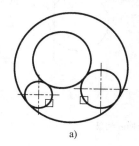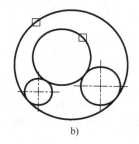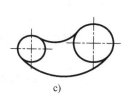

a)   b)   c)

图 3-31 修剪对象

a）选择修剪边 b）选择要修剪的对象 c）修剪的结果

3. 延伸对象

（1）功能 延伸对象，使其准确地到达用其他对象定义的边界；或者以延伸边界为修剪边，修剪所选的延伸对象。可延伸的对象包括直线、圆弧、椭圆弧、开放的二维和三维多段线及射线，可作为延伸边界的对象包括直线、圆弧、椭圆弧、圆、椭圆、二维和三维多段线、射线、构造线、面域、样条曲线等。

（2）命令格式

1）工具栏 修改→ 按钮

2）下拉菜单 修改→延伸

3）输入命令 EXTEND↓

执行上述命令后，命令提示：

当前设置：投影 =（当前值），边 =（当前值）

选择边界的边…

选择对象或 < 全部选择 >：（输入选项后，命令行提示）

选择要延伸的对象，或按住"Shift"键选择要修剪的对象，或 ［栏选（F）/窗交（C）/投影（P）/边（E）/放弃（U）］：（输入选项）

（3）选项说明

1）选择要延伸的对象 指定延伸对象。选择延伸对象提示将会重复，因此可以选择多个延伸对象，按"Enter"键可退出命令。如果实体与延伸边不相交，则不能延伸，命令行将提示："对象未与边相交"。

图 3-32 所示为一延伸对象示例。被延伸对象从靠近拾取点的一端延伸到边界圆上。

在使用该命令的过程中，被延伸对象也可作为延伸边界，所以选择边界时，可不区分是被延伸对象还是延伸边界，一次选中多个对象作为延伸边界，一次选中多个对象进行延伸。

2）按住"Shift"键选择要修剪的对象 将命令中的延伸模式暂时转换为修剪模式，即把延伸边界作为剪切边，而将被延伸对象作为被修剪对象。

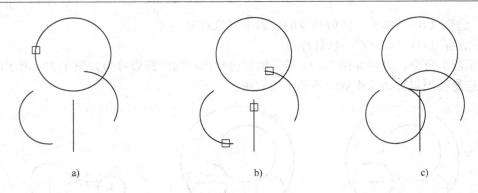

图 3-32　延伸对象
a) 选择延伸边界　b) 选择要延伸的对象　c) 延伸的结果

3）栏选（F）　用栏选方式选择要延伸的对象。

4）窗交（C）　用窗交方式选择要延伸的对象。

5）投影（P）　用于指定延伸时系统使用的投影方式。输入"P"后，命令行提示：

输入投影选项 ［无（N）/UCS（U）/视图（V）］＜当前值＞：

① 无（N）　表示不进行投影。在三维空间中，延伸边界必须与延伸对象相交才能进行延伸。

② UCS（U）　表示将延伸边界和被延伸对象投影到当前 UCS（用户坐标系）的 XOY 平面上，延伸边界与被延伸对象延伸后在三维空间中不一定真正相交，只要它们的投影在投影平面上相交，即可进行延伸。

③ 视图（V）　表示按当前视图方向投影。只要延伸边界与被延伸对象延伸后的投影相交，即可进行延伸。

6）边（E）　用于决定被延伸对象是否需要使用延伸边界延长线上的虚拟边界。输入"E"后，命令行提示：

输入隐含边延伸模式 ［延伸（E）/不延伸（N）］＜当前值＞：

① 延伸（E）　表示延伸边界，使其与被延伸对象相交后进行延伸。

② 不延伸（N）　表示不延伸边界。延伸边界与被延伸对象延伸后，必须直接相交才能进行延伸，如图 3-33 所示。

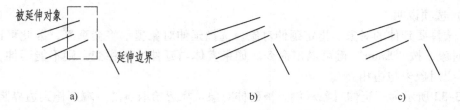

图 3-33　延伸命令中"边（E）"选项的作用
a) 选择延伸边　b)"延伸"效果　c)"不延伸"效果

7）放弃（U）　取消前一次操作。

3.7 打断和合并对象

1. 打断对象

打断命令（BREAK）是将已经绘制的对象断成两段或剪掉对象上的一部分，如图 3-34 所示。该命令适用于直线、构造线、射线、圆弧、圆、椭圆、样条曲线、实心圆环及二维或三维多段线。

根据打断点数量的不同，打断命令可以分为打断和打断于点。

（1）打断命令

该命令的功能是在两点之间打断选定的对象（图 3-34）。命令格式如下：

1）工具栏 修改→[按钮图标]按钮

2）下拉菜单 修改→打断

3）输入命令 BREAK↓

执行上述命令后，命令行提示：

选择对象：（选择需要打断的对象）

指定第二个打断点或［第一点（F）］：（输入选项）

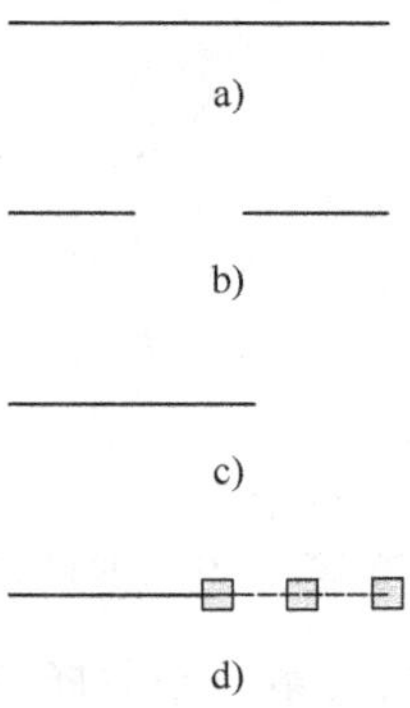

4）选项说明

① 指定第二个打断点 指定用于打断对象的第二个点，该选项为默认项。将选择对象的拾取点作为第一个打断点，输入另一点作为第二个打断点，AutoCAD 将删除两打断点之间的部分（图 3-34b）。如果第二个打断点不在对象上，AutoCAD 将选择对象上距离第二个点最近的点（图 3-35）。如果要删除直线、圆弧或多段线的一端，则指定的第二点应位于该端点之外（图 3-34c）。

图 3-34 打断对象（1）
a）原线段 b）删除中间一段
c）删除一端 d）断开，
但两段的端部仍对接

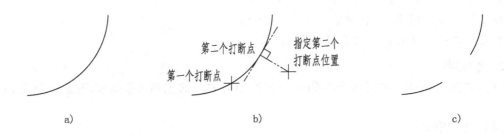

图 3-35 打断对象（2）
a）原图 b）指定打断点 c）打断后

如果选择一个圆，AutoCAD 将从第一个打断点到第二个打断点按逆时针方向删除一段，而成为圆弧（图 3-36）。

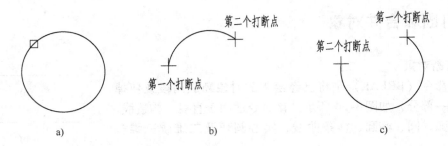

图 3-36   打断对象（3）

a）选择对象   b）、c）按打断点顺序沿逆时针方向删除对象

② 第一点（F）   用指定的新点替换原来的第一个打断点。输入"F"后，命令行提示：

指定第一个打断点：（指定一点，命令行提示）

指定第二个打断点：（指定一点，结束命令）

这时，两个指定点之间的部分将被删除。如果指定点不在对象上，AutoCAD 将选择对象上与该点最接近的点作为打断点。

要将对象一分为二且不删除任何部分（图 3-34d），则输入的第一个点和第二个点应相同。当系统提示："指定第二个打断点或［第一点（F）]："时输入"@"，便可实现此功能。

（2）打断于点命令

该命令的功能是将选定对象断开而不删除任何部分（图 3-34d），且对象在拾取点处断开。命令格式如下：

工具栏   修改→▢ 按钮

单击 ▢ 按钮后，命令行提示：

命令：_ break 选择对象：（选择需要断开的对象）

指定第二个打断点或［第一点（F）]：_ f

指定第一个打断点：（在对象上指定打断点）

指定第二个打断点：@ （自动结束命令）

2. 合并对象

（1）功能   将相关的对象合并为一个完整的对象。这里每种类型的对象应满足相应的条件。

（2）命令格式

1）工具栏   修改→➤➤ 按钮

2）下拉菜单   修改→合并

3）输入命令   JOIN↙

执行上述命令后，命令行提示：

选择源对象：（可选择一条直线、多段线、圆弧、椭圆弧或样条曲线）

（3）说明

1）合并直线 选择一条直线作为源对象，然后选择要合并到源对象的直线，使其与源对象（一条直线）合并，形成一个完整的对象。这里，要合并到源对象的直线对象必须与源对象共线（位于同一无限长的直线上），但是它们之间可以有间隙（图 3-37）。

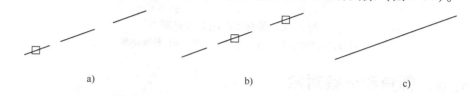

图 3-37 合并直线

a）选择源对象 b）选择要合并到源对象的直线对象 c）合并结果

2）与多段线合并 选择多段线作为源对象，然后选择要合并到源对象的对象，使其与源对象（多段线）合并。与多段线合并的对象可以是直线、多段线或圆弧，它们与多段线的首或尾相接后不能有间隙（图 3-38）。

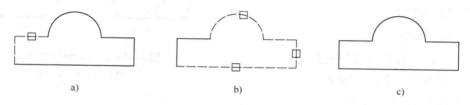

图 3-38 与多段线合并

a）选择源对象 b）选择要合并到源对象的对象 c）合并结果

3）合并圆弧 选择圆弧作为源对象，然后选择一圆弧，使其与源对象（圆弧）合并或将源圆弧转换成圆（图 3-39）。这里，圆弧对象必须位于同一假想圆上，但是它们之间可以有间隙。

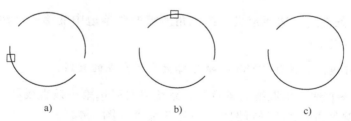

图 3-39 合并圆弧

a）选择源对象 b）选择要合并到源对象的圆弧 c）合并结果

4）合并椭圆弧 选择椭圆弧作为源对象，然后选择一椭圆弧，使其与源对象（椭圆弧）合并或将源椭圆弧闭合成完整的椭圆（图 3-40）。这里，椭圆弧必须位于同一椭圆上，但是它们之间可以有间隙。

5）合并样条曲线 选择样条曲线作为源对象，然后选择要合并到源对象的样条曲线进行合并。这里，样条曲线必须位于同一平面内，并且端点相接。

图 3-40　源椭圆弧闭合成椭圆

a) 选择源对象及"闭合（L）"选项　b) 转换结果

3.8　倒角、圆角和分解对象

1. 倒角命令

（1）功能　将选定的两条不平行直线用一线段连接。所选对象可以是直线、多段线直线、构造线、RECTANG 命令画的多段线矩形、POLY-GON 命令画的多段线多边形等。图 3-41 所示为正五边形倒角示例。

（2）命令格式

1）工具栏　修改→按钮

2）下拉菜单　修改→倒角

3）输入命令　CHAMFER↓

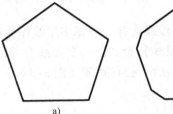

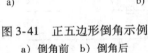

图 3-41　正五边形倒角示例
a) 倒角前　b) 倒角后

执行上述命令后，命令行提示：

（"当前"模式）当前倒角距离 1 =（当前值），距离 2 =（当前值）

选择第一条直线或 [放弃（U）/多段线（P）/距离（D）/角度（A）/修剪（T）/方式（E）/多个（M）]：（使用对象选择方法选择直线或输入选项）

（3）说明

1）选择第一条直线　选择定义二维倒角所需的两条边中的第一条边，此选项为默认项。之后，命令行提示：

选择第二条直线，或按住"Shift"键选择要应用角点的直线：

① 选择第二条直线　拾取第二条直线，系统将对所选第一条直线和第二条直线，按当前的修剪模式和倒角边的大小进行倒角，并结束命令（图 3-42）。

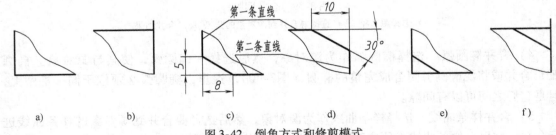

图 3-42　倒角方式和修剪模式
a)、b) 原图　c)、d) 倒角后（"修剪"模式）　e)、f) 倒角后（"不修剪"模式）

② 按住"Shift"键选择要应用角点的直线　此选项使所选直线与选择的第一条直线相交，并结束命令。

2）放弃（U）　放弃上次操作。

3）多段线（P）　该选项用设定的倒角距离对整个多段线的各线段进行倒角。图 3-41 所示为对 POLYGON 命令画的正多边形进行倒角。

4）距离（D）　该选项为设定倒角距离尺寸。输入"D"后，命令行提示：

指定第一个倒角距离 < 当前值 >：（指定倒角距离，命令行继续提示）

指定第二个倒角距离 < 当前值 >：（指定倒角距离）

第二个倒角距离默认与第一个倒角距离相等，如需要两倒角距离相等，可直接按"Enter"键。指定第二个倒角距离后，命令行回到原提示状态，可继续进行其他选项的操作。

如果两个倒角距离都取"0"，则倒角命令可使不相交的两对象相交，即有剪切和延伸的作用。

在图 3-42c 中，第一个倒角距离为"5"，第二个倒角距离为"8"。

5）角度（A）　该选项用于根据第一条直线的倒角长度和角度设置倒角尺寸。选择该选项后，命令行提示：

指定第一条直线的倒角长度 < 当前值 >：（指定倒角长度，命令行继续提示）

指定第一条直线的倒角角度 < 当前值 >：（指定倒角角度）

完成该选项的设置后，命令行回到原提示状态，可继续进行其他选项的操作。

在图 3-42d 中，第一条直线的倒角长度为"10"，第一条直线的倒角角度为"30°"。

6）修剪（T）　该选项用于在倒角过程中设置是否自动修剪原对象。选择该选项后，命令行提示：

输入修剪模式选项［修剪（T)/不修剪（N)］< 当前值 >：（输入"N"或"T"，确定是否修剪）

完成该选项的设置后，命令行回到原提示状态，可继续进行其他选项的操作。

图 3-42c、d 所示为修剪模式，图 3-42e、f 所示为不修剪模式。

7）方式（E）　该选项用于设定按距离方式还是按角度方式进行倒角。选择该选项后，命令行提示：

输入修剪方法［距离（D)/角度（A)］< 当前值 >：（输入"D"或"A"，确定修剪方法）

8）多个（M）　该选项用于在一次倒角命令的执行过程中对多个对象进行两两倒角，而不退出倒角命令。选择该选项后，命令行提示：

选择第一条直线或［放弃（U)/多段线（P)/距离（D)/角度（A)/修剪（T)/方式（E)/多个（M)］：（可继续拾取第二个倒角操作的第一条直线。按"Enter"键，结束命令）

实际绘图时，对于图形上的倒角线，可首先使用倒角命令作图，然后画出其连线，如图 3-43 所示。

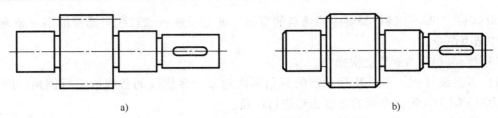

a)　　　　　　　　　　　　　　　　b)

图 3-43　"倒角"示例
a）倒角前　b）倒角并连线后

2. 圆角命令

（1）功能　用指定的半径，使选定的两个对象以光滑的圆弧连接。圆角命令可以在直线、圆、圆弧、椭圆弧、射线、构造线、多段线之间进行圆角，被进行圆角的两对象可以是同类对象，也可以是不同类对象，但多段线不能与除直线（LINE）以外的其他类型的直线（如 RAY、XLINE）或曲线进行圆角。

（2）命令格式

1）工具栏　修改→ ⌐ 按钮

2）下拉菜单　修改→圆角

3）输入命令　FILLET↓

执行上述命令后，命令行提示：

当前设置：模式 =（当前值），半径 =（当前值）

选择第一个对象或［放弃（U）/多段线（P）/半径（R）/修剪（T）/多个（M）］：（使用对象选择方法选择对象或输入选项）

（3）选项说明

1）选择第一个对象　选择定义二维圆角所需的两个对象中的第一个对象，该选项为默认项。之后，命令行提示：

选择第二个对象，或按住"Shift"键选择要应用角点的对象：

① 选择第二个对象　拾取第二个对象，系统将对所选第一个对象和第二个对象按当前的修剪模式和圆角半径进行圆角，并结束命令。

进行圆角时，选择的点不同，圆角的结果也不同。如图 3-44 所示，在直线和圆弧之间进行圆角，可能有多种结果。AutoCAD 总是在最靠近选择点的位置形成圆弧段。

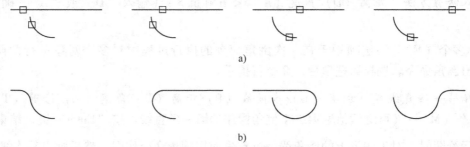

a)

b)

图 3-44　直线与圆弧之间的圆角
a）圆角前　b）圆角后

在圆与圆之间或直线、圆弧等与圆之间进行圆角时，AutoCAD 不修剪圆，生成的圆弧与圆光滑连接，如图 3-45 所示。

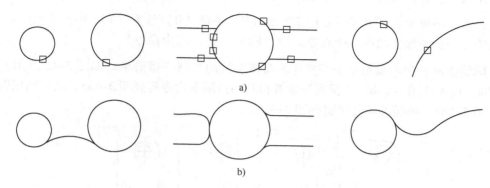

图 3-45　圆与其他线之间的圆角

a）圆角前　b）圆角后

② 按住"Shift"键选择要应用角点的对象　此选项使所选对象与选择的第一个对象相交，并结束命令。

2）放弃（U）　放弃上次操作。

3）多段线（P）　在二维多段线中两条线段相交的每个顶点处进行圆角（图 3-46）。选择该选项后，命令行提示：

选择二维多段线：（拾取二维多段线）

n 条直线已被圆角（结束命令）

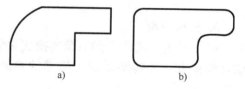

图 3-46　二维多段线的圆角

a）圆角前　b）圆角后

4）半径（R）　该选项用于设置圆角半径。选择该选项后，命令行提示：

指定圆角半径 < 当前值 >：（指定尺寸）

完成该选项的设置后，命令行回到原提示状态，可继续进行其他选项的操作。

5）修剪（T）　该选项用于在圆角过程中设置是否自动修剪源对象（图 3-47）。选择该选项后，命令行提示：

输入修剪模式选项 [修剪（T）/不修剪（N）] < 当前值 >：（输入"N"或"T"，确定是否修剪）

完成该选项的设置后，命令行回到原提示状态，可继续进行其他选项的操作。

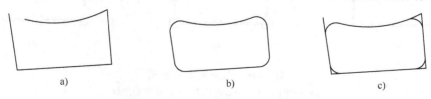

图 3-47　不同圆角修剪模式产生的效果

a）原图　b）修剪　c）不修剪

6) 多个（M）　该选项用于在一次圆角命令的执行过程中对多个对象进行圆角，而不退出圆角命令。选择该选项后，命令行提示：

选择第一个对象或［放弃（U）/多段线（P）/半径（R）/修剪（T）/多个（M）］:（可继续拾取第二个圆角操作的第一个对象。按"Enter"键，结束命令）

实际绘图时，利用圆角命令可使许多圆弧连接的绘制变得简单。如图 3-48 所示，要画图 3-48a，可先画图 3-48b，为得到过渡线再利用打断等命令得到图 3-48c，然后利用圆角命令得到图 3-48d，再经编辑便可得到图 3-48a。

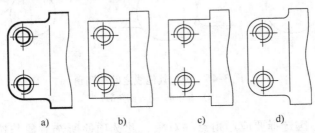

图 3-48　"圆角"示例

3. 分解对象

（1）功能　将单个的对象转换成它们下一个层次的组成对象。例如，将多段线、矩形、圆环和多边形等转换成多个简单的直线和圆弧；把一个尺寸标注分解为线段、箭头和文本等。

（2）命令格式

1）工具栏　修改→![按钮]按钮
2）下拉菜单　修改→分解
3）输入命令　EXPLODE↓

执行上述命令后，命令行提示：

选择对象:（选择要分解的对象）
……

选择对象:↓（结束选择要分解的对象，即完成实体分解操作）

图 3-49 所示为将矩形多段线分解成四条直线段的情形。

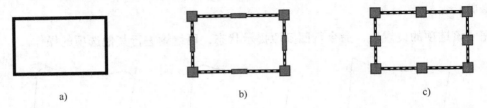

图 3-49　分解矩形多段线

a）原图形　b）分解前拾取　c）分解后拾取

3.9　多段线编辑

1. 功能

该命令用于对所选择的二维、三维多段线及三维多边形网格进行编辑。下面的讨论仅限于二维多段线的编辑。

2. 命令格式

(1) 工具栏　修改→⬥按钮

(2) 下拉菜单　修改→对象→多段线

(3) 快捷菜单　选择要编辑的多段线，在绘图区域单击鼠标右键，然后选择"多段线"

(4) 输入命令　PEDIT↓

执行上述命令后，命令行提示：

选择多段线或〔多条（M)〕（使用对象选择方法选择对象或输入选项）

3. 选项说明

(1) 选择多段线　选择一条多段线时，命令行提示：

输入选项〔闭合（C)/合并（J)/宽度（W)/编辑顶点（E)/拟合（F)/样条曲线（S)/非曲线化（D)/线型生成（L)/放弃（U)〕：（输入选项）

上述提示称为该命令的主提示。

选择一条直线或圆弧时，命令行提示：

选定的对象不是多段线

是否将其转换为多段线？＜Y＞

如果在这个提示后输入"Y"，则 AutoCAD 会将对象转换为可编辑的单段二维多段线，然后出现 PEDIT 命令的主提示。如果 PEDITACCEPT 系统变量设置为"1"，则不显示该提示，选定对象将自动转换为多段线。

如果在这个提示后输入"N"，则系统要求重新选择多段线。

如果选择的是一条非闭合的多段线，则主提示的第一项为"闭合（C)"；如果选择的是一条闭合的多段线，则主提示的"闭合（C)"选项将被"打开（O)"选项替代。

下面介绍各选项的功能：

1) 闭合（C)　创建多段线的闭合线，将首尾连接，如图 3-50 所示。

2) 打开（O)　删除多段线的闭合线段。

3) 合并（J)　如果一条非闭合的多段线的端点与直线、圆弧或另一多段线的端点重合，则使用"合并"选项，可以把它

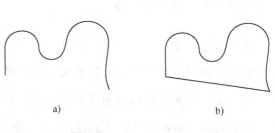

图 3-50　"闭合"多段线

a)"闭合"之前　b)"闭合"之后

们添加到这条多段线上，使之连接成一条多段线。如果直线、圆弧或另一条多段线的端点与一条已进行了曲线拟合的多段线的端点重合，则合并它们将取消曲线拟合。

4）宽度（W）　设置整条多段线的宽度。

5）编辑顶点（E）　对多段线进行各种与顶点有关的编辑操作。

6）拟合（F）　用圆弧连接每对相邻顶点，拟合生成一条光滑的曲线。曲线通过原多段线的所有顶点，并保持在顶点处定义的切线方向，如图 3-51b 所示。

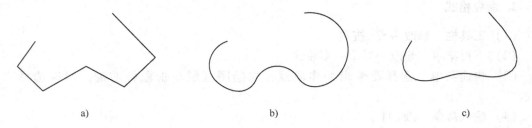

a)　　　　　　　　　　　　　　b)　　　　　　　　　　　　　　c)

图 3-51　"拟合"和"样条曲线"选项的作用

a）原多段线　b）拟合多段线　c）由多段线生成的样条曲线

7）样条曲线（S）　该选项用于将选中的多段线进行样条化曲线拟合，如图 3-51c 所示。生成的曲线以原来多段线的顶点为控制点，且通过第一和最后一个控制点，曲线被拉向各个顶点，但不一定通过各个顶点。

8）非曲线化（D）　该选项可将用拟合或样条曲线方式产生的多段线恢复成原来的多段线。一条带有圆弧的多段线在拟合后，由于原圆弧已经修改，采用此项操作无法还原成原来的多段线。此时可用"放弃（U）"选项，恢复成原来的多段线。

9）线型生成（L）　该选项用于确定是否生成连续线型通过多段线的各顶点处，如图3-52 所示。

10）放弃（U）　依次取消上一次多段线的编辑操作。

（2）多条（M）　在"选择多段线或［多条（M）］:"提示下，输入"M"后，可以选择多个对象（多段线、直线或圆弧），接下来命令行提示：

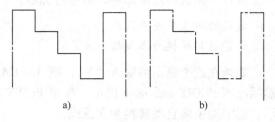

a)　　　　　　　　　　b)

图 3-52　两种线型生成模式

a）线型生成"开"　b）线型生成"关"

选择对象：（选择对象）

……

选择对象：↓

如果选择对象时包含直线和圆弧，则对象选择结束时首先提示：

是否将直线和圆弧转换为多段线？［是（Y）/否（N）］？＜Y＞

若直接按"Enter"键，则直线和圆弧参与下面的多段线编辑；若输入"N"，则直线和圆弧不参与下面的多段线编辑。

如果选择对象时不包含直线和圆弧，则命令行提示（称其为 M 选项提示）：

输入选项［闭合（C）/打开（O）/合并（J）/宽度（W）/拟合（F）/样条曲线（S）/非曲线化（D）/线型生成（L）/放弃（U）]：

该提示与 PEDIT 命令主提示的大多数选项相同，使用方法也相似。不同之处在于没有"编辑顶点（E）"选项，"合并（J）"选项的使用方法也不同。如果以"J"响应上述提示，则接下来命令行提示：

合并类型 = 延伸

输入模糊距离或［合并类型（J）] < 当前值 >：

如果一个对象（多段线、直线或圆弧）与另一个对象的端点重合，则认为它们之间的"距离为零"；如果其端点不重合，而是相距一段可设定的距离，则这个可设定的距离称为"模糊距离"。下面对所选对象的端点是否重合进行讨论。

1）所选对象的端点重合　如果所选择对象（多段线、直线或圆弧）的端点重合，则对上述提示直接按"Enter"键（即使是在模糊距离为零的情况下），就能将选择的对象合并为多段线。

2）所选对象的端点不重合　如果所选择对象的端点不重合，则应输入合适的"模糊距离"，并且选用合适的"合并类型"，用新的线段将它们连接起来后合并为多段线。对上述提示输入"J"，接下来命令行提示：

输入合并类型［延伸（E）/添加（A）/两者都（B）] < 当前值 >：

① 延伸（E）　通过将线段延伸或剪切至最接近的端点来合并选定的多段线。

② 添加（A）　通过在最接近的端点之间添加直线段来合并选定的多段线。

③ 两者都（B）　如有可能，通过延伸或剪切的方式合并选定的多段线；否则，通过在最接近的端点之间添加直线段来合并选定的多段线。

图 3-53 所示为"延伸"与"添加"的区别。"延伸"选项并不总是可用，如图 3-54 所示，由于两图形对象不可能通过延伸或剪切的方式合并，因此只能应用"添加"或"两者都"选项。

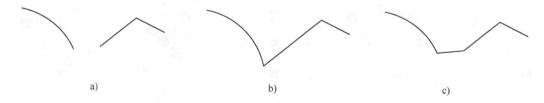

a)　　　　　　　　　　　　b)　　　　　　　　　　　　c)

图 3-53　"延伸"与"添加"的区别
a）原图　b）"延伸"结果　c）"添加"结果

在 AutoCAD 2011 中，多段线可以显示带有动态指令的多功能夹点（图 3-55a、b），使用这些菜单可以快速地编辑多段线。图 3-55c 所示为给矩形多段线添加顶点。

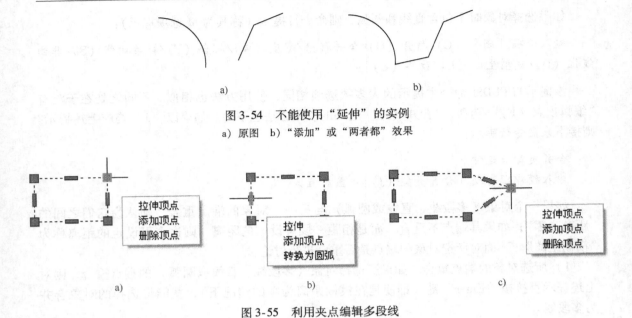

图 3-54　不能使用"延伸"的实例
a) 原图　b)"添加"或"两者都"效果

图 3-55　利用夹点编辑多段线

3.10　夹点编辑

1. 夹点的基本概念

　　所谓夹点是指对象上的一些特殊点,如端点、顶点、中点、中心点、多行文字的位置、单行文字的起点或对齐点等。这些点中有些是带有动态菜单的多功能夹点(如多段线和图案填充)。在 AutoCAD 2011 中,利用夹点可以编辑对象的大小、位置、方向、形状,还可对其进行镜像复制操作等。

　　在命令行提示"命令:"的状态下,直接使用默认的"自动"选择模式选择对象,被选中对象的角点、顶点、中点、圆心等特征点将自动显示蓝色(默认颜色)小方块、三角标记等。这些小方块和三角标记称为夹点(冷夹点),如图 3-56 所示。

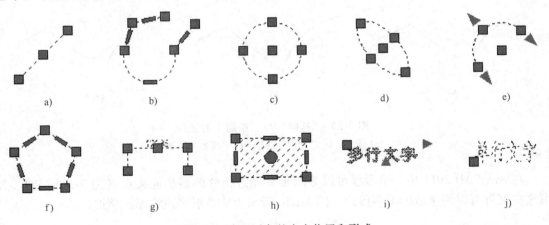

图 3-56　常见对象的夹点位置和形式

当光标移到夹点上时，默认颜色为绿色（悬停夹点颜色）；此时单击它，夹点就会变成红色方块（默认颜色为红色），表示此夹点被激活。当按下"Shift"键再单击其他夹点，可同时激活多个夹点。被激活的夹点称为热夹点。以热夹点为基准点，可以对图形对象进行拉伸、移动、旋转、缩放和镜像等操作。

有关夹点及参数的设置，可在"选项"对话框中的"选择集"选项卡（图 3-3）内进行。

2. 夹点编辑操作简介

在不执行任何命令的情况下选择对象，可显示其夹点。然后单击其中一个夹点，便进入夹点编辑状态。此时，AutoCAD 自动将其作为拉伸的基点，进入"拉伸"编辑模式，命令行将显示如下提示：

＊＊拉伸＊＊

指定拉伸点或 ［基点（B）/复制（C）/放弃（U）/退出（X）］：（指定点或输入选项）

命令行选项的功能如下：

1）基点（B）　重新确定拉伸基点。

2）复制（C）　允许确定一系列的拉伸点，以实现多次拉伸。

3）放弃（U）　取消上一次操作。

4）退出（X）　退出当前操作。

夹点编辑有拉伸、移动、旋转、比例缩放和镜像五种模式，它们之间的切换有三种方法。

1）通过"Enter"键循环切换编辑模式　选中热夹点后按"Enter"键，可以改变编辑模式，命令行依次显示如下提示：

＊＊拉伸＊＊

指定拉伸点或 ［基点（B）/复制（C）/放弃（U）/退出（X）］：↓

＊＊移动＊＊

指定移动点或 ［基点（B）/复制（C）/放弃（U）/退出（X）］：↓

＊＊旋转＊＊

指定旋转角度或 ［基点（B）/复制（C）/放弃（U）/参照（R）/退出（X）］：↓

＊＊比例缩放＊＊

指定比例因子或 ［基点（B）/复制（C）/放弃（U）/参照（R）/退出（X）］：↓

＊＊镜像＊＊

指定第二点或 ［基点（B）/复制（C）/放弃（U）/退出（X）］：

2）输入关键字切换编辑模式　在命令行提示内容后，输入编辑模式的前两个字母（ST、MO、RO、SC、MI），便可进入所选择的编辑模式。

3）快捷菜单　单击鼠标右键，从弹出的快捷菜单中选择编辑模式（图 3-57）。

图 3-57　"夹点编辑模式"快捷菜单

图 3-58 所示为利用夹点编辑功能拉伸直线和圆的情形。

在拉伸模式的操作过程中，改变热夹点的位置能使实体产生拉伸或压缩，也能使实体产生移动，关键取决于激活热夹点的位置。对于直线和圆，当热夹点是圆心或直线的中点时，拉伸操作使圆或直线产生移动，如图 3-58a 所示；当热夹点是圆的象限点时，拉伸操作可改变圆的直径大小；当热夹点是直线的端点时，拉伸操作改变直线的位置和长短，如图 3-58b 所示。

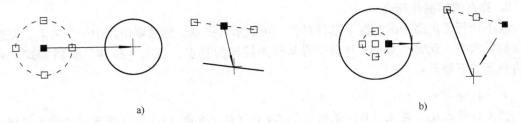

a)   b)

图 3-58   热夹点的位置对拉伸效果的影响
a）圆心或直线中点为热夹点   b）象限点或直线端点为热夹点

3.11   应用举例

例 3-4   绘制如图 3-59 所示的图形。

作图步骤如下：

第一步   用直线命令绘制轴线 $AB = 36mm$，如图 3-60a 所示（可用系统默认的连续线替代，作图过程略）。

第二步   过轴线的右端点 B 作垂直线，如图 3-60b 所示（可用构造线命令绘制）。

第三步   用偏移命令作出图形上垂直线的位置线，如图 3-60c 所示（过程略）。

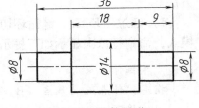

图 3-59   机件图形

第四步   用偏移命令作出图形上水平线的位置线，如图 3-60d 所示。如首先作出距轴线为 4 的两条平行线，操作过程如下：

命令：OFFSET↓
当前设置：删除源 = 否   图层 = 源   OFFSETGAPTYPE = 0
指定偏移距离或 ［通过 (T)/删除 (E)/图层 (L)］<45.0000>：L↓
输入偏移对象的图层选项 ［当前 (C)/源 (S)］<源>：C↓
指定偏移距离或 ［通过 (T)/删除 (E)/图层 (L)］<45.0000>：4↓
选择要偏移的对象，或 ［退出 (E)/放弃 (U)］<退出>：（选择轴线）
指定要偏移的那一侧上的点，或 ［退出 (E)/多个 (M)/放弃 (U)］<退出>：M↓
指定要偏移的那一侧上的点，或 ［退出 (E)/放弃 (U)］<下一个对象>：（指定轴线上方一点）
指定要偏移的那一侧上的点，或 ［退出 (E)/放弃 (U)］<下一个对象>：（指定轴线下方一点）

指定要偏移的那一侧上的点，或［退出（E）/放弃（U）］<下一个对象>：↓

选择要偏移的对象，或［退出（E）/放弃（U）］<退出>：↓（退出该命令）

用同样的方法，作出图形上距轴线为 7mm 的两条平行线，如图 3-60d 所示。

第五步　用修剪命令编辑修改图形，如图 3-60e 所示（过程略）。

第六步　用拉长命令拉长轴线，如图 3-60f 所示。操作过程如下：

命令：LENGTHEN ↓

选择对象或［增量（DE）/百分数（P）/全部（T）/动态（DY）］：DE ↓

输入长度增量或［角度（A）］<0.0000>：2.5 ↓（本例取 2.5）

选择要修改的对象或［放弃（U）］：（用光标拾取轴线左段）

选择要修改的对象或［放弃（U）］：（用光标拾取轴线右段）

选择要修改的对象或［放弃（U）］：↓（退出该命令）

结果如图 3-60f 所示。

第七步　标注尺寸等，完成全图（略）。

读者也可尝试用其他方法作出图 3-59。

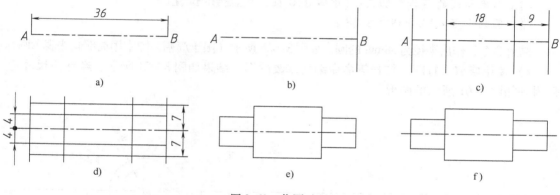

图 3-60　作图过程

例 3-5　绘制如图 3-61 所示的图形。

作图步骤如下：

第一步　用直线命令绘制左上圆的中心线，如图 3-62a 所示（可用系统默认的连续线替代）。

第二步　用偏移命令作出右下圆的中心线，如图 3-62b 所示（作图过程略）。

第三步　画出 φ18mm、φ12mm、φ10mm、φ5mm 四个圆，如图 3-62c 所示（作图过程略）。

第四步　用圆角命令作出 R30mm 连接圆弧，如图 3-62d 所示（也可先作出一个分别与 φ18mm、

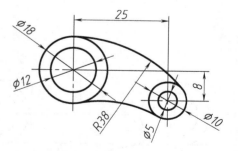

图 3-61　机件图形

φ10mm 圆相外切的半径为 30mm 的圆，然后再作修剪编辑）。操作过程如下：

命令：FILLET ↓

当前设置：模式＝修剪，半径＝15.0000

选择第一个对象或［放弃（U）/多段线（P）/半径（R）/修剪（T）/多个（M）］：R↓

指定圆角半径＜15.0000＞：30↓

选择第一个对象或［放弃（U）/多段线（P）/半径（R）/修剪（T）/多个（M）］：（拾取 φ18 圆，注意拾取位置）

选择第二个对象，或按住"Shift"键选择要应用角点的对象：（拾取 φ10 圆，注意拾取位置）

结束命令，完成 R30mm 圆弧的绘制，如图 3-62d 所示。

第五步　作出 R38mm 连接圆弧，其步骤如下：

1）利用画圆命令，作出一个分别与 φ18mm、φ10mm 圆相内切的半径为 38mm 的圆，如图 3-62e 所示。操作过程如下：

命令：CIRCLE↓

指定圆的圆心或［三点（3P）/两点（2P）/切点、切点、半径（T）］：T↓

指定对象与圆的第一个切点：（拾取 φ18 圆，注意拾取位置）

指定对象与圆的第二个切点：（拾取 φ10 圆，注意拾取位置）

指定圆的半径＜14.0000＞：38↓

结束命令，作出半径为 38mm 的圆，如图 3-62e 所示（限于篇幅，图中用局部画法表示圆）。

2）使用修剪、打断、拉长等命令编辑修改图形，结果如图 3-62f 所示。经标注尺寸等，便得到如图 3-61 所示的图形。

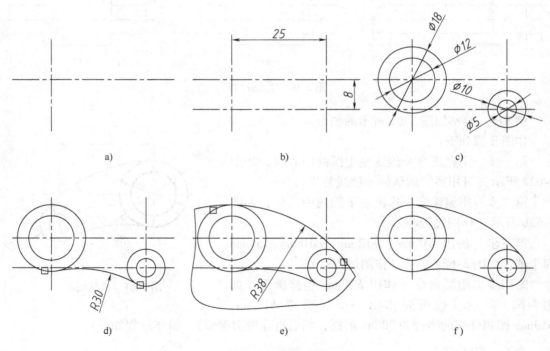

图 3-62　作图过程

思考与练习题三

1. 选择对象的方式有哪些？
2. 复制命令和移动命令有哪些异同点？
3. 修剪命令与延伸命令有什么区别？
4. 拉长命令与延伸命令有哪些异同点？
5. 删除命令、打断命令和修剪命令有哪些相同及不同之处？
6. 绘制如图 3-63～图 3-67 所示的图形，不标注尺寸。

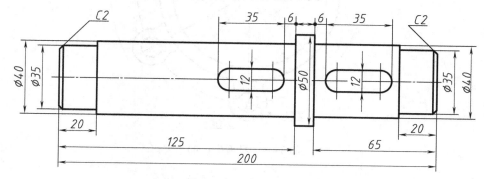

图 3-63   习题 6（一）

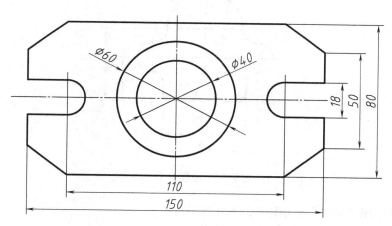

图 3-64   习题 6（二）

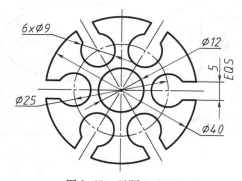

图 3-65   习题 6（三）

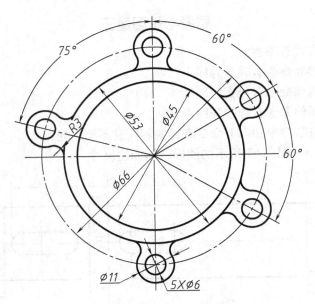

图 3-66　习题 6（四）

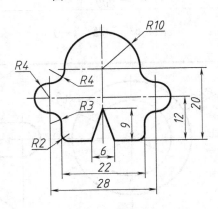

图 3-67　习题 6（五）

*7. 绘制如图 3-68 所示的图形，不标注尺寸。

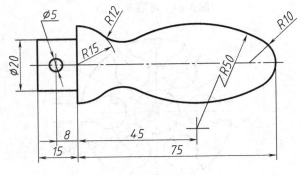

图 3-68　习题 7

第4章　精确绘图工具

AutoCAD 提供了强大的精确绘图功能，其中包括捕捉、栅格、正交、极轴、对象捕捉、对象追踪和动态输入等。这些辅助工具能够帮助用户快速准确地定位某些特殊点（如端点、中点、圆心等）和特殊位置（如水平位置、垂直位置），使绘图更加方便、精确。

4.1　捕捉和栅格

捕捉和栅格功能往往配合起来使用，下面先介绍一下栅格。

4.1.1　栅格

1. 功能

栅格是在屏幕上可以显示出来的具有指定间距的点。这些点只为绘图时的定位提供参考，其本身不是图形的组成部分，也不能被输出。

2. 命令格式

1）工具栏　对象捕捉→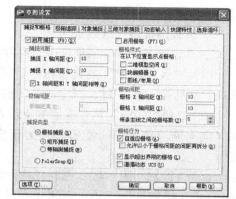按钮

2）下拉菜单　工具→草图设置（图 4-1）

3）快捷菜单　在状态栏的"栅格"、"捕捉"、"极轴"、"对象捕捉"、"3DOSNAP"、"对象追踪"、"DYN"、"QP"或"SC"按钮上单击右键，从弹出的快捷菜单中选择"设置"选项

4）输入命令　GRID↓

输入命令后，命令行提示：

指定栅格间距（X）或［开（ON）/关（OFF）/捕捉（S）/主（M）/自适应（D）/界限（L）/跟随（F）/纵横向间距（A）］<当前值>：（输入选项）

可以看出，上述提示选项与图 4-1 所示的"栅格"选项的内容基本相同。下面仅介绍"捕捉和栅格"选项卡内的相关内容。

3. 设置栅格属性选项说明

在"捕捉和栅格"选项卡中，设置栅格属性的选项有：

（1）"启用栅格"复选按钮　打开或关闭栅格模式。也可以单击状态栏上的"栅格"选项，然后按"F7"键，打开或关闭栅格模式。

（2）"栅格样式"区　用于设置栅格样式。栅

图 4-1　"草图设置"对话框中的"捕捉和栅格"选项卡

格样式分为点栅格和线栅格。

（3）"栅格间距"区　用于设置栅格点在 X 轴方向和 Y 轴方向上的距离，以及控制栅格的显示。

（4）"栅格行为"区

1）"自适应栅格"复选框　选中此项后，允许以小于栅格间距的距离进行再拆分。

2）"显示超出界线的栅格"复选框　选中此项后，可显示超出界限部分的栅格。

3）"遵循动态 UCS"复选框　用于设置是否跟随动态 UCS。

在 AutoCAD 2011 默认的新图设置中，窗口显示的范围比较大，因此打开栅格显示后，全部栅格将出现在左下角。此时，只需要执行 ZOOM 命令中的"全部（A）"选项，就可以将栅格显示在绘图区域。

4.1.2　捕捉

1. 功能

捕捉工具的作用是准确地对准到设置的捕捉间距点上，用于准确定位和控制间距。捕捉和栅格设置位于同一个选项卡内，如图 4-1 所示。

2. 命令格式

1）工具栏　对象捕捉→按钮

2）下拉菜单　工具→草图设置（图 4-1）

3）快捷菜单　在状态栏的"栅格"、"捕捉"、"极轴"、"对象捕捉"、"3DOSNAP"、"对象追踪"、"DYN"、"QP"或"SC"按钮上单击右键，从弹出的快捷菜单中选择"设置"选项

4）输入命令　SNAP↓

输入命令后，命令行提示：

指定捕捉间距或［开（ON)/关（OFF)/纵横向间距（A）/样式（S）/类型（T）]＜当前值＞：（输入选项）

可以看出，上述提示选项与图 4-1 所示的"捕捉"选项的内容基本相同。下面仅介绍"捕捉和栅格"选项卡内的相关内容。

3. 设置捕捉属性选项说明

在"捕捉和栅格"选项卡中，设置捕捉属性的选项有：

（1）"启用捕捉"复选按钮　打开或关闭捕捉模式。也可以单击状态栏上的"捕捉"选项，然后按"F9"键，打开或关闭捕捉模式。

（2）"捕捉间距"区　控制捕捉位置上不可见的矩形栅格，以限制光标仅在指定的 X 向和 Y 向间隔内移动。间距值必须为正实数。如果间距设置得太小，则可能无法在屏幕上显示。

（3）"极轴间距"区　控制"PolarSnap"增量距离。只有当"捕捉类型"选定为"PolarSnap"（极轴捕捉）后，该项才可用。如果该值为"0"，则 PolarSnap 距离采用"捕捉 X 轴间距"的值。如果启用了"捕捉"模式，并在极轴追踪打开的情况下指定点，则光标将沿着"极轴追踪"选项卡上相对于极轴追踪起点设置的极轴对齐角度进行捕捉。

"极轴距离"设置须与"极轴追踪"和"捕捉"功能结合使用，否则"极轴距离"设置无效。

（4）"捕捉类型"区 设置捕捉样式和捕捉类型。捕捉类型有"栅格捕捉"和"PolarSnap"两种，这里主要介绍"栅格捕捉"。

栅格捕捉分为矩形捕捉和等轴测捕捉两种方式。

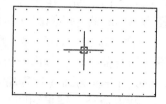

1）矩形捕捉用于将捕捉样式设置为矩形捕捉模式。打开该模式时，光标将捕捉矩形捕捉栅格，如图 4-2 所示。

2）等轴测捕捉用于将捕捉样式设置为等轴测捕捉模式。打开该模式时，光标将捕捉等轴测捕捉栅格。

图 4-2 矩形捕捉栅格

当用户需要在二维平面上绘制正等轴测图时，可将十字光标切换为正等轴测光标。正等轴测光标有三种形式，分别对应于三个正等轴测平面，如图 4-3 所示。它们之间的切换可通过功能键"F5"或组合键"Ctrl + E"来实现。

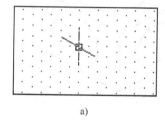
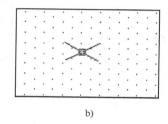
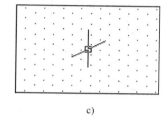

a)   b)   c)

图 4-3 正等轴测光标的三种形式

a）等轴测平面 左视 b）等轴测平面 俯视 c）等轴测平面 右视

例如，一个 $100mm \times 80mm \times 60mm$ 的长方体，在其前面（$100mm \times 60mm$）的中点处有一半径为 25mm 的圆，左面（$80mm \times 60mm$）的中点处有一半径为 20mm 的圆，顶面（$100mm \times 80mm$）的中点处有一半径为 30mm 的圆。试画出其正等轴测图（图 4-4c）。

操作过程如下：

① 选择"工具→草图设置"，打开"草图设置"对话框，从中选择"捕捉和栅格"选项卡。

② 选中"启用捕捉"复选框，在"捕捉类型"区内选择"栅格和捕捉"和"等轴测捕捉"单选按钮。然后单击"确定"按钮，关闭"草图设置"对话框。

③ 连续按"F5"键，直至命令行显示"< 等轴测平面 右视 >"，将等轴测面的右平面设置为当前平面。

④ 在"绘图"工具栏中单击"直线"按钮，单击绘图窗口中的适当位置确定直线的起点，依次指定点（@100 < 30）、（@60 < 90）、（@100 < −150）和（@60 < −90），便绘出长方体前面（$100mm \times 60mm$）的等轴测图（图 4-4a）。也可用正交方式绘出。

⑤ 在长方体前面的等轴测图的中点作半径为 25mm 的圆的轴测图（轴测圆，图 4-4b）。方法是连接四边形的对角线，并以其交点作为圆心画轴测圆。画轴测圆的方法如下：

命令：ELLIPSE ↓

指定椭圆轴的端点或 ［圆弧（A）/中心点（C）/等轴测圆（I）］：I↓

指定等轴测圆的圆心：（取对角线的交点）

指定等轴测圆的半径或 [直径（D）]：25↓

结束命令，结果如 4-4b 所示。

⑥ 连续按"F5"键，直至命令行显示"<等轴测平面 左视>"，将等轴测面的左平面设置为当前平面。作出长方体左侧面（80mm×60mm）的等轴测图及以其中点为圆心、半径为 20mm 的等轴测圆（过程略）。

⑦ 连续按"F5"键，直至命令行显示"<等轴测平面 俯视>"，将等轴测面的上平面设置为当前平面。作出长方体顶面（100mm×80mm）的轴测图及以其中点为圆心、半径为30mm 的等轴测圆（过程略）。

结束命令，结果如图 4-4c 所示。

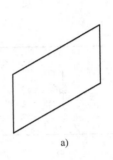 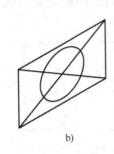 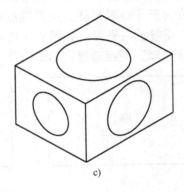

a)　　　　　　　　　　b)　　　　　　　　　　c)

图 4-4　画正等轴测图

4.2　正交模式

所谓正交，是指作图时，在指定第一个点后，连接光标和起点的橡皮筋线总是平行于 X 轴或 Y 轴，从而迫使第二个点与第一个点的连线平行于 X 轴或 Y 轴，如图 4-5 所示。当捕捉类型设置为"等轴测捕捉"时，该模式将使绘制的直线平行于三个等轴测坐标轴中的一个。

可通过单击状态栏上的"正交"按钮、使用 ORTHO 命令、按"F8"键或快捷键"Ctrl+O"等方式打开或关闭正交模式。

图 4-5 所示为使用正交模式绘制直线的情形，此时系统只能画出水平或垂直的直线。由于正交功能已经限制了直线的方向，所以要绘制一定长度的直线时，只需直接输入长度值，不必输入完整的相对坐标。

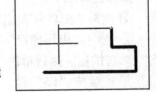

图 4-5　正交模式绘制直线

4.3　对象捕捉

4.3.1　对象捕捉的概念

在绘图过程中，如果启用了对象捕捉功能，当命令行提示输入点时，只要将光标移到某些特征点（如直线的端点、圆心、两直线的交点、垂足等）附近，系统就会自动捕捉到这些点的位置。因此，对象捕捉的实质是对对象特征点的捕捉。对象捕捉模式共有 13 种，其工具栏如图 4-6 所示。"对象捕捉"工具栏各图标按钮对应的名称、命令关键字及功能见表 4-1。

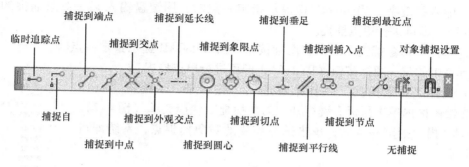

图 4-6　"对象捕捉"工具栏

表 4-1　"对象捕捉"工具栏各图标按钮对应的名称、命令关键字及功能

名　　称	命令关键字	功　　能
临时追踪点	TT	创建对象捕捉所使用的临时点
捕捉自	FROM	从临时建立的基点偏移
捕捉到端点	END	捕捉到相关对象的最近端点
捕捉到中点	MID	捕捉到相关对象的中点
捕捉到交点	INT	捕捉到相关对象之间的交点
捕捉到外观交点	APP	捕捉到空间两个相关对象的投影交点
捕捉到延长线	EXT	捕捉到直线和圆弧的延长线路径上的点
捕捉到圆心	CEN	捕捉到相关对象的圆心
捕捉到象限点	QUA	捕捉到位于圆、椭圆或圆弧段上 0°、90°、180°、270°处的点
捕捉到切点	TAN	捕捉到与圆、圆弧、椭圆、椭圆弧或样条曲线相切的点
捕捉到垂足	PER	捕捉到与圆弧、圆、椭圆、椭圆弧、直线、多段线、射线、及样条曲线等正交的点
捕捉到平行线	PAR	选定路径上的一点，使通过该点的直线与已知直线平行
捕捉到插入点	INS	捕捉到相关对象（块、图形、文字或属性）的插入点
捕捉到节点	NOD	捕捉到点对象、标注定义点或标注文字起点
捕捉到最近点	NEA	捕捉到相关对象离拾取点最近的点
无捕捉	NON	关闭下一个点的对象捕捉模式
对象捕捉设置		设置对象捕捉模式

4.3.2　对象捕捉模式的设置

在绘图过程中，可以用两种方式进行对象捕捉，即单点捕捉和自动对象捕捉。

1. 单点捕捉

单点捕捉是在 AutoCAD 提示指定一点时选择一个特定的捕捉点。这种捕捉模式是一次性的，不能反复使用。

设置单点捕捉模式的方法有以下三种：

（1）输入关键字　当 AutoCAD 提示指定一点时，用键盘输入某一对象捕捉的关键字（见表 4-1），即可进行单点捕捉。

（2）单击"对象捕捉"工具栏图标按钮　当 AutoCAD 提示指定一点时，单击"对象捕捉"工具栏中的某一图标按钮（图 4-6），即可进行单点捕捉。

（3）选择"对象捕捉"快捷菜单选项　按"Shift"键或"Ctrl"键，并在绘图区内单击鼠标右键打开"对象捕捉"快捷菜单（图 4-7）。当 AutoCAD 提示指定一点时，单击选择需要的对象捕捉点，系统即可捕捉到该点。

2. 自动捕捉

（1）功能　当 AutoCAD 提示指定一点时，可利用已设置的自动对象捕捉功能连续、准确地捕捉到某些特殊点。在命令操作中，只要将自动对象捕捉打开，此捕捉方式即可生效。

（2）命令格式

1）工具栏　对象捕捉→按钮

2）下拉菜单　工具→草图设置→"对象捕捉"选项卡

3）快捷菜单　在状态栏的"栅格"、"捕捉"、"极轴"、"对象捕捉"、"3DOSNAP"、"对象追踪"、"DYN"、"QP"或"SC"按钮上单击右键，从弹出的快捷菜单中选择"设置"选项

4）输入命令　OSNAP↓

执行上述命令后，系统弹出"草图设置"对话框，其"对象捕捉"选项卡如图 4-8 所示。

图 4-7　"对象捕捉"快捷菜单

（3）选项卡说明

1）"启用对象捕捉"复选框　启用或关闭执行对象捕捉模式设置。也可以单击状态栏上的"对象捕捉"按钮，按"F3"键，启用或关闭对象捕捉。

2）"启用对象捕捉追踪"复选框　启用或关闭对象捕捉追踪。也可以单击状态栏上的"对象追踪"按钮，按"F11"键，启用或关闭对象捕捉追踪。

3）"对象捕捉模式"区各选项功能如下：

①端点　捕捉到圆弧、椭圆弧、直线、多线、多段线线段、样条曲线或射线等最近的端点。

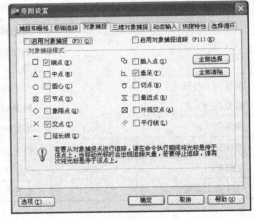

图 4-8　"草图设置"对话框中的"对象捕捉"选项卡

具体操作方法是：在命令行提示指定点时，将光标移至需要捕捉的点附近，单击鼠标左键即可捕捉到该点，如图 4-9 所示。

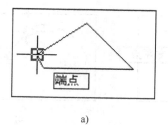 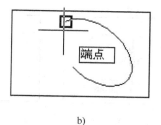

a)   b)

图 4-9 捕捉端点

② 中点 捕捉到圆弧、椭圆、椭圆弧、直线、多线、多段线线段等的中点，如图 4-10 所示。

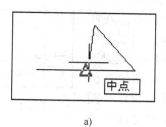 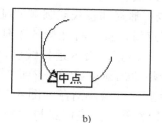

a)   b)

图 4-10 捕捉中点

③ 圆心 捕捉到圆弧、圆、椭圆或椭圆弧的中心，如图 4-11 所示。

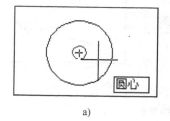 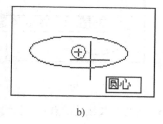 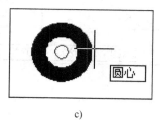

a)   b)   c)

图 4-11 捕捉圆心

④ 节点 捕捉到点对象、标注定义点或标注文字起点。图 4-12a 所示为捕捉到定数等分点，图 4-12b 所示为捕捉到文字起点。

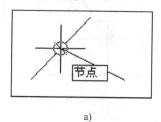 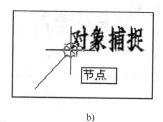

a)   b)

图 4-12 捕捉节点

a）捕捉到定数等分点   b）捕捉到文字起点

⑤ 象限点　捕捉到圆、圆弧、椭圆或椭圆弧上 0°、90°、180°、270°处的点，如图 4-13 所示。

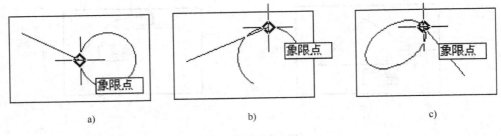

图 4-13　捕捉象限点

⑥ 交点　捕捉到两图形元素的交点，这些图形元素包括圆弧、圆、椭圆、椭圆弧、直线、多线、多段线、射线或样条曲线等，如图 4-14 所示。

⑦ 延长线　捕捉到直线或圆弧的延长线路径上的点。在命令行提示指定点时，首先将光标置于延长线的一端，端点上会出现一个"＋"标记，表示延长线已经选定，可以用于延长。沿着延长路径移动光标将显示一个临时延长路径，以便用户使用延长线路径上的点绘制对象。图 4-15a 所示为延长直线，图 4-15b 所示为延长圆弧。该模式与"交点"或"外观交点"一起使用时，可以获得延长线的交点，如图 4-15c 所示。

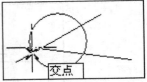

图 4-14　捕捉交点

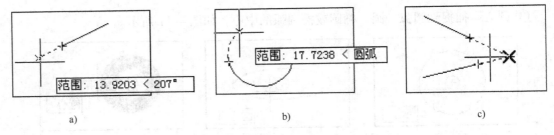

图 4-15　捕捉延长线上的点及延长线的交点

⑧ 插入点　捕捉属性、块、形或文字等的插入点。图 4-16a 所示为捕捉文字插入点，图 4-16b 所示为捕捉块的插入点。

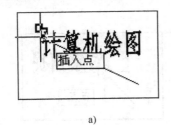

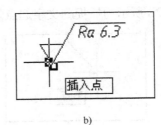

图 4-16　捕捉插入点
a）捕捉文字插入点　b）捕捉块插入点

⑨ 垂足　捕捉到与圆弧、圆、椭圆、椭圆弧、直线、多线、多段线、射线、样条曲线等正交的点，如图 4-17 所示。

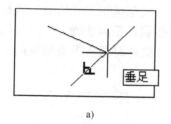
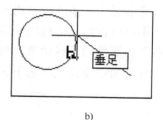

a)　　　　　　　　　　　　　　　　　b)

图 4-17　捕捉垂足

⑩ 切点　捕捉与圆、圆弧、椭圆、椭圆弧或样条曲线相切的点，如图 4-18 所示。

⑪ 最近点　捕捉该对象上与拾取点距离最近的点。这些对象包括圆、圆弧、椭圆、椭圆弧、直线、多线、点、多段线、射线或样条曲线等，如图 4-19 所示。

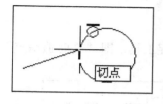
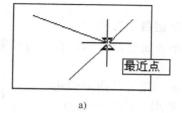
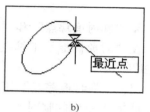

　　　　　　　　　　　　　　　　　　a)　　　　　　　　　b)

图 4-18　捕捉切点　　　　　　　　　图 4-19　捕捉最近点

⑫ 外观交点　捕捉不在同一平面上，但看起来在当前视图中相交的两个对象的交点。由于这两个对象并不真正相交，因此用"交点"模式无法捕捉到该"交点"。如果要捕捉该点，应该选择"外观交点"方式。

当捕捉对象为外观交点时，在命令行提示指定点时，首先将光标移至其中的一个对象上，这时显示"延长外观交点"的捕捉标记，如图 4-20a 所示。拾取一点后，再将光标移至另一个对象附近，此时外观交点处将出现"交点"捕捉标记，单击鼠标左键即可捕捉到该外观交点，如图 4-20b 所示。

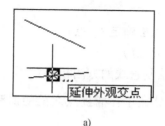
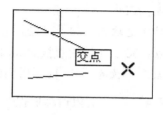

a)　　　　　　　　　　　　　　　　　b)

图 4-20　捕捉外观交点

⑬ 平行线　此选项可使绘制的直线段与选定的对象平行。具体操作方法是：在命令行提示指定点时，首先指定直线的起点，选择"平行线"模式（也可采用自动捕捉方式），然

后移动光标到要与之平行的直线上，光标处会出现一个"//"符号，如图 4-21a 所示。移开光标后，直线段上仍留有"+"标记，如图 4-21b 所示。当移动光标使橡皮筋线与平行对象平行时，屏幕显示一条虚线与所选直线段平行，并动态显示光标所处位置相对于前一点的极坐标值，用户可在虚线上拾取一点，或者采用直接输入距离法确定一点，该点与前一点的连线必然平行于所选的平行对象，如图 4-21c 所示。这种对象捕捉类型只用于第一点以后的点的输入，且必须在非正交状态下进行。

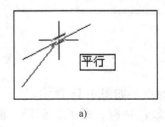 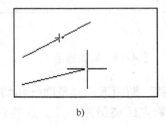 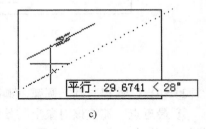

a)　　　　　　　　　　b)　　　　　　　　　　c)

图 4-21　捕捉平行线的操作

3. "临时追踪点"和"捕捉自"工具

在"对象捕捉"工具栏中，还有两个非常有用的对象捕捉工具，即"临时追踪点"和"捕捉自"。

（1）"临时追踪点"工具　此工具用来创建对象捕捉所使用的临时点。利用"临时追踪点"工具，用户可在一次操作中创建多条追踪线，然后根据这些追踪线确定所要定位的点。

例 4-1　使用"临时追踪点"工具，从 P_1 点临时追踪到 P_3 点（图 4-22）。

操作过程如下：

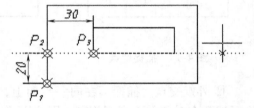

图 4-22　"临时追踪点"功能的应用（1）

命令：LINE ↓

指定第一点：<对象捕捉开>TT↓（或按钮 ）（启用"临时追踪点"工具）

指定临时对象追踪点：（拾取 P_1 点）

指定第一点：TT↓

指定临时对象追踪点：20↓（使用直接距离输入法确定 P_2 点）

指定第一点：30↓（使用直接距离输入法确定 P_3 点）

指定下一点或［放弃（U）］：（后面的步骤与绘制直线的方法相同）

"临时追踪点"与"对象追踪捕捉"的不同之处在于：捕捉点之前的追踪不画出线段，从而可以在绘图时减少线条的重叠和编辑工作。

例 4-2　以正六边形的中心为圆心作一圆（图 4-23）。

操作过程如下：

命令：CIRCLE↓

指定圆的圆心或［三点（3P）/两点（2P）/切点、切点、半径（T）］：TT↓

指定临时对象追踪点：(拾取 A 点——端点，右移光标，如图 4-23a 所示)

指定圆的圆心或 [三点 (3P)/两点 (2P)/切点、切点、半径 (T)]：TT↓

指定临时对象追踪点：(拾取 B 点——中点，下移光标，使两条追踪线垂直相交，如图 4-23b 所示)

指定圆的圆心或 [三点 (3P)/两点 (2P)/切点、切点、半径 (T)]：

指定圆的半径或 [直径 (D)] <7.4869 >：(输入半径)

结果如图 4-23c 所示。

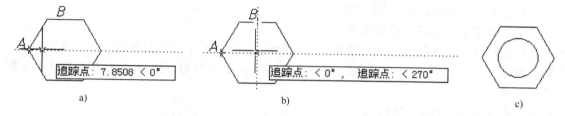

图 4-23 "临时追踪点" 功能的应用 (2)

(2) "捕捉自" 工具　此工具用于定义从某对象偏移一定距离的点。从技术上讲，它并不是对象捕捉模式，但它经常与对象捕捉一起使用。在使用相对坐标指定下一个应用点时，"捕捉自" 工具提示用户输入使用的基点，并将该点作为临时参考点，这与通过输入前缀 "@" 使用最后一个点作为参考点类似。

例 4-3　如图 4-24a 所示，绘制一个与当前圆的圆心相距 "65" (正右方)、半径为 "18" 的圆。

操作过程如下：

命令：CIRCLE↓

指定圆的圆心或 [三点 (3P)/两点 (2P)/切点、切点、半径 (T)]：FROM↓ (或 按钮) (启用 "捕捉自" 工具)

基点：<对象捕捉开> (将光标移到当前圆的周边捕捉圆心，如图 4-24b 所示)

<偏移>：@65 <0↓

指定圆的半径或 [直径 (D)] <6.0000 >：18↓

结果如图 4-24c 所示。

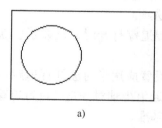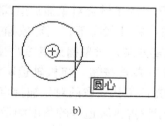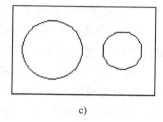

图 4-24 "捕捉自" 功能的应用

4.4　极轴追踪

1. 功能

极轴追踪实际上是极坐标的一个应用。该功能可以使光标沿着指定角度的方向移动，从而快速地找到需要的点。

2. 命令格式

1）工具栏　对象捕捉→![按钮] 按钮

2）下拉菜单　工具→草图设置

3）快捷菜单　在状态栏的"栅格"、"捕捉"、"极轴"、"对象捕捉"、"3DOSNAP"、"对象追踪"、"DYN"、"QP"或"SC"按钮上单击鼠标右键，从弹出的快捷菜单中选择"设置"选项

4）输入命令　DSETTINGS↓

执行上述命令后，系统弹出"草图设置"对话框，其"极轴追踪"选项卡如图 4-25 所示。

3. 选项卡说明

（1）"启用极轴追踪"复选框　打开或关闭极轴追踪功能。用户也可以单击状态栏上的"极轴"选项，按"F10"键，打开或关闭极轴追踪。

（2）"极轴角设置"区　用于设置极轴追踪角度。

1）"增量角"下拉列表框　用于选择极轴追踪角度。单击下拉列表框右侧的箭头，用户可以从下拉列表中选择一个角度值。用户也可以从文本框中输入角度，自行设置其他角度作为极轴追踪的增量角。

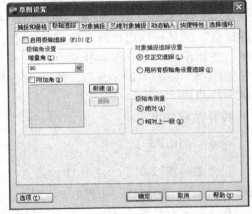

图 4-25　"草图设置"对话框中的
"极轴追踪"选项卡

2）"附加角"复选框　用于增加任意角度值作为极轴追踪角度。选择该复选框后，单击"新建"按钮或"删除"按钮，可以加入或删除一个附加的角度值。

（3）"对象捕捉追踪设置"区　用于设置对象捕捉追踪选项。

1）"仅正交追踪"单选按钮　在此状态下，当对象捕捉追踪打开时，仅显示已获得的对象捕捉点的正交（如水平和垂直方向）对象捕捉追踪路径。

2）"用所有极轴角设置追踪"单选按钮　将极轴追踪设置应用于对象捕捉追踪。在此状态下，使用对象捕捉追踪时，光标将从获取的对象捕捉点起沿极轴对齐角度进行追踪。

（4）"极轴角测量"区　用于设置极轴追踪的角度测量基准。

1）"绝对"单选按钮　以当前用户坐标系为基准确定极轴追踪角度。

2）"相对上一段"单选按钮　根据所绘制的上一条直线段确定极轴追踪角度，上一段

直线所在的方向为 0°

　　值得注意的是，在正交模式下，当指定第一个点后，光标将被限制沿平行于 X 轴或 Y 轴的方向移动。因此，正交模式和极轴追踪模式不能同时打开，若打开一个，则另一个将自动关闭。

　　使用极轴追踪时，系统将显示出一条过定点且为极轴角的追踪线，光标沿追踪线移动时将提示极径值和极角。可通过指定极径值来确定该极角上的点。图 4-26 所示为极轴增量角为 30° 的极轴追踪示例。极轴追踪的角度可以是 30°、60°、90°……

　　使用极轴捕捉追踪时，系统将显示出一条过定点且为极轴角的追踪线，光标沿追踪线移动时，系统将按"极轴距离"的整数倍值作为极径值进行提示。也可通过指定极径值来确定该极角上的点。这时需要同时开启"捕捉"和"极轴追踪"功能。如图 4-27 所示，"极轴距离"设为"20"，极轴增量角设为 30°，显然，"极轴距离"即为极轴捕捉增量，自动捕捉点的极轴距离可以是 20、40、60、80……

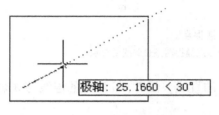

图 4-26　极轴追踪示例

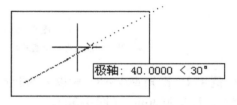

图 4-27　极轴捕捉追踪示例

4.5　对象捕捉追踪

　　对象捕捉追踪是在对象捕捉功能的基础上发展起来的，该功能可以使光标从对象捕捉点开始，沿着对齐路径进行追踪，并找到需要的精确位置。对齐路径是指与对象捕捉点水平对齐、垂直对齐，或者按设置的极轴追踪角度对齐的方向。

　　对象捕捉追踪应与对象捕捉功能配合使用。使用对象捕捉追踪功能之前，必须先设置好对象捕捉点。

　　打开或关闭对象捕捉追踪的方法有：

　　1）按功能键"F11"。

　　2）单击状态栏上的"对象追踪"按钮。

　　3）选中"对象捕捉"选项卡中的"启用对象捕捉追踪"复选框。

　　在绘图过程中，当要求输入点的位置时，将光标移动到一个对象捕捉点的附近，不要单击鼠标，只需暂时停顿即可获取该点。已获取的点显示为一个蓝色靶框标记，可以同时获取多个点。获取点之后，在绘图路径上移动光标时，相对点的水平、垂直或极轴对齐路径将会显示出来，如图 4-28 所示。

　　当对齐路径出现时，极坐标的极角就已经确定了。这时可以在命令行中直接输入极径值以确定点的位置。

　　对象捕捉追踪可以捕捉到追踪线上的点或两条追踪线的交点，如图 4-29 所示。

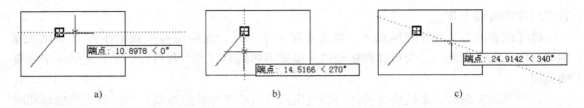

a)　　　　　　　b)　　　　　　　c)

图 4-28　对象捕捉追踪

a）水平对齐　b）垂直对齐　c）极轴对齐

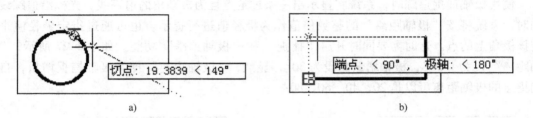

a)　　　　　　　　　　　　　b)

图 4-29　对象捕捉追踪捕捉点

a）基于切点捕捉一条追踪线上的点　b）基于端点捕捉两条追踪线的交点

例 4-4　已知直线 AB，画以 A 为起点、C 为终点的直线，使 B、C 两点的连线与 X 轴成 15°角，且相距 30mm（图 4-30）。

操作过程如下：

1）打开"草图设置"对话框，在"极轴追踪"选项卡的"极轴角设置"栏中选择 15°为增量角，在"对象捕捉追踪设置"栏选中"用所有极轴角设置追踪"。

在"捕捉和栅格"选项卡的"捕捉类型"栏选中"PolarSnap"项，即极轴捕捉；在"极轴间距"栏中设置极轴距离为"30"。

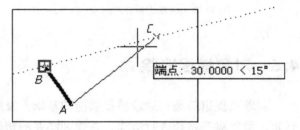

图 4-30　"对象捕捉追踪"的应用

在"对象捕捉"选项卡中设置"端点"对象捕捉模式，并选取"启用对象捕捉"、"启用对象捕捉追踪"和"启用极轴追踪"复选框。

单击状态栏上的"捕捉"按钮，打开"捕捉"功能，以便捕捉极轴距离"30"。

2）调用直线命令，并捕捉点 A，确定 A 为 AC 的起点。

3）移动光标到 B 点并临时获取它。

4）从 B 点向大致 C 点的方向移动光标，将显示一条过 B 点的追踪线。沿追踪线方向移动光标，直到追踪提示为"30"时单击鼠标左键确定点 C，即为所画 AC 直线。

例 4-5　画一个以已知矩形的中心为圆心、半径为 10mm 的圆（图 4-31）。

操作过程如下：

1）选择绘制圆命令。

2）打开状态栏上的"对象追踪"功能。

3）设置自动对象捕捉的中点捕捉模式，并打开状态栏上的对象捕捉功能。

4）移动光标到矩形上端水平线中点附近，将出现一条追踪线，并显示中点的捕捉标记，将它调整为垂直方向，如图 4-31a 所示。

5）移动光标到矩形右侧垂直线中点附近，中点处将显示中点捕捉标记，并出现一条追踪线。然后向左移动光标靠近矩形中心附近，直到同时出现两条相交的追踪线，如图 4-31b 所示。

6）单击鼠标左键，定位两条追踪线的交点为圆心。

7）在命令行提示下输入"10"，即可在矩形中心绘出一半径为 10mm 的圆，如图 4-31c 所示。

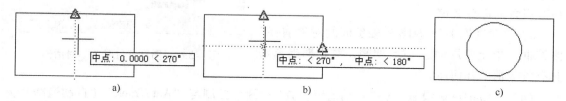

图 4-31　利用对象捕捉追踪绘制中心圆

4.6 "选项"对话框中的"草图"选项卡

在 AutoCAD 中，可通过"工具"→"选项"→"草图"或"工具"→"草图设置"→ 选项(T)... →"草图"步骤，进入"选项"对话框中的"草图"选项卡，对自动捕捉和自动追踪功能的选项进行设置，如图 4-32 所示。

"选项"对话框中的"草图"选项卡说明：

（1）"自动捕捉设置"区　控制使用对象捕捉时显示的形象化辅助工具（称为自动捕捉）的相关设置。

1）"标记"复选框　控制自动捕捉标记的显示。该标记是十字光标移到捕捉点上时显示的几何符号。

2）"磁吸"复选框　打开或关闭自动捕捉磁吸。磁吸是指十字光标自动移动并锁定到最近的捕捉点上。

3）"显示自动捕捉工具提示"复选框控制自动捕捉工具提示的显示。工具提示是一个标签，用来描述捕捉到的对象部分。

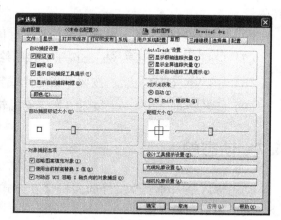

图 4-32　"选项"对话框中的"草图"选项卡

4）"显示自动捕捉靶框"复选框　控制自动捕捉靶框的显示。靶框是捕捉对象时出现在十字光标内部的方框。

5） 颜色(C)... 按钮　单击该按钮将显示"图形窗口颜色"对话框（图 4-33）。用来设置应用程序中每个上下文的界面元素的显示颜色。

（2）"自动捕捉标记大小"区　设置自动捕捉标记的显示尺寸。

（3）"对象捕捉选项"区　用来指定对象捕捉的选项。

1）"忽略图案填充对象"复选框　指定在打开对象捕捉时，对象捕捉忽略填充图案。

2）"使用当前标高替换 Z 值"复选框　指定对象捕捉忽略对象捕捉位置的 Z 值，并使用当前 UCS 设置的标高 Z 值。

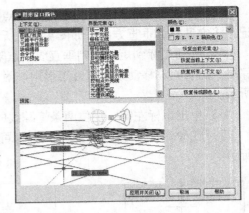

3）"对动态 UCS 忽略 Z 轴负向的对象捕捉"复选框　指定使用动态 UCS 期间，对象捕捉忽略具有负 Z 值的几何体。

图 4-33　"图形窗口颜色"对话框

（4）"AutoTrack 设置"（"自动追踪设置"）区　控制与"AutoTrack"（自动追踪）方式相关的设置，此设置在极轴追踪或对象捕捉追踪打开时可用。

1）"显示极轴追踪矢量"复选框　用于设置是否显示极轴追踪的矢量数据。

2）"显示全屏追踪矢量"复选框　用于设置是否显示全屏追踪的矢量数据。

3）"显示自动追踪工具栏提示"复选框　用于设置追踪特征点时，是否显示工具栏上相应按钮的提示文字。

（5）"对齐点获取"区　控制在图形中显示对齐矢量的方法。

1）"自动"单选按钮　当靶框移到对象捕捉上时，自动显示追踪矢量。

2）"按 Shift 键获取"单选按钮　按"Shift"键并将靶框移到对象捕捉上时，将显示追踪矢量。

（6）"靶框大小"区　设置自动捕捉靶框的显示尺寸。

（7）`设计工具提示设置(E)...`按钮　控制绘图工具提示的颜色、大小和透明度。

（8）`光线轮廓设置(L)...`按钮　指定光线轮廓的外观。

（9）`相机轮廓设置(A)...`按钮　指定相机轮廓的外观。

4.7　动态输入

动态输入是一种十分友好的人机交互方式，它可使用户直接在单击鼠标处快速启动命令、读取提示和输入值。

用户可以通过单击状态栏上的`DYN`按钮，来打开或关闭动态输入；使用"草图设置"对话框中的"动态输入"选项卡，可以自定义动态输入，如图 4-34 所示。动态输入包括指针输入、标注输入和动态提示三种功能。

（1）指针输入　选中"启用指针输入"复选框，单击"确定"按钮，即可启用指针输入功能。在绘图区域中移动光标时，光标附近的工具栏提示显示为坐标，如图 4-35 所示。用户可以在工具栏提示中输入坐标值，并用"Tab"键在几个工具栏提示之间进行切换。指定点时，第一个坐标是绝对坐标，第二个或下一个点的格式是相对极坐标。如果需要输入绝对值，应在其值前加"#"。

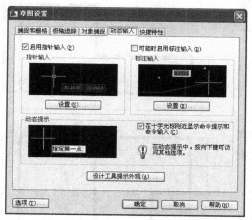

图 4-34　"草图设置"对话框中的"动态输入"选项卡　　　　　图 4-35　动态指针输入形式

（2）标注输入　选中"可能时启用标注输入"复选框，单击"确定"按钮，即可启用标注输入功能。当命令提示指定下一点时，工具栏提示中的距离和角度将随着光标的移动而改变，如图 4-36 所示。用户可以在工具栏提示中输入距离和角度值，并用"Tab"键在它们之间进行切换。

（3）动态提示　选中"在十字光标附近显示命令提示和命令输入"复选框，单击"确定"按钮，即可启动动态提示。此时光标附近会显示命令提示，如图 4-37 所示。用户可以使用键盘上的"↓"键显示命令的其他选项，然后在工具栏提示中做出响应。

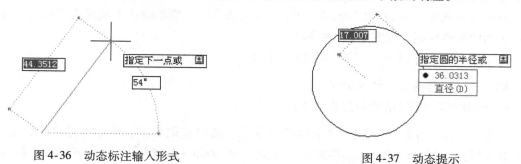

图 4-36　动态标注输入形式　　　　　　　　　　图 4-37　动态提示

4.8　应用举例

例 4-6　试用极轴追踪、对象捕捉、对象追踪等工具，绘制如图 4-38 所示的图形。

作图步骤如下：

第一步　设置自动追踪。

在"草图设置"对话框的"捕捉和栅格"选项卡中，选中"PolarSnap"单选按钮，并将"极轴距离"设置为"1"；在"极轴追踪"选项卡中，选中"用所有极轴角设置追踪"单选按钮。在"对象捕捉"选项卡中，视作图需要，选用"端点"、"交点"。单击"确定"

按钮，关闭"草图设置"对话框。

单击状态栏中的"捕捉"、"极轴（极轴追踪）"、"对象捕捉"、"对象追踪（对象捕捉追踪）"按钮，启动捕捉与追踪功能。

第二步　作主视图的外轮廓线。

操作过程如下：

命令：＿ line 指定第一点：（指定 A 点）

指定下一点或［放弃（U）］：（向下移动光标，这时显示一条追踪线，当自动追踪工具栏提示"极轴：10.0000＜270°"时，单击鼠标左键，则确定 B 点，即作出线段 AB）

指定下一点或［放弃（U）］：（向右移动光标，当自动追踪工具栏提示"极轴：45.0000＜0°"时，单击鼠标左键，则确定 C 点，即作出线段 BC）

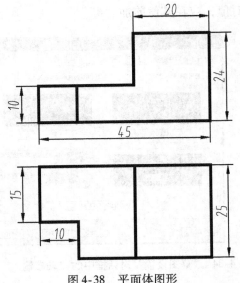

图 4-38　平面体图形

指定下一点或［闭合（C）/放弃（U）］：（用类似的方法，作出线段 CD）

指定下一点或［闭合（C）/放弃（U）］：（用类似的方法，作出线段 DE，如图 4-39a所示）

指定下一点或［闭合（C）/放弃（U）］：（临时获取 A 点，并向右移动光标，当自动追踪工具栏提示"端点：＜0°，极轴＜270°"时，单击鼠标左键，则确定 F 点，即作出线段 EF，如图 4-39b 所示）

指定下一点或［闭合（C）/放弃（U）］：（左移光标，拾取端点 A 或键入"C"。至此作出主视图的外轮廓线，如图 4-39c 所示）

指定下一点或［闭合（C）/放弃（U）］：↓

第三步　作俯视图的外轮廓线。

1）绘制线段 GHIJ 的操作过程如下：

命令：＿ line 指定第一点：（如图 4-39c 所示，临时获取 C 点，向下移动光标，这时显示一条追踪线，当自动追踪工具栏提示"交点：14.0000＜270°"时，单击鼠标左键，则确定 G 点。这里，主、俯视图间应留出适当的位置，以满足标注尺寸等的要求）

指定下一点或［放弃（U）］：（如图 4-39d 所示，临时获取 B 点，向下移动光标，当自动追踪工具栏提示"交点：＜270°，极轴：＜180°"时，单击鼠标左键，则确定 H 点，即作出线段 GH）

指定下一点或［放弃（U）］：（确定 I 点，即绘出线段 HI）

指定下一点或［闭合（C）/放弃（U）］：（确定 J 点，即作出线段 IJ，如图 4-39e 所示）

指定下一点或［闭合（C）/放弃（U）］：↓

2）绘制线段 GKLJ 的操作过程如下：

命令：＿ line 指定第一点：（拾取 G 点）

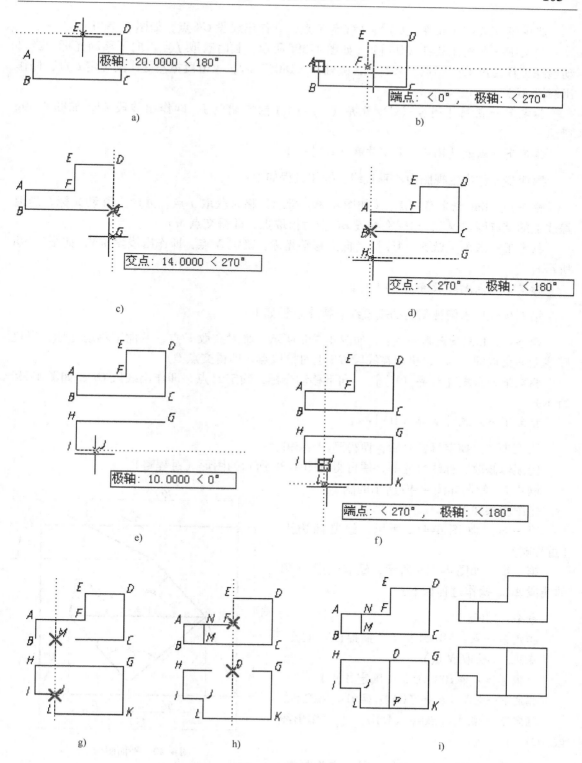

图 4-39　作图步骤

指定下一点或［放弃（U）］：（确定 K 点，即作出线段 GK 点，如图 4-39f 所示）

指定下一点或［放弃（U）］：（如图 4-39f 所示，临时获取 J 点，向下移动光标，当自动追踪工具栏提示"端点：<270°，极轴：<180°"时，单击鼠标左键，则确定 L 点，即作出线段 KL）

指定下一点或［闭合（C）/放弃（U）］：（拾取端点 J，即作出线段 LJ，如图 4-39g 所示）

指定下一点或［闭合（C）/放弃（U）］：↓

第四步　作出主视图内的垂直线。操作过程如下：

命令：_ line 指定第一点：（如图 4-39g 所示，临时获取 J 点，并向上移动光标，当追踪线上的交点即"×"，出现在线段 BC 上时拾取点，即得交点 M）

指定下一点或［放弃（U）］：（向上移动光标，确定 N 点，即作出线段 MN，如图4-39h 所示）

指定下一点或［放弃（U）］：↓

第五步　作出俯视图内的垂直线。操作过程如下：

命令：_ line 指定第一点：（如图 4-39h 所示，临时获取 F 点，并向下移动光标，当追踪线上的交点即"×"，出现在线段 GH 上时拾取点，即得交点 O）

指定下一点或［放弃（U）］：（向下移动光标，确定 P 点，即作出线段 OP，如图 4-39i 所示）

指定下一点或［放弃（U）］：↓

第六步　去掉字母符号后，便得到图 4-39j。

经编辑修改、标注尺寸等，便可得到图 4-38 所示的图形（过程略）。

例 4-7　绘制如图 4-40 所示的图形。

作图步骤如下：

第一步　如图 4-41a 所示，绘制四边形（过程略）。

第二步　如图 4-41b 所示，绘制长度为 50 的线段 AC。操作过程如下：

命令：LINE↓

指定第一点：FROM↓（"捕捉自"工具）

基点：（拾取 N 点）

<偏移>：@100<0↓（确定 A 点）

指定下一点或［放弃（U）］：@50<−152.5↓

指定下一点或［放弃（U）］：↓（作出线段 AC）

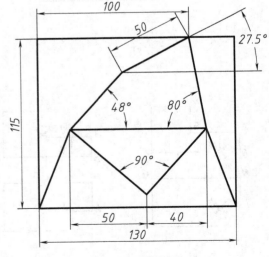

图 4-40　平面图形

第三步　如图 4-41c 所示，以 A 点为起点，沿与 X 轴成 −80°角的方向绘制一段任意长的直线 AJ；以 C 点为起点，沿与 X 轴成 −132°角的方向绘制一段任意长的直线 *CD*。操作过程如下：

　　命令：LINE ↓
　　指定第一点：（拾取 *A* 点）
　　指定下一点或［放弃（U）］：@75 < -80 ↓
　　指定下一点或［放弃（U）］： ↓ （作出线段 *AJ*）
　　命令：LINE ↓
　　指定第一点：（拾取 *C* 点）
　　指定下一点或［放弃（U）］：@50 < -132 ↓
　　指定下一点或［放弃（U）］： ↓ （作出线段 *CD*）

　　第四步　如图 4-41d 所示，分别以 *C* 点和 *D* 点为起点，沿水平方向绘制长度为"90"的线段 *CE* 和 *DF*。操作过程如下：

　　命令：LINE ↓
　　指定第一点：（拾取 *C* 点）
　　指定下一点或［放弃（U）］：< 正交开 >90 ↓ （直接距离输入法）
　　指定下一点或［放弃（U）］： ↓ （作出线段 *CE*）
　　命令：LINE ↓
　　指定第一点：（拾取 *D* 点）
　　指定下一点或［放弃（U）］：90 ↓ （直接距离输入法）
　　指定下一点或［放弃（U）］： ↓ （作出线段 *DF*）

　　第五步　如图 4-41e 所示，连接 *EF*，*EF* 与 *AJ* 相交得到交点 *B*。以 *B* 点为起点，沿 *X* 轴负向作长度为 90 的线段 *BG*（作图过程略）。

　　第六步　如图 4-41f 所示，以 *BG* 为直径绘制一圆；以 *G* 为起点，沿 *Y* 轴负向作任意长线段 *GH*。操作过程如下：

　　命令：CIRCLE ↓
　　指定圆的圆心或［三点（3P）/两点（2P）/切点、切点、半径（T）］：2P ↓
　　指定圆直径的第一个端点：（拾取 *G* 点）
　　指定圆直径的第二个端点：（拾取 *B* 点）
　　命令：LINE ↓
　　指定第一点：（拾取 *G* 点）
　　指定下一点或［放弃（U）］：< 正交开 >50 ↓ （本例取"50"长）
　　指定下一点或［放弃（U）］： ↓ （作出线段 *GH*）

　　第七步　如图 4-41g 所示，使用偏移命令将 *GH* 线段向右偏移"50"，与上一步绘制的圆交于 *I* 点，连接 *GI* 与 *IB*，则∠GIB = 90°。操作过程如下：

　　命令：OFFSET ↓
　　当前设置：删除源 = 否　图层 = 当前　OFFSETGAPTYPE = 0
　　指定偏移距离或［通过（T）/删除（E）/图层（L）］< 12.0000 >：50 ↓

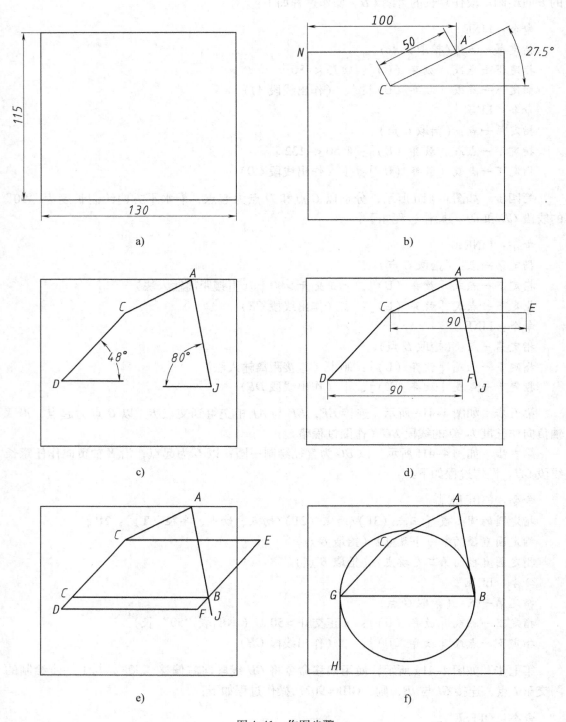

图 4-41 作图步骤

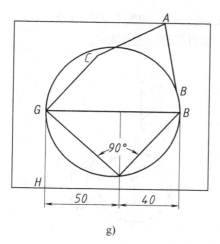
g)

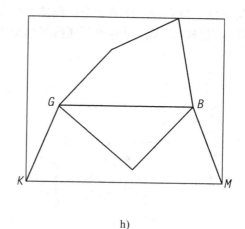
h)

图 4-41 作图步骤（续）

选择要偏移的对象，或［退出（E）/放弃（U）］＜退出＞：（选择 *GH*）

指定要偏移的那一侧上的点，或［退出（E）/多个（M）/放弃（U）］＜退出＞：（指定 *GH* 右侧一点）

选择要偏移的对象，或［退出（E）/放弃（U）］＜退出＞：↓（求得交点 *I*）

命令：LINE↓

指定第一点：拾取 *G* 点

指定下一点或［放弃（U）］：（拾取 *I* 点）

指定下一点或［放弃（U）］：（拾取 *B* 点）

指定下一点或［闭合（C）/放弃（U）］：↓（作出线段 *GI* 和 *IB*）

第八步 连接线段 *GK*、*BM*，如图 4-41h 所示（过程略）。

经编辑修改、标注尺寸等，便得到如图 4-40 所示的图形（过程略）。

例 4-8 绘制如图 4-42 所示的图形。

作图步骤如下：

第一步 作基准线（可用系统默认的连续线替代），如图 4-43a 所示。

第二步 画圆及圆弧，如图 4-43b 所示。

第三步 经修剪后得到图 4-43c。

第四步 画外围部分的圆（弧）和直线，如图 4-43d 所示。

第五步 经修剪后得到图 4-43e。

第六步 经圆角后得到图 4-43f。

第七步 画图形的上左半部。根据给出的尺寸作半径为"9"的圆；作与轴线间距为"14"的辅助线；再利用画圆命令的"相切、相切、半径（T）"方式画左边的两个圆（*R*60、*R*18），如图 4-43g 所示。

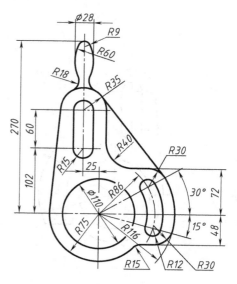

图 4-42 平面图形

第八步　分别利用修剪命令、镜像命令完成图形的上部，如图 4-43h 所示。

经编辑修改、标注尺寸等，便得到如图 4-42 所示的图形（过程略）。

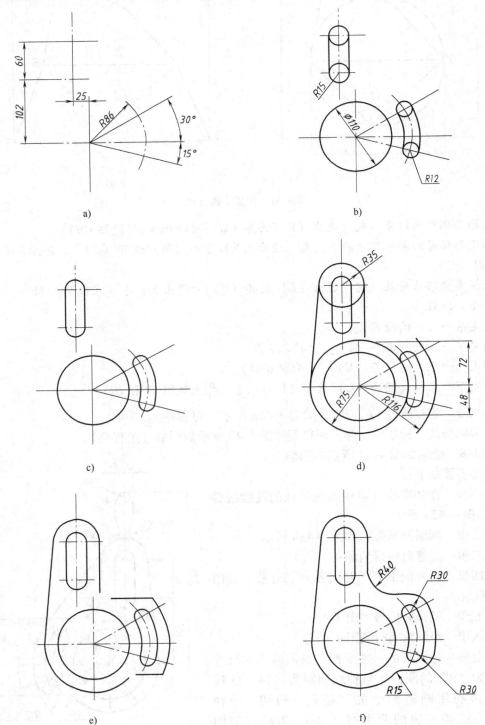

图 4-43　作图步骤

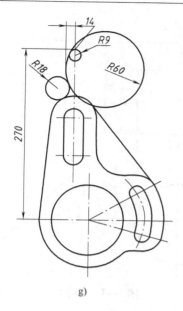

g)

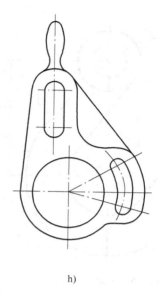

h)

图 4-43　作图步骤（续）

思考与练习题四

1. 实现对象捕捉功能需要具备哪些条件？
2. 怎样调用"对象捕捉"工具栏？
3. 执行对象捕捉的方式有哪些？
4. 对象捕捉、极轴追踪和对象捕捉追踪有什么区别？它们能否同时启用？
5. 绘制如图 4-44 ~ 图 4-46 所示的图形，不标注尺寸。

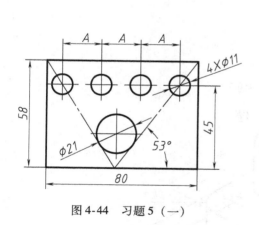

图 4-44　习题 5（一）

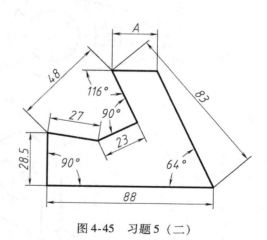

图 4-45　习题 5（二）

6. 如图 4-47 所示，根据主视图补画另外两个视图，不标注尺寸。
7. 绘制如图 4-48 所示的图形，不标注尺寸。
*8. 绘制如图 4-49 所示的图形，不标注尺寸。

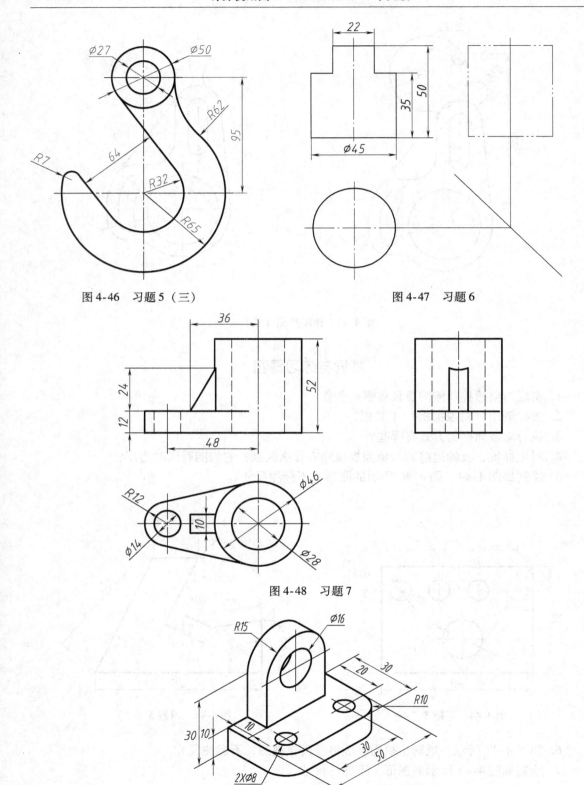

图 4-46　习题 5（三）

图 4-47　习题 6

图 4-48　习题 7

图 4-49　习题 8

第5章 基本绘图环境与编辑对象的特性

在实际绘图时，首先要设置基本的绘图环境，如设置图形界限、图形单位、用户坐标系、图层、线型、线宽等，以便顺利、准确地完成图形的绘制。另外，AutoCAD还提供了对象特性的编辑功能。

5.1 设置图形界限

图形界限是指用户所设定的绘制图形的区域大小。除了可使用"启动"或"创建新图形"对话框中的"使用向导"选项等设置图形区域以外，还可通过 LIMITS 命令随时改变图形界限。

1. 功能

该命令用于设置绘图区域的界限，并控制其边界的检查功能。

2. 命令格式

1）下拉菜单 格式→图形界限

2）输入命令 LIMITS↓

执行上述命令后，命令行提示：

重新设置模型空间界限：
指定左下角点或 [开（ON）/关（OFF）] <当前值>：（输入选项）

3. 选项说明

（1）指定左下角点 指定图纸左下角点。这是默认选项。指定一点后，命令行提示：

指定右上角点 <当前值>：（指定一点或按"Enter"键，以确定图纸的右上角点）

（2）开（ON） 用于打开图形界限的检查功能。这时，AutoCAD 检查用户输入的点是否在设置的图形界限之内，超出图形界限的点不被接受，并有"＊＊超出图形界限"的提示，提醒操作者不要将图画到"图纸"之外。

因为界限检查只测试输入点，所以对象（如圆）的某些部分可能会延伸出图形界限。

（3）关（OFF） 用于关闭图形界限的检查功能。

设置好图形界限后，一般还要执行缩放视图命令中的"全部（A）"项，然后打开"栅格显示"，此时可观察到图形界限的范围。

5.2 设置图形单位

1. 功能

该命令用来设置长度和角度的显示格式及精度等。

2. 命令格式

1）下拉菜单　格式→单位

2）输入命令　UNITS↓

执行上述命令后，系统弹出"图形单位"对话框，如图5-1所示。

3. 对话框说明

（1）"长度"区　此区域用于设置长度单位的类型和
精度。

1）"类型"下拉列表框　用来设置测量长度单位的类
型，其测量类型有分数、工程、建筑、科学和小数。

2）"精度"下拉列表框　用来设置当前长度单位的
精度。

若选定的长度测量类型是"小数"，则在"精度"下
拉列表框中选择显示的精度，就是状态栏上坐标值的小数
位数，其默认精度是小数点后4位。

（2）"角度"区　此区域用于设置角度单位的类型和
精度。

图5-1　"图形单位"对话框

1）"类型"下拉列表框　用来设置测量角度单位的类型。其测量类型有百分度、度/分
/秒、弧度、勘测单位、十进制度数。

2）"精度"下拉列表框　用来设置当前角度单位的精度。

3）"顺时针"复选框　用来确定角度的正方向。选择此项，顺时针方向为角度正向；
否则，逆时针方向为角度正向，为默认选项。

（3）"插入时的缩放单位"区　此区域用来设置插入块或图形文件的单位。如果一个
块在创建时定义的单位与列表框中所确定的单位不同，则插入时将按照列表框中设置的
单位进行插入与缩放。如果选择"无单位"选项，则插入块时，将不按指定的单位进行
缩放。

（4）"输出样例"区　显示用当前单位和角度设置的例子。

（5）"光源"区　控制当前图形中光源强度的测量单位。

（6）"方向"按钮　单击此按钮，屏幕上弹出"方向控制"对话框（图5-2），从中可
设置起始角度（0°）的方向。

在 AutoCAD 的默认设置中，0°方向是指向右（即正东方
或3点钟方向）的，逆时针方向为角度增加的正方向。可以
选择五个单选按钮中的任意一个来改变角度测量的起始
位置。

如果不用上述方式确定0°方向，则要选中"其他"单
选按钮，然后在"角度"文本框中输入角度值来确定0°方
向；也可以在选中"其他"单选按钮后，单击"拾取角
度"按钮，在绘图窗口中，通过输入两个点的方法确定
0°方向。

图5-2　"方向控制"对话框

在"图形单位"对话框中完成设置后，单击"确定"按钮，AutoCAD 将所作的设置保存在当前图形中，并关闭"图形单位"对话框。

5.3 二维绘图坐标系

AutoCAD 采用三维笛卡儿直角坐标系来确定点的位置。按坐标系的方向、位置是否可变，坐标系又分为世界坐标系（WCS）和用户坐标系（UCS）。

1. 世界坐标系

AutoCAD 的默认坐标系为世界坐标系（WCS），又称为通用坐标系，其坐标原点和坐标轴方向是不变的。它由三个互相垂直并相交的 X、Y、Z 轴组成，其中，X 轴正向水平向右，Y 轴正向垂直向上，Z 轴的正向为垂直屏幕指向使用者。默认坐标原点在屏幕的左下角。

世界坐标系图标如图 5-3 所示。

2. 用户坐标系

在世界坐标系中，用户按照需要定义的坐标系统称为用户坐标系。用户坐标系中的三个坐标轴仍然垂直相交，但在方向及位置上有了很大的灵活性。

二维绘图中用户坐标系图标示例如图 5-4 所示。

图 5-3 世界坐标系图标 　　　　　　图 5-4 用户坐标系图标示例

3. 在二维绘图中设置用户坐标系

为了方便绘图，AutoCAD 提供了功能丰富的用户坐标系。用户可以使用 UCS 命令，通过对世界坐标系进行平移、旋转等操作，建立用户坐标系。下面仅介绍二维绘图中常用到的建立坐标系的方法。

（1）功能　定义用户坐标系。

（2）命令格式

1）工具栏　UCS 工具栏

2）下拉菜单　工具→新建 UCS→子菜单选项

3）输入命令　UCS↓

执行上述操作后，命令行出现主提示：

当前 UCS 名称：*世界*

指定 UCS 的原点或 ［面（F）/命名（NA）/对象（OB）/上一个（P）/视图（V）/世界（W）/X/Y/Z/Z 轴（ZA）］<世界>：

（3）部分选项说明　UCS 工具栏的功能与"工具"→"新建 UCS"→"子菜单选项"一致，并分别对应上述提示的选项，所以这里仅介绍上述提示中有关选项的功能。

1）指定 UCS 的原点　使用一点、两点或三点定义一个新的 UCS。指定一点后，命令行提示：

指定 X 轴上的点或＜接受＞：

① 若按"Enter"键，则所指定点为 UCS 的原点，X、Y 和 Z 轴的方向不变。

② 如果指定第二点，命令行提示：

指定 XY 平面上的点或＜接受＞：

若按"Enter"键，UCS 将绕之前指定的原点旋转，并使 UCS X 轴的正半轴通过该点。

③ 如果指定第三点，UCS 将绕 X 轴旋转，以使 UCS 的 XY 平面的 Y 轴正半轴包含该点。

2）对象（OB）　根据选定对象定义新的坐标系。输入"OB"后，命令行提示：

选择对齐 UCS 的对象：（选择对象，建立新的坐标系）

对于圆，圆心为新 UCS 的原点，X 轴通过拾取点，如图 5-5a 所示。

对于圆弧，圆弧的圆心为新 UCS 的原点，X 轴通过距离拾取点最近的圆弧的端点，如图 5-5b 所示。

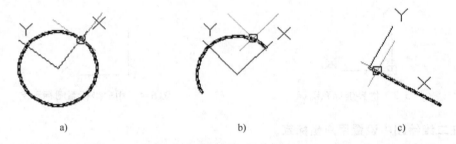

| a) | b) | c) |

图 5-5　选择一个对象来定义新的坐标系

对于直线，距拾取点最近的端点成为新 UCS 的原点，X 轴通过拾取点，如图 5-5c 所示。

……。

3）Z 轴　绕 Z 轴旋转当前 UCS。输入"Z"后，命令行提示：

指定绕 Z 轴的旋转角度＜90＞：（输入旋转角度）

用户坐标系旋转一个角度后，光标、栅格、捕捉、正交等都旋转相同的角度（图 5-6），这样便于绘制倾斜结构的图形。

4）按"Enter"键，恢复世界坐标系。

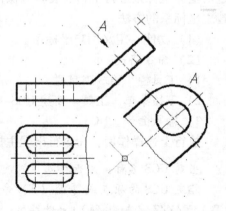

图 5-6　用户坐标系的应用

5.4　图层

5.4.1　图层的概念及特性

1. 图层的概念

用户绘图都是在图层上进行的，虽然前面没有接触图层的概念，但用户已经使用了 AutoCAD 提供的默认层 "0" 层。

一幅图样可能有许多对象（如各种线型、符号、文字等），各对象的属性可能不同，它们都绘制在图层上。把图层想象为一张没有厚度的透明纸，且各层之间都具有相同的坐标系、绘图界限和缩放比例。画图时，将图形中的对象进行分类，把具有相同属性的对象（如相同的线型、颜色、尺寸标注、文字等）放在同一图层上，这些图层叠放在一起就构成了一幅完整的图样。这种方法使绘图、编辑等操作变得十分方便。

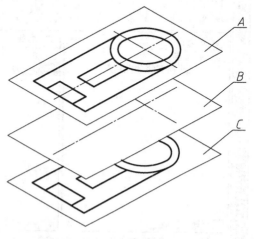

如图 5-7 所示，可以设想在 C 层绘出图形轮廓线（粗实线层）、在 B 层绘出点画线（点画线层），在 A 层则显示出整个图形。

图 5-7　图层的概念

2. 图层的特性

1）用户可以在一幅图中使用任意数量的图层。系统对图层的数量没有任何限制，对每一图层上的实体数量也没有任何限制。

2）每一图层均应有不同的名字。用户新建一幅图时，CAD 自动生成名为 "0" 的图层，此层名不能修改，其余图层由用户根据需要创建并定义名称。

3）一个图层只能设置一种线型、一种颜色及一个状态，但一个图层下的不同实体可以使用不同的线型、颜色。

4）用户只能在当前图层上绘图，可通过图层操作功能改变当前工作图层。

5）各图层具有相同的坐标系、绘图界限、缩放系数，用户可以对位于不同图层上的实体进行操作。

6）用户可以对各图层进行打开、关闭、冻结、解冻、加锁、解锁等操作，以实现各图层上对象的可见性及可操作性。

5.4.2　图层的创建与管理

1. 功能

该命令用于创建和管理图层及图层特性。

2. 命令格式

1）工具栏　图层→ ![按钮图标] 按钮

2）下拉菜单　　"格式→图层"或"工具→选项板→图层"

3）输入命令　　LAYER↓

执行上述命令后，系统弹出"图层特性管理器"对话框，如图5-8所示。

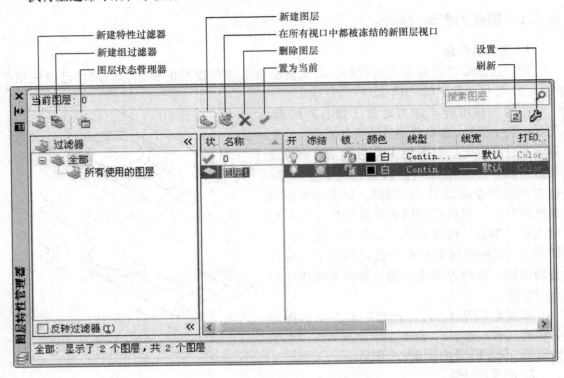

图5-8　"图层特性管理器"对话框

3. 对话框说明

该对话框显示图形中图层的列表及其特性。用户可以利用该对话框添加、删除和重命名图层，更改图层特性，设置布局视口的特性替代或添加说明，并实时应用这些更改。

"图层特性管理器"对话框中有操作按钮、树状图和列表框三个窗口等。

（1）操作按钮　操作"图层特性管理器"中的相应按钮，可以完成图层的管理。

1）"新建特性过滤器"按钮　单击该按钮，将显示"图层过滤器特性"对话框，从中可以根据图层的一个或多个特性创建图层过滤器。

2）"新建组过滤器"按钮　用于创建图层过滤器，其中包含选择并添加到该过滤器的图层。

3）"图层状态管理器"按钮　单击该按钮，将显示"图层状态管理器"对话框，从中可以将图层的当前特性设置保存到一个命名图层状态中，以后可以恢复这些设置。

4）"新建图层"按钮　用于创建新图层。单击该按钮，列表将显示名为"图层1"的图层，该名称处于选定状态，可以立即输入新图层名。新图层将继承图层列表中当前选定图层的特性（颜色、开或关状态等）。

5）"在所有视口中都被冻结的新图层视口"按钮　创建新图层，然后在所有现有布局视口中将其冻结。可以在"模型"选项卡或布局选项卡上访问此按钮。

6）"删除图层"按钮　将选定图层标记为要删除的图层，单击"应用"或"确定"按钮时，将删除这些图层。只能删除未被参照的图层；参照的图层包括图层"0"和"DEF-POINTS"、包含对象（包括块定义中的对象）的图层、当前图层，以及依赖外部参照的图层。局部打开图形中的图层也被视为已参照并且不能删除。

7）"置为当前"按钮　将选定图层设置为当前图层，将在当前图层上绘制创建的对象。

8）"刷新"按钮　通过扫描图形中的所有图元来刷新图层的使用信息。

9）"设置"按钮　单击该按钮，将显示"图层设置"对话框，从中可以设置新图层通知设置、是否将图层过滤器更改应用于"图层"工具栏，以及更改图层特性替代的背景色。

（2）树状图　树状图用于显示图形中图层和过滤器的层次结构列表。顶层节点（"全部"）显示图形中的所有图层，过滤器按字母顺序显示。"所有使用的图层"过滤器是只读过滤器。

选中"反转过滤器"复选框，可显示所有不满足选定图层特性过滤器中条件的图层。

在树状图窗口内，单击鼠标右键将弹出树状图快捷菜单（图 5-9），并可完成下列操作：

1）可见性　更改选定过滤器中所有图层的可见性状态，如图层的开、关、冻结、解冻。

2）锁定　控制是否可以修改选定过滤器中的图层上的对象。

3）视口　在当前布局视口中，控制选定图层过滤器中的图层的"视口冻结"设置。此选项对于模型空间视口不可用。

4）隔离组　关闭所有不在选定过滤器中的图层，只有选定过滤器中的图层是可见图层。

5）新建特性过滤器　选中该项将弹出"图层过滤器特性"对话框，从中可以根据图层名和设置（如开或关、颜色或线型）创建新的图层过滤器。

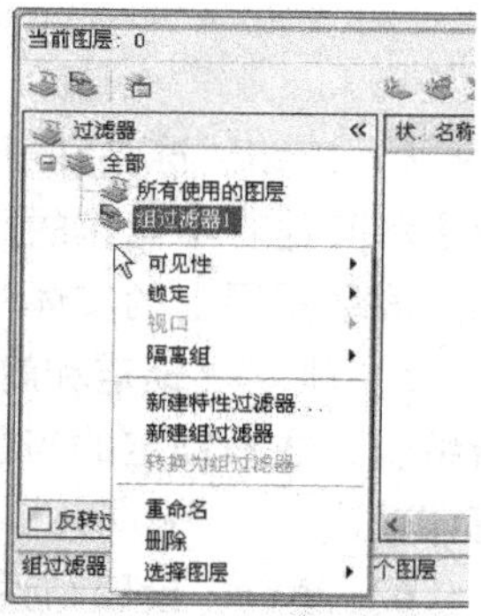

6）新建组过滤器　用于创建一个名为"组为过滤器 n"的新图层组过滤器，并将其添加到树状图中。输入新的名称后，在树

图 5-9　树状图快捷菜单

状图中选择"全部"过滤器或其他任何图层过滤器，此时列表视图中显示图层，然后将图层从列表视图拖动到树状图的新图层组过滤器中。

7）转换为组过滤器　将选定图层特性过滤器转换为图层组过滤器。更改图层组过滤器中的图层特性不会影响该过滤器。

8）重命名　重命名选定过滤器，输入新的名称。

9）删除　用于删除选定的图层过滤器。无法删除"全部"过滤器、"所有使用的图层"过滤器或"外部参照"过滤器。该选项将删除图层过滤器，而不是过滤器中的图层。

10）选择图层　暂时关闭"图层过滤器特性"对话框，使用户可以选择图形中的对象。仅当选定了某一个图层组过滤器后，此选项才可用。

（3）列表框　显示满足图层过滤条件的所有图层。列表框中各内容的含义如下：

1）状态　指示项目的类型。如正在使用的图层、空图层或当前图层。

2）名称　显示图层的名称。按"F2"键可输入新名称。

3）开　打开和关闭选定图层。图层打开时，该图层上的对象可见且可以打印；图层关闭时，其对象不可见，不能打印，且与"打印"设置无关。由于绘图机不能输出关闭层上的对象，利用这一点可以使用单色绘图机输出彩色图。如果用户绘制的图形较复杂，或者不想输出图形中的某些对象，则可以关闭相应的图层。图 5-10 所示为图层打开、关闭对图形显示的影响，其中图 5-10a、b、c 所示分别为打开三个图层、打开两个图层、打开一个图层时的情形。

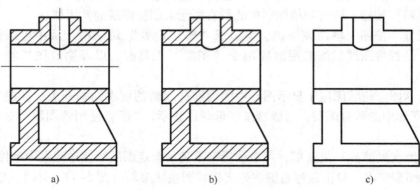

图 5-10   打开与关闭图层

4）冻结   冻结和解冻所有视口中选定的图层。可以通过冻结图层来提高 ZOOM、PAN 命令和其他若干操作的运行速度，提高对象选择性能，并减少复杂图形的重生成时间。

冻结图层上的实体对象不可见，也不能打印输出。当前层不能被冻结。

5）锁定   锁定和解锁选定图层。锁定图层上的对象虽然可以显示出来，但不能对其进行编辑，在被锁定的当前图层上仍可以绘图和改变颜色或线型等。该图层上的图形对象可以打印输出。

6）颜色   设置与选定图层关联的颜色。在实际绘图时，为了区分不同的图层，可将不同图层设置为不同的颜色。图层的颜色是指该图层上面的图形对象的颜色。单击"颜色"列对应图标，系统弹出"选择颜色"对话框（图 5-11），从中可以设置图层颜色。

7）线型   设置与选定图层关联的线型。线型是指图形基本元素中线条的组成方式，如点画线和粗实线等。单击"线型"列对应图标，系统弹出"选择线型"对话框，如图 5-12 所示。单击该对话框中的"加载"按钮，弹出"加载或重载线型"对话框（图 5-13），通过相关操作完成线型的设置。

图 5-11   "选择颜色"对话框中的"索引颜色"选项卡

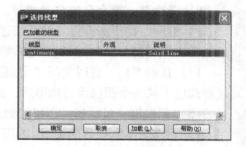

图 5-12   "选择线型"对话框

8）线宽　设置与选定图层关联的线宽。线宽设置就是改变线条的宽度。单击"线宽"列对应图标，系统弹出"线宽"对话框（图5-14），可在其下拉列表中选择所需的线宽。

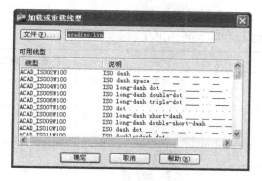

图 5-13　"加载或重载线型"对话框　　　　　　　图 5-14　"线宽"对话框

9）打印样式　设置与选定图层关联的打印样式。如果正在使用颜色相关打印样式（PSTYLEPOLICY 系统变量设置为"1"），则无法更改与图层关联的打印样式。单击"打印样式"，可以显示"选择打印样式"对话框。

10）打印　控制是否打印选定图层。即使关闭图层的打印，该图层上的对象仍将显示。已关闭或冻结的图层不会被打印，这与"打印"设置无关。

11）新视口冻结　在新布局视口中冻结选定图层。

12）说明（可选）　描述图层或图层过滤器。

此外，在列表框内单击鼠标右键将弹出快捷菜单，它提供用于修改列表和选定图层及图层过滤器的选项。列表框快捷菜单分为列标签快捷菜单和图层快捷菜单，如图 5-15 所示，可通过该菜单完成相关的操作。

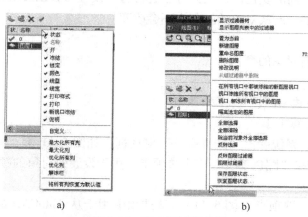

a)　　　　　　　　　　　　　　　　　b)

图 5-15　列表框快捷菜单

a）列标签快捷菜单　b）图层快捷菜单

（4）其他内容的含义

1）搜索图层　输入字符时，按名称快速过滤图层列表。关闭"图层特性管理器"时，不保存此过滤器。

2）状态行　显示当前过滤器的名称、列表图中所显示的图层数量和图形中的图层数量。

在 CAD 工程图中，常用线型、注写文本和尺寸标注等所对应的层名及其在屏幕上的颜色见表 5-1。

表 5-1　CAD 工程图的图层管理（GB/T 18229—2000、GB/T 14665—1998）

层　号	描　述	屏幕上的颜色	层　号	描　述	屏幕上的颜色
01	粗实线、剖切面的粗剖切线	绿色	08	尺寸线、投影连线、尺寸终端与符号细实线	白色
02	细实线、细波浪线、细折断线	白色	09	参考圆，包括引出线和终端（如箭头）	白色
03	粗虚线	黄色	10	剖面符号	白色
04	细虚线	白色	11	文本，细实线	白色
05	细点画线、剖切面的剖切线	红色	12	尺寸值和公差	绿色
06	粗点画线	棕色	13	文本，粗实线	绿色
07	细双点画线	粉红色	14，15，16	用户选用	用户选用

5.5　颜色设置

颜色在图形中具有非常重要的作用，可用来表示不同的组件、功能和区域。图层的颜色实际上是图层中对象的颜色，一般由图层设定的颜色来控制。不同图层的颜色可以设置成相同或不同；在同一图层上绘制对象时，对不同的对象也可使用不同的颜色来加以区别，这时要采用颜色命令来设置新的颜色。采用此方法进行颜色设置后，以后所绘制的对象全为该颜色，即使改变当前图层，所绘对象的颜色也不会改变。

1. 功能

该命令用于设置新对象的颜色。

2. 命令格式

1）下拉菜单　格式→颜色

2）输入命令　COLOR↓

执行上述命令后，系统弹出"选择颜色"对话框，如图 5-11 所示。该对话框包括"索引颜色"、"真彩色"和"配色系统"三个选项卡，用于设置新对象的颜色。

3. 对话框说明

（1）"索引颜色"选项卡（图 5-11）　该选项卡用于从 AutoCAD 的颜色索引中指定颜色，用户可以在 255 种颜色中选择一种。将光标悬停在某种颜色上，该颜色的编号及其红、绿、蓝值将显示在调色板下面。单击一种颜色以选中它，或者在"颜色"框里输入该颜色的编号或名称。

1）ByLayer (L) 按钮　单击该按钮，颜色为随层方式，表示所绘制新对象的颜色与所在图层的颜色相同，同一图层上的实体对象具有相同的颜色。该方式是系统的默认方式。选中 BYLAYER 时，当前图层的颜色将显示在"旧颜色和新颜色"颜色样例中。

2）![ByBlock(K)]按钮　单击该按钮，颜色为随块方式，表示所绘制新对象的颜色为默认颜色（白色或黑色，取决于背景色）。

（2）"真彩色"选项卡　用于选择需要的颜色。"真颜色"选项卡有 RGB 和 HSL 两种颜色模式。

HSL 颜色模式如图 5-16a 所示。可以拖动调色板中的颜色指示光标和"亮度"滑块选择颜色及其亮度，也可通过"色调"、"饱和度"和"亮度"调节按钮来选择需要的颜色。所选择颜色的红、绿、蓝值显示在下面的"颜色"文本框中，也可以直接在该文本框中输入自己设定的红、绿、蓝值来选择颜色。

RGB 颜色模式如图 5-16b 所示。在该模式下选择颜色的方式与 HSL 颜色模式类似。

（3）"配色系统"选项卡（图 5-17）　用于从"配色系统"中选择预定义的颜色。可以在"配色系统"下拉列表框中选择需要的系统，然后拖动右边的滑块选择具体的颜色，所选择颜色的编号显示在下面的"颜色"文本框中。也可以直接在该文本框中输入编号值来选择颜色。

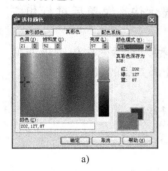
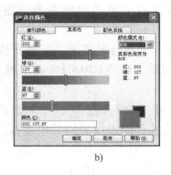

图 5-16　"选择颜色"对话框中的"真彩色"选项卡
a）RGB 颜色模式　b）HSL 颜色模式

图 5-17　"选择颜色"对话框的
"配色系统"选项卡

5.6　线型设置

一幅图样往往由不同的线型构成，绘图时可根据需要从系统的线型库中加载标准线型，也可自定义线型来满足使用需要。不同图层上的线型可设置成相同或不同；同一图层上的对象也可用不同的线型绘制，这就需要进行线型设置。线型设置后所绘制的对象为该线型，即使改变当前层，所绘对象的线型也不改变。

1. 功能

该命令用于加载线型和设置当前线型。

2. 命令格式

1）下拉菜单　格式→线型

2）输入命令　LINETYPE ↓

执行上述命令后，系统弹出"线型管理器"对话框，如图 5-18 所示。

3. 对话框说明

（1）"线型过滤器"下拉列表框　用于设置

图 5-18　"线型管理器"对话框

过滤条件，以确定在线型列表框中显示哪些线型。

（2）"反转过滤器"复选框　根据与选定的过滤条件相反的条件显示线型，将符合反转过滤条件的线型显示在线型列表框中。

（3）"加载"按钮　用于加载新的线型。单击该按钮后，系统弹出"加载或重载线型"对话框（图5-13），从中可以将从"acad. lin"文件中选定的线型加载到图形，并将它们添加到线型列表中。

（4）"当前"按钮　用于将在线型列表框中选中的线型设置为当前线型。

（5）"删除"按钮　用于删除在线型列表框中选中的线型。被删除的线型是在作图时没有用过的线型。

（6）"显示细节"或"隐藏细节"按钮　控制是否显示"线型管理器"的"详细信息"部分。

（7）"当前线型"状态行　显示当前线型的名称。

（8）线型列表框窗口　在"线型过滤器"中，根据指定的选项显示已加载的线型。要迅速选定或清除所有线型，可在线型列表中单击鼠标右键，在显示快捷菜单后进行相应操作。

1）线型　显示已加载的线型名称。要重命名线型，可选择线型，然后两次单击该线型并输入新的名称。不能重命名随层、随块、CONTINUOUS 和依赖外部参照的线型。

2）外观　显示选定线型的样例。

3）说明　显示线型的说明，可以在"详细信息"区中对其进行编辑。

（9）"详细信息"区　提供访问特性和附加设置的其他途径。

1）名称　显示选定线型的名称，可以编辑该名称。

2）说明　显示选定线型的说明，可以编辑该说明。

3）缩放时使用图纸空间单位　控制是否按相同的比例在图纸空间和模型空间缩放线型。

4）全局比例因子　设置用于所有线型的缩放比例因子。

5）当前对象缩放比例　设置新建对象的线型比例。

6）ISO 笔宽　将线型比例设置为标准 ISO 值列表中的一个。生成的比例是"全局比例因子"与该对象比例因子的乘积。

5.7　线型比例及线宽设置

5.7.1　线型比例

在 AutoCAD 定义的各种线型中，除了 CONTINUOUS 线型外，每种线型都是由线段、间隔、点或线段及文本所构成的序列。系统对线型中每小段的长度是按照绘图单位进行定义的，屏幕上显示的长度与使用时设置的缩放倍数及线型比例成正比。因此，当屏幕上显示的线型或从绘图仪输出的线型不合适时，可调整线型比例值对其进行设置，使之符合工程制图的要求，同时与图形相协调。

1. 设置全局比例因子

（1）功能　用于设置图形中所有线型的比例。

（2）命令格式　输入命令 LTSCALE ↓

执行上述命令后，命令行提示：

输入新线型比例因子＜当前值＞：（输入正实数或按"Enter"键）

正在重生成模型

（3）说明　输入一个新的比例值后，系统将以输入的新比例值乘以线型定义的每小段长度，然后重新生成图形。显然，线型比例值越大，线型中的要素也越大。图 5-19 所示为不同线型比例因子的效果。

也可通过"线型管理器"对话框中"详细信息"区（图 5-18）中的"全局比例因子"文本框，设置全局线型比例。

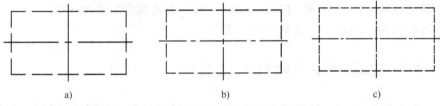

图 5-19　不同线型比例因子的效果

a）线型比例因子为 1.5　b）线型比例因子为 1　c）线型比例因子为 0.5

2. 设置当前对象的线型比例

（1）功能　设置该线型比例后，此后所绘图形对象的线型比例均为该值，对原有线型不产生影响。

（2）命令格式　输入命令 CELTSCALE ↓

执行该命令后，命令行提示：

输入 CELTSCALE 的新值＜当前值＞：（输入正实数或按"Enter"键）

（3）说明　输入一个新比例值后，系统会以该值作为此后所绘图形对象的线型比例。也可通过"线型管理器"对话框中"详细信息"区（图 5-18）中的"当前对象缩放比例"文本框，设置当前对象的线型比例。

5.7.2　线宽设置

1. 功能

该命令设置当前线宽、线宽单位，控制线宽的显示和显示比例，以及设置图层的默认线宽值。

2. 命令格式

1）下拉菜单　格式→线宽

2）快捷菜单　在状态栏的"线宽"上单击鼠标右键，并选择"设置"

3）输入命令　LWEIGHT ↓

执行上述命令后，系统弹出"线宽设置"对话框，如图 5-20 所示。

3. 对话框说明

（1）"线宽"下拉列表框　用于设置当前线宽。从列表中选择合适的线宽作为当前线宽。

图 5-20　"线宽设置"对话框

（2）"列出单位"区　指定线宽是以毫米为单位还是以英寸为单位。

（3）"显示线宽"复选框　控制线宽是否在当前图形中显示。单击状态栏上的"线宽"按钮，也可进行显示与不显示的切换。

（4）"默认"设置框　控制图层的默认线宽。初始的默认线宽是 0.01in 或 0.25mm。用户可以单击该设置框右边的下拉列表箭头，从下拉列表框中选择一个数值作为系统线宽的默认值。

（5）"调整显示比例"滑块　控制"模型"选项卡上线宽的显示比例。

（6）"当前线宽"显示框　显示当前线宽值。

5.8　"图层"工具栏和"特性"工具栏

"图层"工具栏和"特性"工具栏可以让用户更为方便、快捷地对图层、颜色、线型、线宽进行设置和修改。

1. "图层"工具栏

"图层"工具栏（图 5-21）中部分操作按钮的功能如下：

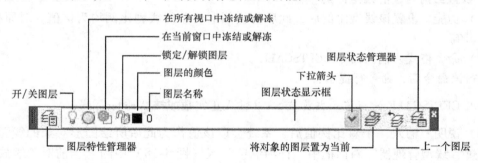

图 5-21　"图层"工具栏

（1）"图层特性管理器"按钮　用于创建与管理图层。单击该按钮，系统弹出"图层特性管理器"对话框，可设置和修改图层中对象的颜色、线型、线宽等。

（2）"将对象的图层置为当前"按钮　用于将选择的对象所在的图层置为当前层。

（3）"上一个图层"按钮　用于取消最后一次对图层的设置或修改，返回上一次图层的设置。

（4）"图层状态管理器"按钮　单击该按钮，将显示"图层状态管理器"对话框，从而可将图层的当前特性设置保存到一个命名图层状态中。

（5）图层状态显示框　用于显示图层状态。单击该显示框的任意位置或右侧的下拉箭头，都会弹出一下拉列表，其中可显示出所有的图层及其状态。单击图层名，则该图层被设置为当前层；单击除颜色外的其他图标，可进行相应状态的切换。

2. "特性"工具栏

使用"特性"工具栏可以显示和修改对象特性，如图层、颜色、线型和线宽。"特性"工具栏如图 5-22 所示，其功能如下：

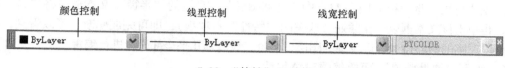

5-22　"特性"工具栏

（1）"颜色控制"框　用于设置颜色。单击该框中的任意位置或右侧的下拉箭头，将弹出颜色设置下拉列表，从中可设置当前图形对象的颜色。

（2）"线型控制"框　用于设置线型。单击该框中的任意位置或右侧的下拉箭头，将弹出线型设置下拉列表，从中可设置当前图形对象的线型，也可加载线型。

（3）"线宽控制"框　用于设置线宽。单击该框中的任意位置或右侧的下拉箭头，将弹出线宽设置下拉列表，从中可设置当前图形对象的线宽。

在实际绘图中，当绘制完某一图形后，若发现该图形对象没有在预先设置的图层上，可首先选中该对象，然后在"图层"工具栏的下拉列表框中用光标选择预设的层名，即可将选择的对象转换到预设的图层中。

5.9　编辑对象的特性

在 AutoCAD 中，所绘制的每个对象都具有自己的特性，有些特性是基本特性，是共有的，适用于多数对象，如图层、颜色、线宽、线型和打印样式；有些特性是某些对象专有的，如圆的特性包括半径和面积，直线的特性包括长度和角度，尺寸标注的特性包括文字样式和公差格式等。改变了对象的特性值，实际上就改变了相应的对象。对象的基本特性和其他特性都可以编辑修改。

特性编辑命令主要有 PROPERTIES、MATCHPROP、CHANGE 等。而对于图层、颜色、线宽、线型等特性，除上节介绍的"特性"工具栏外，也可以通过"特性"选项板、"快捷特性"面板、"特性匹配"功能等直接修改。

1. 利用"特性"选项板编辑对象特性

（1）功能　用于查看和编辑对象的特性。

（2）命令格式

1）工具栏　标准→![按钮] 按钮

2）下拉菜单　"修改"→"特性"或"工具"→"选项板"→"特性"

3）快捷菜单　选择要查看或修改其特性的对象，在绘图区域中单击鼠标右键，然后单击"特性"

4）双击对象　双击多数对象

5）输入命令　PROPERTIES↓

执行上述命令后，系统弹出"特性"选项板。在未选定任何对象时，"特性"选项板中仅显示常规特性的当前设置；如果选择多个对象，则仅显示所有选定对象的公共特性。选择某个对象后，"特性"选项板中就会显示该对象的特性，可以在选项板中直接修改对象的特性。

例如，将图 5-23 中半径为"12"的圆改画成半径为"10"的圆。方法是：选中半径为"12"的圆，在"特性"选项板（图 5-23）中"几何图形"选项区的"半径"文本框中将"12"改为"10"，再单击该文本框以外任意处（或关闭"特性"选项板），即可完成修改。可以看到，在这里还可以对圆的圆心位置，以及圆的图层、颜色、线型等几乎全部设置进行编辑。

2. 利用"快捷特性"面板编辑对象特性

"快捷特性"面板是"特性"选项板的简化形式。单击状态栏上的 QP 按钮，可以控制快捷特性的打开和关闭。当用户选择对象时，即可显示"快捷特性"面板，如图 5-24 所示，从而可方便地编辑对象的特性。

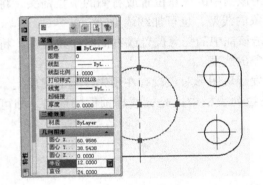

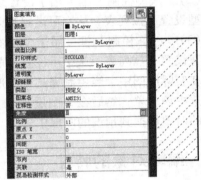

图 5-23　利用"特性"选项板编辑对象特性　　　图 5-24　利用"快捷特性"面板编辑对象特性

通过"草图设置"对话框中的"快捷特性"选项卡，也可启用快捷特性功能并对其进行设置等。

通过 CUI 命令，可定义快捷特性的显示对象及特性。

3. 利用"特性匹配"功能编辑对象特性

（1）功能　此命令可将选定的一个对象（源对象）的特性"复制"给另外一个（或一组）对象（目标对象），使这些对象的部分特性或全部特性和源对象相同。可"复制"的特性类型包含颜色、图层、线型、线型比例、线宽、打印样式、透明度和其他指定的特性（如标注样式、文字样式、图案填充样式等）。

（2）命令格式

1）工具栏　标准→ 按钮

2）下拉菜单　修改→特性匹配

3）输入命令　MATCHPROP↓

执行上述命令后，命令行提示：

选择源对象：（选择某一对象为源目标，命令行提示）

当前活动设置：颜色　图层　线型　线型比例　线宽　厚度　打印样式　标注　文字

填充图案　多段线　视口　表格材质　阴影显示　多重引线

　　选择目标对象或［设置（S）］:（输入选项）

　　（3）选项说明

　　1）选择目标对象　选择要修改的目标对象，可以立即将源对象的特性"复制"到其上。此时，在绘图区，光标变为小"刷子"形状，可直接选择一个或多个对象作为目标对象，同时将源对象的特性"复制"给目标对象。

　　2）设置（S）　控制要将哪些对象特性复制到目标对象。选择该项，系统弹出"特性设置"对话框（图 5-25）。

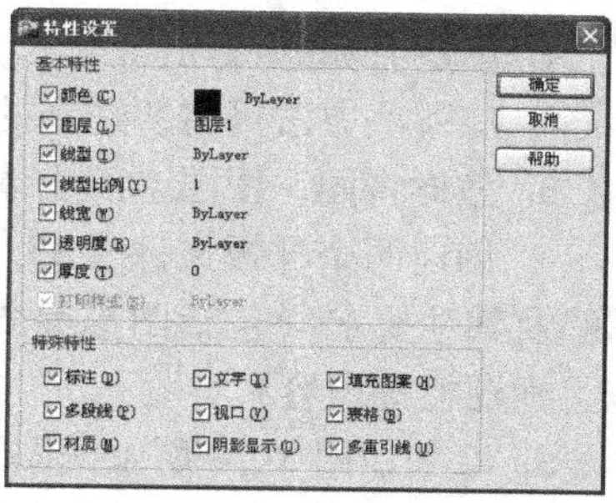

　　"特性设置"对话框用于设置匹配内容。其中，"基本特性"区用于设置基本特性，包括颜色、图层、线型、线型比例、线宽、厚度、出图样式等复选框；"特殊特性"区用于设置特殊特性，包括标注（尺寸）、文字、填充图案、多段线、视口等选项复选框。

图 5-25　"特性设置"对话框

　　属性匹配不仅可用于在同一文件中进行源对象和目标对象的属性匹配，还可以用于在不同图形文件中进行源对象和目标对象的属性匹配。

4. 使用 CHANGE 命令编辑对象特性

　　（1）功能　用于编辑现有对象的特性。

　　（2）命令格式　输入命令 CHANGE↓

执行该命令后，命令行提示：

选择对象：

……

选择对象：↓

指定修改点或［特性（P）］:（输入选项）

　　（3）选项说明

　　1）指定修改点　用于编辑所选对象的特性。其结果取决于选定对象的类型。

　　① 对直线的修改　指定修改点后，直线离指定点较近的一端移到指定点。

　　② 对圆的修改　在圆心不变的情况下，修改圆的半径，改变圆的大小。

　　③ 对块的修改　可重新确定块的插入点和旋转角度。

　　2）特性（P）　用于编辑现有对象的特性。输入"P"后，命令行提示：

输入要更改的特性［颜色（C）/标高（E）/图层（LA）/线型（LT）/线型比例（S）/线宽（LW）/厚度（T）/透明度（TR）/材质（M）/注释性（A）］:

　　① 颜色（C）　修改选定对象的颜色。

　　② 标高（E）　修改选定对象的高度。

　　③ 图层（LA）　修改选定对象的图层。

　　④ 线型（LT）　修改选定对象的线型。

　　⑤ 线型比例（S）　修改选定对象的线型比例。

　　⑥ 线宽（LW）　修改选定对象的线宽。

⑦ 厚度（T）　修改二维对象的 Z 向厚度。

⑧ 透明度（TR）　更改选定对象的透明度级别。

⑨ 材质（M）　如果附着材质，将会更改选定对象的材质。

⑩ 注释性（A）　修改选定对象的注释性特性。

思考与练习题五

1. 图层有哪些特性？

2. 有哪些方法可将所选择的图层设置为当前图层？

3. 怎样将同一图层上的实体设置为不同的颜色、线宽和线型？

4. 创建两个样板文件（A3.dwt、A4.dwt），要求图样符合国家制图标准规定的 A3、A4 图幅及其他要求（包括图形界限、图形单位、光标捕捉模式、图层、线型、线型比例、线宽、标题栏等内容）。

5. 绘制如图 5-26 所示的图形，并要求：

1）将图中的不同线型分别画在相应的图层中。

2）开/关某图层，观察图层的变化。

3）通过改变图层，将虚线圆改为粗实线圆，将点画线圆改为虚线圆。

6. 绘制如图 5-27 ~ 图 5-30 所示的图形，不标注尺寸。

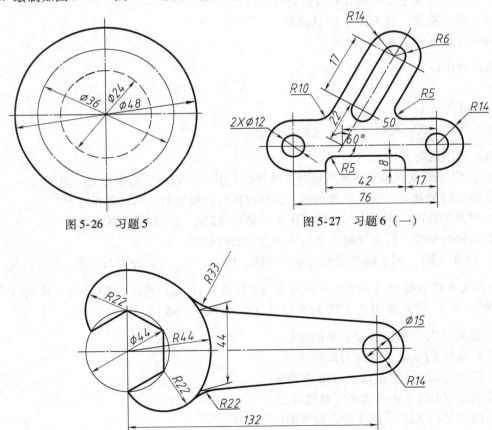

图 5-26　习题 5

图 5-27　习题 6（一）

图 5-28　习题 6（二）

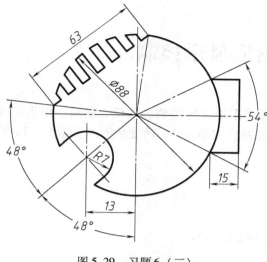

图 5-29　习题 6（三）

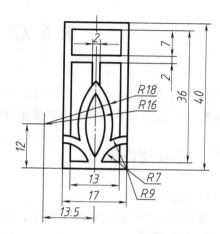

图 5-30　习题 6（四）

第6章 图形显示控制

在使用 AutoCAD 绘图时，经常需要对当前图形进行缩放、移动、刷新、再生等操作。这些操作只改变图形在屏幕上的显示效果，即视觉效果，并不改变图形的实际大小和位置。

6.1 缩放视图命令

1. 功能

该命令在当前窗口内缩放图形，以改变其视觉大小。

2. 命令格式

1）工具栏 标准→ 按钮（图6-1）、"缩放"工具栏（图6-2）

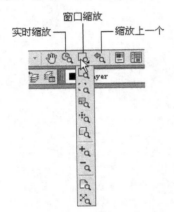

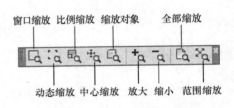

图6-1 "标准"工具栏中的"缩放"子工具栏 　　图6-2 "缩放"工具栏

2）下拉菜单 视图→缩放→子菜单选项（图6-3）

3）快捷菜单 没有选定对象时，在绘图区域单击鼠标右键并选择"缩放"选项进行实时缩放

4）输入命令 ZOOM↓（或Z）

输入"ZOOM"后，命令行出现主提示：

指定窗口的角点，输入比例因子（nX 或 nXP），或者 [全部（A）/中心（C）/动态（D）/范围（E）/上一个（P）/比例（S）/窗口（W）/对象（O）] <实时>：（输入选项）

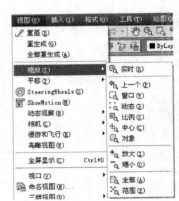

图6-3 "缩放"命令的子菜单

3. 选项说明

图6-1与图6-2所示的两个工具栏中的图标按钮相同。

上述主提示的每一个选项分别对应工具栏的一个按钮，所以与 ZOOM 命令有关的工具栏按钮的功能不再单独介绍。

（1）主提示的第一行说明　缩放指定窗口内的图形或使用比例因子缩放视图。

1）如果直接确定窗口的一个角点，即在绘图区域内确定一点，则命令行提示：

指定对角点：

在该提示下确定窗口的对角位置后，AutoCAD 将把以这两个角点确定的矩形窗口区域中的图形放大，以占满显示屏幕。

2）输入比例因子（nX 或 nXP）　用于以指定的比例因子（必须为正且非零）缩放显示。如果输入一数值，则图形将按该比例因子实现绝对缩放，即相对于实际尺寸进行缩放；如果输入的数值后面跟着"X"，那么图形将实现相对缩放，即相对于当前显示图形的大小进行缩放；如果输入的数值后面跟着"XP"，则图形相对于图纸空间缩放。

（2）主提示的第二行说明　各选项的含义如下：

1）全部（A）　在当前视口中缩放显示整个图形。在平面视图中，AutoCAD 缩放的是图形界限与当前范围两者中较大的区域，即如果绘制的图形对象不超出图形界限范围，则绘图区显示图形界限范围；如果绘制的图形对象超出图形界限范围，则在绘图区域中显示所有图形对象，如图 6-4 所示。

2）中心（C）　该选项用于缩放显示由中心点和放大比例（或高度）所定义的窗口。高度值较小时增加放大比例，高度值较大时减小放大比例。执行该选项后，命令行提示：

指定中心点：（指定一点或按"Enter"键保持当前窗口的中心不变）
输入比例或高度＜当前值＞：（输入一个值或按"Enter"键）

对这个提示，若直接按"Enter"键响应，则使用的高度不变，这时对象不放大，只是指定的点成为当前窗口的中心点。如图 6-5 所示，是把图 6-4 中的圆心作为窗口的中心点显示的。否则，AutoCAD 会将指定的点显示在窗口的中心，并对图形进行相应放大或缩小。例如，若在"输入比例或高度："提示下给出的是缩放比例（数值后跟 X），则 AutoCAD 按该比例缩放整个窗口；如果在"输入比例或高度："提示下给出的是高度值，那么，AutoCAD 将显示由该高度值定义的窗口。

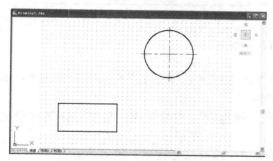

图 6-4　缩放命令中的"全部缩放"

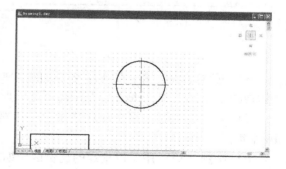

图 6-5　缩放命令中的"中心缩放"

3）动态（D）　该项用于缩放显示在视图框中的部分图形。视图框表示视口，可以改变它的大小，或者在图形中移动。移动视图框或调整它的大小，可将其中的对象平移或缩放，以充满整个视口。

执行上述命令后，系统弹出三个矩形框：蓝色的虚线框、绿色的虚线框和中心有一个"×"的视图框（图6-6）。如果所绘对象占据的区域大于图形界限，则蓝色的虚线框表示的是用户所绘对象的区域，否则表示图形界限。绿色的虚线框表示的是动态缩放前屏幕显示的范围。单击鼠标左键，视图框中的"×"将消失，而显示一个位于右边框的方向箭头"→"（图6-7a），拖动鼠标可改变视图框的大小；再次单击鼠标左键，"×"回到视图框的中心，此时用"×"确定图形显示的中心位置（图6-7a）；按"Enter"键，将视图框内的图形显示到整个屏幕上（图6-7b）。视图框的尺寸越小，放大倍数越大。

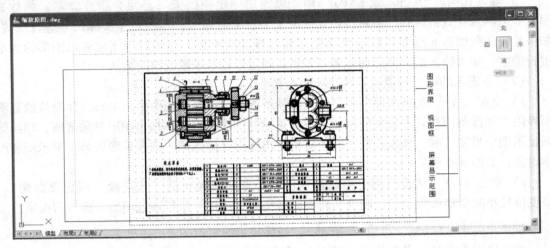

图6-6　"动态缩放"的图形界限、视图框和屏幕显示范围

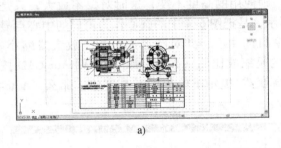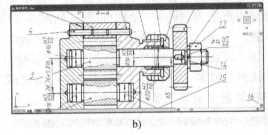

a)　　　　　　　　　　　　　　　　　　b)

图6-7　动态缩放

4）范围（E）　用于在屏幕内尽可能大地显示所有对象。与全部缩放选项不同的是，范围缩放使用的显示边界是图形范围而不是图形界限。

5）上一个（P）　用于缩放显示上一个视图。该选项可连续使用，最多可恢复此前的10个视图。

6）比例（S）　用于以指定的比例因子缩放显示。执行该选项后，命令行提示：

输入比例因子（nX 或 nXP）：（指定值）

这里，缩放比例因子有三种含义：

① 相对整个图形界限　直接输入一个正值即可。如果输入不等于1的值，则表示相对

整个图形界限放大或缩小显示。例如，输入"2"，则所有对象相对整个图形界限放大一倍显示；输入"0.5"，则所有对象相对整个图形界限缩小一半显示。

② 相对于当前视图　如果输入的值后面跟着字母"X"，则表示输入的比例因子是相对于当前视图而言。例如，输入"0.5X"，则屏幕上的每个对象显示为原大小的一半；输入"2X"，则对原对象放大一倍显示。

③ 相对于图纸空间单位　如果输入的值后面跟着"XP"，则表示输入的比例因子是相对于图纸空间单位而言。例如，输入"0.5XP"，则以图纸空间单位的一半来显示模型空间。通常在图纸空间布置了多个绘图模型的不同画面，用户可使用 ZOOM "比例"中的"XP"选项来设置不同视图各自相互独立的显示尺寸。

在工具栏中还有两个按钮："放大"和"缩小"，这是 ZOOM "比例（S）"选项的特殊情况。"放大"相当于比例因子为"2X"，即相对当前视图放大一倍；"缩小"相当于比例因子为"0.5X"，即相对当前视图缩小为原来的二分之一。

7）窗口（W）　用于缩放显示由两个角点定义的矩形窗口框定的区域（图6-8）。确定一窗口后，窗口中心将变成新的显示中心，窗口内的区域被放大，以尽量充满整个绘图区域。执行该选项后，命令行提示：

指定第一个角点：（指定一点）
指定对角点：（指定一点）

8）对象（O）　该选项用于尽可能大地显示一个或多个选定的对象，并使其位于绘图区域的中心。可以先执行该命令选项再选择对象，也可以先选择对象再执行该命令选项。

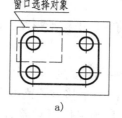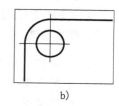

窗口选择对象

a)　　　　　　　　　　b)

图6-8　缩放命令中的"窗口缩放"
a)"窗口缩放"前　b)"窗口缩放"后

9）实时　对应于"标准"工具栏中的"实时缩放"。在命令提示下直接按"Enter"键，ZOOM 命令进入实时缩放模式，命令行提示：

按"Esc"或"Enter"退出，或单击右键显示快捷菜单

此时，绘图区光标变成一个放大镜带一个加号"+"和一个减号"−"的形式。按住鼠标左键向下移动，可将图形缩小；按住鼠标左键向上移动，可将图形放大；松开左键则停止缩放（图6-9）。松开左键后移动光标到新的位置，重复上面的操作可继续缩放。当放大或缩小到极限时，继续移动光标则不能再放大或缩小图形，按住鼠标左键移动时相应的"+"号或"−"号消失，状态栏提示"已无法进一步缩放（缩小）"。

在光标呈现带"+"和"−"的放大镜形状时，若单击鼠标右键，将弹出一个"实时缩放"快捷菜单（图6-10），通过菜单选项可以改变缩放方式或转成其他图形显示方式。

另外，还可借助鼠标实时缩放图形。在任何状态下，鼠标滚轮向下滚动，则全图缩小；向上滚动，会使全图放大。缩放的基准点是光标当前的位置。在绘图过程中，充分利用鼠标可提高绘图效率。

也可在没有选定对象时，在绘图区域单击鼠标右键并选择"缩放"选项进行实时缩放。

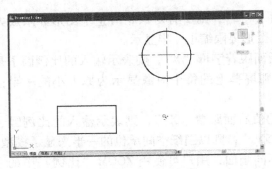

图 6-9 实时缩放

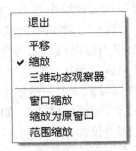

图 6-10 "实时缩放"快捷菜单

6.2 平移视图命令

1. 功能

该命令用于在当前视口中移动视图，以观察图形的不同部分。

2. 命令格式

1) 工具栏 标准→ ![手形]按钮
2) 下拉菜单 视图→平移→子菜单选项（图 6-11）
3) 快捷菜单 没有选定任何对象时，在绘图区域单击鼠标右键并选择"平移"
4) 输入命令 PAN↓（或 P）

3. 说明

平移命令的默认选项为实时平移模式。命令输入后，光标呈一个手形标志，表明当前正处于平移模式，按住鼠标左键移动光标，图形也随着光标移动的方向平行移动（图 6-12）。当移动到逻辑扩展边界（图形空间的边缘）时，在手形光标抵达的边界那一边将显示一个阻挡符号，根据上、下、左、右四个方向的边界位置，阻挡符号相应地显示在手形光标的上、下、左、右位置（图 6-13）。

图 6-11 "平移"子菜单

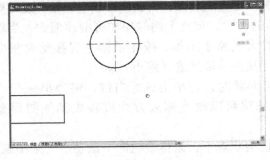

图 6-12 实时平移

图 6-13 平移边界阻挡符号

松开鼠标左键则停止平移模式，用户可将光标移动到新的位置，重新进行平移操作。要退出平移状态可按"Esc"键或"Enter"键，也可单击鼠标右键，从右键快捷菜单中选取

"退出"项。

另外，在任何状态下都可以按下鼠标滚轮或鼠标中键，然后拖动光标进行平移；或者拖动滚动条上的滑块实时平移视图。也可在没有选定对象时，在绘图区域单击鼠标右键，并选择"缩放"选项进行实时平移。

AutoCAD 还提供了 PAN 命令的其他选项，这些选项可从"视图"→"平移"的子菜单中选择。

（1）定点　根据指定的点来确定视图的位移。

操作过程如下：

命令: ' _- pan 指定基点或位移：（指定一点）

指定第二点：（按"Enter"键或指定点）

1）如果按"Enter"键响应，则在"指定基点或位移："提示下指定的点将被认为是相对 X、Y 的位移。例如，在"指定基点或位移："提示下指定点（2，2），并在"指定第二点："提示下按"Enter"键响应，则视图将在 X 方向移动 2 个单位，在 Y 方向移动 2 个单位。

2）如果在"指定第二点："提示下指定一个点，则系统将以指定两点定义的矢量移动视图，并结束命令。

（2）左、右、上、下　选择该选项，可分别将视图向左、向右、向上和向下移动。

6.3　鸟瞰视图命令

1. 功能

该命令用于打开"鸟瞰视图"窗口。利用该窗口可方便地对视图进行实时缩放和平移操作，同时可观察当前显示的部分图形在整个图形中的位置。

2. 命令格式

1）下拉菜单　视图→鸟瞰视图

2）输入命令　DSVIEWER ↓

执行上述命令后，屏幕上将弹出"鸟瞰视图"窗口（图 6-14）。该窗口内显示整个图形，并用一个宽边框标记当前视图。

3. 菜单说明

（1）"视图"菜单　通过放大、缩小图形或在"鸟瞰视图"窗口显示整个图形来改变"鸟瞰视图"的缩放比例。

在"鸟瞰视图"窗口中显示整幅图形时，"缩小"菜单选项和按钮不可用；当前视图几乎充满"鸟瞰视图"窗口时，"放大"菜单选项和按钮不可用。用户也可在"鸟瞰视图"窗口中单击鼠标右键，从弹出的快捷菜单中选择各菜单选项。

该下拉菜单包括"放大"、"缩小"、"全局"三个选项。

1）放大　以当前视图框为中心，将"鸟瞰视图"窗口中的图形放大一倍显示。

2）缩小　以当前视图框为中心，将"鸟瞰视图"窗口中的图形缩小一半显示。

3）全局　在"鸟瞰视图"窗口显示整个图形和当前视图。

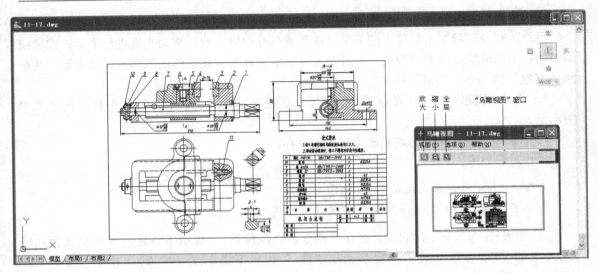

图 6-14   "鸟瞰视图"窗口

（2）"选项"菜单   用于切换图形的自动视口显示和动态更新。用户也可在"鸟瞰视图"窗口中单击鼠标右键，从弹出的快捷菜单中选择各菜单选项。

该下拉菜单包括"自动视口"、"动态更新"、"实时缩放"三个选项。

1）自动视口   当屏幕上显示多重视口，在切换视口时，会自动显示当前视口的模型空间视图。关闭"自动视口"时，将不更新"鸟瞰视图"窗口以匹配当前视口。

2）动态更新   编辑图形时（如缩放、平移当前视图等），将更新"鸟瞰视图"窗口。关闭"动态更新"时，将不更新"鸟瞰视图"窗口。

3）实时缩放   在"鸟瞰视图"窗口进行缩放时实时更新绘图区的图形显示。

"鸟瞰视图"窗口中有"放大"、"缩小"和"全局"三个按钮，其功能同该窗口"视图"中的选项。

6.4   重画和重生成命令

1. 重画命令

（1）功能   刷新屏幕显示，清除屏幕上的标识点及光标点，以便使屏幕图形清晰。

（2）命令格式

1）下拉菜单   视图→重画

2）输入命令   REDRAW↓

2. 重生成和全部重生成命令

（1）功能   用于重生成屏幕上的图形数据。该命令不仅刷新显示，而且更新图形数据库中所有图形对象的屏幕坐标，以提供更精确的图形。如点画线，在重新设置线型比例因子后，通过"重生"才会显现出来。重生成命令用来重新生成当前视窗内的全部图形，并将其在屏幕上显示出来；而全部重生成命令是用来重新生成所有视窗的图形。

（2）命令格式

1）下拉菜单　视图→重生成（或全部重生成）

2）输入命令　REGEN↓（或 REGENALL）

3. 自动重生成命令

（1）功能　控制图形的自动重生成。对图形进行编辑时，通过对图形的自动重生成，可确保屏幕显示反映图形的实际状态，从而保持视觉的真实性。

（2）命令格式　输入命令 REGENAUTO↓

执行该命令后，命令行提示：

输入模式［开（ON）/关（OFF）］＜当前值＞:（输入选项）

（3）选项说明

1）开（ON）　表示在执行某些命令后自动重新生成图形。

2）关（OFF）　表示关闭自动重生成功能。

一般情况下，重新生成操作不会影响 AutoCAD 的性能，因此没有必要关闭该命令。

改变系统变量 REGENMODE 的值，也可控制自动重生成的状态（"0"表示不自动生成；"1"表示自动生成）。

6.5　填充显示命令

1. 功能

该命令用于控制诸如图案填充、二维实体和宽多段线等对象的填充，即是全部填充还是只画出轮廓线，以控制其显示和图形输出。

2. 命令格式

输入命令 FILL↓

执行该命令后，命令行提示：

输入模式［开（ON）/关（OFF）］＜当前值＞:（输入选项）

3. 选项说明

1）开（ON）　表示打开"填充"模式。

2）关（OFF）　表示关闭"填充"模式，仅显示并打印对象的轮廓。

应注意：

1）改变 FILL 的当前值后，并不影响当前实体的显示，直到执行了重生成命令后才改变显示。

2）改变系统变量 FILLMODE 的值，也可控制填充状态（"0"表示不填充；"1"表示填充）。

思考与练习题六

1. 重生成和重画有什么区别？

2. 视图缩放中通过比例因子来改变屏幕显示效果，n、nX 和 nXP 之间有什么区别？

3. "鸟瞰视图"命令与"缩放"命令中的"动态（D）"选项有何异同点？

4. 绘制如图 6-15 ~ 图 6-17 所示的图形，不标注尺寸。

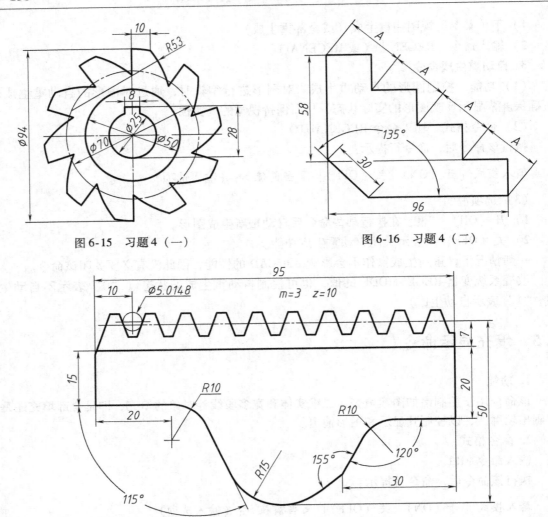

图 6-15 习题 4（一）

图 6-16 习题 4（二）

图 6-17 习题 4（三）

第7章 图 案 填 充

在绘制机械图、建筑图、地质构造图等图样时，经常需要对某些图形区域填入剖面符号或其他图案，从而表达该区域的特征。AutoCAD 提供了快捷有效的图案填充和编辑功能。

7.1 图案填充命令

1. 功能

该命令用于选择图案并填充图形中的指定区域。

2. 命令格式

1) 工具栏 绘图→ 按钮

2) 下拉菜单 绘图→图案填充

3) 输入命令 HATCH↓（或 BH、BHATCH）

执行上述命令后，系统弹出"图案填充和渐变色"对话框，如图 7-1 所示。

3. 对话框说明

"图案填充和渐变色"对话框有"图案填充"和"渐变色"两个选项卡及其他一些选项，现分别进行介绍。

（1）"图案填充"选项卡（图 7-1） 主要用来设置填充图案的形状、比例、线宽等。

图 7-1 "图案填充和渐变色"
对话框中的"图案填充"选顶卡

1) "类型和图案"区 用于设置图案填充的类型和图案。

① "类型"下拉列表框 设置填充图案的类型。单击其右侧的下拉箭头，系统弹出"预定义"、"用户定义"和"自定义"三个选项（图 7-2）。

"预定义"选项是指使用 AutoCAD 提供的图案，用户可以控制其角度和比例系数。

"用户定义"选项是让用户用当前线型定义一个简单的图案（一组平行线或相互垂直的两组平行线），用户可以控制定义图案中直线的角度和间距。

"自定义"选项用于从其他定制的".pat"文件中指定一个图案。用户可以控制自定义填充图案的比例系数和旋转角度。

② "图案"下拉列表框 设置填充的图案，选择"实体"可创建实体填充。在"类型"下拉列表中选择"预定义"选项时，该选项才可用。单击右侧下拉箭头，在弹出的图案名称列表中选择图案（图 7-3）。其中，ANSI31 是机械图样中最为常用的 45°平行线的图案。

图 7-2 "类型"
下拉列表

　　单击"图案"下拉列表框右侧的按钮，系统将弹出"填充图案选项板"对话框（图 7-4）。可从中选择一个填充图案。

　　③"颜色"下拉列表框　使用填充图案和实体填充的指定颜色替代当前颜色。单击右侧下拉箭头，系统弹出"颜色"下拉列表（图 7-5），从中可选择一种颜色。

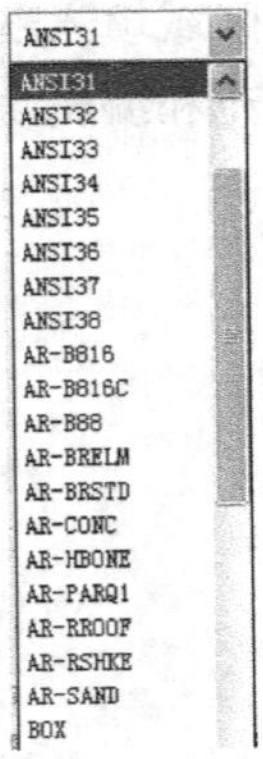

图 7-3　"图案"下拉列表 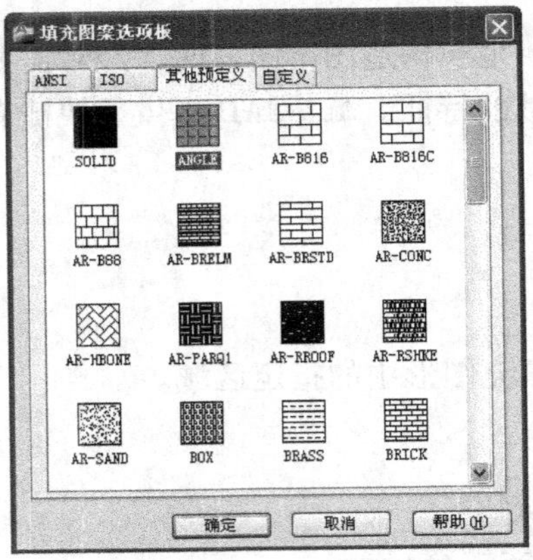　　　　图 7-4　"填充图案选项板"对话框 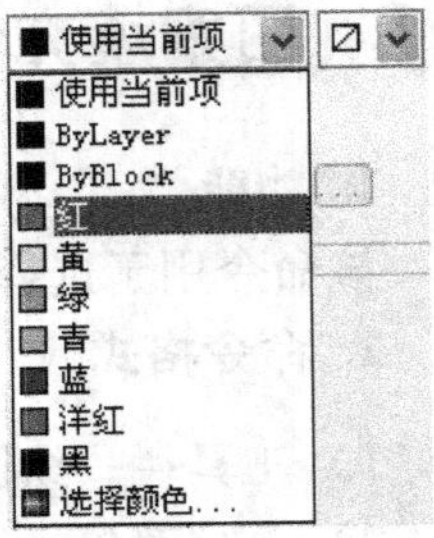　　　　图 7-5　"颜色"下拉列表

　　单击"颜色"下拉列表框右侧的按钮，可为新图案填充对象指定背景色。

　　④"样例"预览窗口　显示当前选中的图案样例。单击该窗口的样例图案，也可弹出"填充图案选项板"对话框。

　　⑤"自定义图案"下拉列表框　列出可用的自定义图案，六个最近使用的自定义图案将出现在列表顶部。AutoCAD 将所选定图案的名称存储在 HPNAME 系统变量中。只有在"类型"中选择了"自定义"时，此选项才可用。

　　2）"角度和比例"区　用于设置选定填充图案的角度、比例等参数。

　　①"角度"下拉列表框　用于设置填充图案相对于当前用户坐标系 UCS 的 X 轴的角度。图 7-6 所示为用 ANSI31 图案填充时，采用不同填充图案角度的情形。

　　②"比例"下拉列表框　用于放大或缩小预定义或自定义图案。该选项只有在将"类型"设置为"预定义"或"自定义"时才可用。图 7-7 所示为不同比例因子下的同一图案的填充。

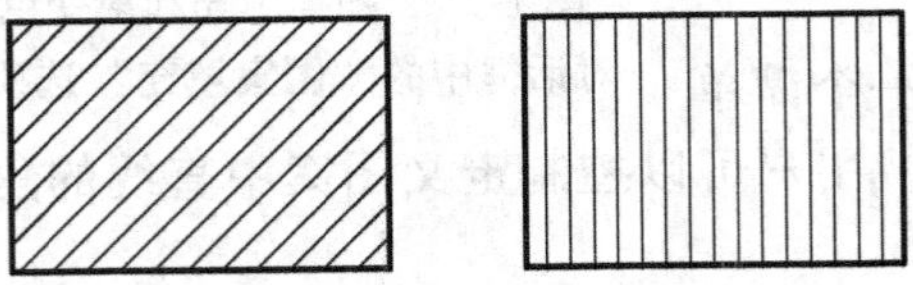

a)　　　　　　　　　b)　　　　　　　　　　　　a)　　　　　　　　　b)

图 7-6　同一图案不同角度的图案填充　　　　图 7-7　同一图案不同比例因子的图案填充
a）角度为 45°　b）角度为 0°　　　　　　　a）比例因子为 0.5　b）比例因子为 1.5

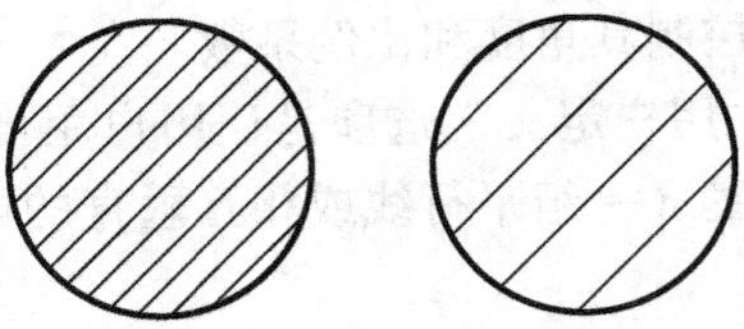

　　③"双向"复选框　对于用户定义的图案，将绘制第二组直线，这些直线与原来的直线成 90°角，从而构成交叉线（图 7-8）。只有在"图案填充"选项卡上将"类型"设置为"用户定义"时，此选项才可用。AutoCAD 将该信息存储在系统变量 HPDOUBLE 中。

④"相对图纸空间"复选框 相对于图纸空间单位缩放填充图案。使用此选项,可以很容易地以适合于布局的比例显示填充图案。该选项仅适用于布局。

⑤"间距"文本框 设置用户定义图案中的直线间距。AutoCAD将间距值保存在系统变量HPSPACE中。只有在将"类型"设置为"用户定义"时,该选项才可用。

⑥"ISO笔宽"下拉列表框 用于设置"预定义"的ISO图案的笔宽。只有在将"类型"设置为"预定义",并将"图案"设置为可用的ISO图案中的一种时,此选项才可用。

3)"图案填充原点"区 控制填充图案生成的起点位置。默认情况下,所有图案填充原点都对应于当前的UCS原点,但有时可能需要移动图案填充的起点(称为原点)。例如,创建砖形图案时,可能希望在填充区域的左下角以完整的砖块开始(图7-9b),在这种情况下,可使用"图案填充原点"中的选项。

①"使用当前原点"单选按钮 使用当前坐标系的原点作为填充图案生成起点位置,如图7-9a所示。

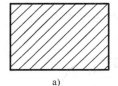 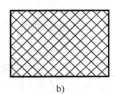 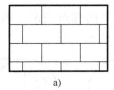 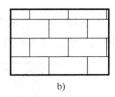

a)   b)   a)   b)

图7-8 "双向"复选框设置示例   图7-9 "图案填充原点"设置示例
a)"单向"填充效果 b)"双向"填充效果   a)"使用当前原点"填充 b)指定"左下"为原点填充

②"指定的原点"单选按钮 指定新的图案填充原点。单击此选项可使以下选项可用。

"单击以设置新原点"按钮 直接指定新的图案填充原点。

"默认为边界范围"复选框 根据图案填充对象边界的矩形范围计算新原点,可从该下拉列表中选择该范围的四个角点或中心点之一作为新原点。图7-9b所示为用"左下"点为原点进行填充。

"存储为默认原点"复选框 将新图案填充原点的值存储在HPORIGIN系统变量中,作为下一次图案填充的默认原点。

原点预览 显示原点的当前位置。如图7-1所示,显示填充原点("+"符号)在左下,图7-10所示的填充原点在正中。

图7-10 图案填充
原点预览

(2)"边界"及"选项"等项

1)"边界"区 "边界"选项区包括"添加:拾取点"、"添加:选择对象"等按钮,其功能如下:

①"添加:拾取点"按钮 根据围绕指定点构成封闭区域的现有对象确定边界。单击该按钮,对话框暂时关闭,系统将提示拾取一个点。具体操作如下:

单击"添加:拾取点"按钮后,"图案填充和渐变色"对话框关闭。命令行提示:

命令:_hatch

拾取内部点或 [选择对象(S)/删除边界(B)]:

对上述提示以"拾取内部点"回答,此时根据围绕指定点构成封闭区域的现有对象来确定边界，即在要进行填充的区域内单击，AutoCAD 将自动确定边界（虚线醒目显示）并进行填充，如图 7-11 所示。

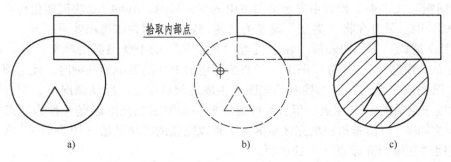

图 7-11 "拾取点"确定边界填充图案
a）原图 b）选择边界 c）填充结果

图 7-12 所示为通过拾取内部点来定义填充边界进行图案填充。拾取点的位置不同，边界不同，填充结果也不同。

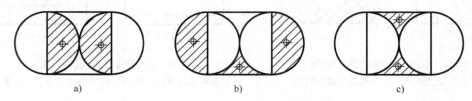

图 7-12 在对象内部拾取点进行图案填充

拾取内部点时，可以随时在绘图区域单击鼠标右键以显示包含多个选项的快捷菜单。可通过该快捷菜单取消最近或所有的拾取点，改变选择方式，改变孤岛检测样式或预览图案填充等多项功能。

如果打开了"孤岛检测"功能，最外层边界内的封闭区域对象将被检测为孤岛。BHATCH 使用此选项检测对象的方式取决于在对话框的"孤岛"区域中选择的孤岛检测方法。

拾取内部点时，如果 AutoCAD 发现所拾取的点在边界以外，系统将弹出"图案填充—边界定义错误"对话框（图 7-13），提示未找到有效的图案填充边界。

若拾取内部点，但 AutoCAD 发现对象边界并非完全闭合且边界间隔小于"允许的间隔"时，系统将弹出"图案填充—开放边界警告"对话框（图 7-14）。此时可以单击"继续填充此区域"继续填充，或者单击"不填充此区域"放弃刚才指定的边界，或者单击"取消"放弃本次操作返回"图案填充和渐变色"对话框。还可以选中"始终执行我的当前选择"复选框，以便再出现类似问题时采取与此次一致的选择。

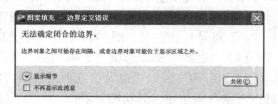

图 7-13 "图案填充—边界定义
错误"对话框

若拾取内部点，但 AutoCAD 发现对象边界并非完全闭合且边界间隙大于"允许间隙"

时，系统将弹出"图案填充—边界定义错误"对话框（图7-15），并用红色圆标识出边界中可能的间隙。这时可增大"允许间隙"数值；或者取消图案填充命令，并修改边界内的对象以闭合间隙，再进行填充等。

 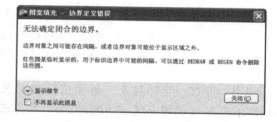

图7-14 "图案填充—开放边界警告"对话框   图7-15 "图案填充—边界定义错误"对话框

对上述提示输入"S"，可把当前的"拾取内部点"方式改为"选择对象"方式来确定填充边界。

对上述提示输入"B"，将转到"删除边界"选项，即从已经选定的填充边界中去掉某些边界。

②"添加：选择对象"按钮　根据构成封闭区域的选定对象确定边界。具体操作如下：

单击"添加：选择对象"按钮后，"图案填充和渐变色"对话框关闭。命令行提示：

命令：_hatch

选择对象或 [拾取内部点（K）/删除边界（B）]：

对上述提示以"选择对象"回答，此时根据构成封闭区域的选定对象确定边界。图7-16所示为选择一矩形作为边界进行图案填充。

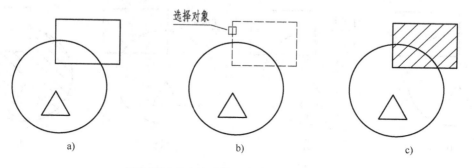

图7-16 "选择对象"确定边界填充图案
a）原图　b）选择边界　c）填充结果

对上述提示输入"K"，可将当前的选择方式改为拾取内部点，同时前面选择的填充边界也被取消。

对上述提示输入"B"，将转到"删除边界"选项，即从已经选中的填充边界中去掉某些边界。

使用"添加：选择对象"选项时，AutoCAD不再自动建立一个闭合的边界。因此，被选定的对象都要作为边界，这就要求所有选中对象的端点必须都在填充边界上，且端点重合构成一条封闭的图形，否则可能填充不正确，如图7-17所示。

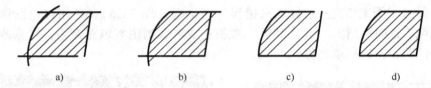

图 7-17 使用"选择对象"选项，边界须构成封闭图形
a)、b)、c) 边界不正确　d) 边界正确

使用"添加：选择对象"选项选择对象来定义填充边界时，AutoCAD 不会自动检测边界内部的孤岛（指填充区域内的对象）。内部孤岛是否作为边界由用户自己确定，并根据当前设置的孤岛检测样式进行图案填充，如图 7-18 所示。

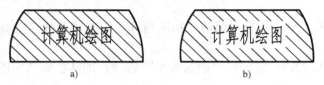

图 7-18 使用"选择对象"选项，遇到孤岛时的图案填充
a) 不选文字作为边界　b) 选择文字作为边界

③"删除边界"按钮　从已经定义的边界中去掉某些边界（图 7-19）。单击"删除边界"时，"图案填充和渐变色"对话框关闭，命令行提示：

选择对象或 [添加边界（A）]：（选择要从边界定义中删除的对象，或者输入"A"，或者按"Enter"键返回对话框）

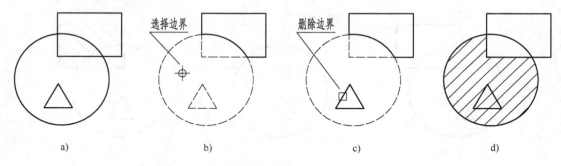

图 7-19 "删除边界"与填充图案
a) 原图　b) 选取边界　c) 删除边界　d) 填充结果

④"重新创建边界"按钮　围绕选定的图案填充或填充对象创建多段线或面域，并使其与图案填充对象相关联。

⑤"查看选择集"按钮　用于查看已选择的边界。单击该按钮，切换到绘图窗口，已选择的填充边界将会显亮。如果未定义边界，则此选项不可用。

2）"选项"区　用于设置图案填充的一些附属功能，主要选项如下：

①"注释性"复选框　用于创建注释性图案填充。注释性图案填充是按照图纸尺寸进行定义的，可以创建单独的注释性填充对象和注释性填充图案。

②"关联"复选框 用于控制图案填充或填充与边界"关联"或"非关联"。关联的图案填充或填充随边界的变化而自动更新;非关联的图案填充或填充则不会随边界的变化而变化。图 7-20 所示为用夹点拉伸多段线边界顶点的情形。其中,图 7-20a 所示为"关联"时的拉伸效果,图 7-20b 所示为"非关联"时的拉伸效果。

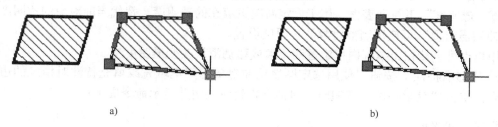

a)   b)

图 7-20 "关联"与"非关联"图案填充
a)填充图案与填充边界关联 b)填充图案与填充边界非关联

值得注意的是,当填充图案与填充边界不关联时,若同时选中图案填充和边界,则可通过编辑边界夹点来延伸非关联图案,如图 7-21 所示。

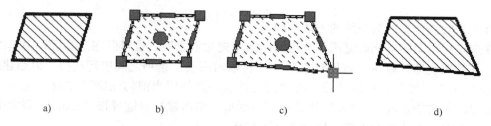

a)   b)   c)   d)

图 7-21 通过编辑边界夹点来延伸非关联填充图案
a)原图(填充图案与填充边界不关联) b)拾取图形
c)拉伸图案填充的边界夹点 d)编辑结果

③"创建独立的图案填充"复选框 指定了几个单独的闭合边界时,该选项可控制是创建单个图案填充对象,还是创建多个图案填充对象。选中该复选框时,创建的是多个独立的图案填充对象;否则,多个独立的闭合边界内的图案填充对象将作为一个整体。图 7-22 所示为执行一次命令,填充图形的上、下两个区域。其中,图 7-22a 所示为未选中该复选框的效果,图 7-22b 所示为选中该复选框的效果。

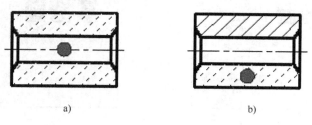

a)   b)

图 7-22 "独立"与"非独立"的图案填充
a)创建非独立的图案填充 b)创建独立的图案填充

④"绘图次序"下拉列表框　为图案填充或填充指定绘图次序。图案填充或填充可以放在所有其他对象之后、所有其他对象之前、图案填充边界之后或图案填充边界之前。

⑤"图层"下拉列表框　为选定的图层指定新图案填充对象，替代当前图层。选择"使用当前项"可使用当前图层。

⑥"透明度"下拉列表框　用于设定新图案填充的透明度，替代当前对象的透明度。选择"使用当前项"可使用当前对象的透明度设置。

用户也可直接在文本框内指定透明度值或移动滑块改变透明度值。

3）"继承特性"按钮　使用选定图案填充对象的图案填充或填充特性对指定的边界进行填充。单击"继承特性"按钮时，对话框将暂时关闭并显示命令提示：

命令：_hatch

选择图案填充对象：（单击图案填充或填充区域，以选择要将其特性用于新图案填充对象的图案填充）

继承特性：名称＜当前值＞，比例＜当前值＞，角度＜当前值＞

拾取内部点或［选择对象（S)/删除边界（B)］：

……

接下来的操作与前面介绍的方法相同。

在选定想要图案填充要继承其特性的图案填充对象之后，也可以在绘图区域中单击鼠标右键，并使用快捷菜单在"选择对象"和"拾取内部点"选项之间进行切换，以创建边界。

4）"预览"按钮　选择该项，将关闭对话框，并使用当前的图案填充设置显示当前定义的边界。单击图形或按"Esc"键将返回对话框，单击鼠标右键或按"Enter"键则接受图案填充。如果没有边界被选定，则此选项不可用。

（3）"渐变色"选项卡（图7-23）　该选项卡用于定义要应用的渐变填充的外观。用渐变颜色填充对象的方法，主要用于产品造型设计图和建筑装饰设计图。有关选项的功能介绍如下：

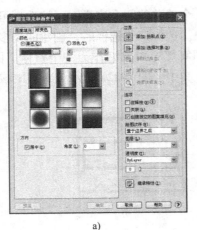
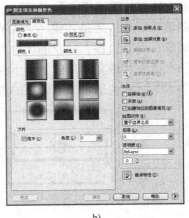

a)　　　　　　　　　　　　　　　　b)

图7-23　"图案填充和渐变色"对话框的"渐变色"选项卡
a)"渐变色"选项卡"单色"　b)"渐变色"选项卡"双色"

1）颜色区　定义要应用的渐变填充的外观。

①"单色"单选按钮　用于指定使用从较深色调到较浅色调平滑过渡的单色填充。选择"单色"时，将显示如图 7-23a 所示的"颜色样本"（水平颜色条）。其右侧是"浏览"按钮，单击该按钮，将打开"选择颜色"对话框，从中可以选择 AutoCAD 索引颜色、真彩色或配色系统的颜色。显示的默认颜色为图形的当前颜色。

"暗—明"是"色调"滑动条，拖动滑块或单击两侧的箭头或，"渐变图案"显示的九块颜色样例可以在"渐深"和"渐浅"之间变化。

用户可以使用由一种颜色产生的由深到渐浅的渐变色来填充图形。在下面的颜色显示框中双击左键或单击其右侧的按钮，将弹出"选择颜色"对话框，可以选择 AutoCAD 索引颜色、真彩色或配色系统中的颜色，通过其右侧的"渐浅"滑块来调整渐变色的色调。

②"双色"单选按钮　用于指定在两种颜色之间平滑过渡的双色渐变填充。选择"双色"时，将显示如图 7-23b 所示的"颜色 1"和"颜色 2"颜色样本。颜色样本的右边有"浏览"按钮，单击该按钮将打开"选择颜色"对话框，可从中选择颜色。改变"颜色 1"和"颜色 2"，"渐变图案"显示的九块颜色样例也随之改变。

2）"渐变图案"区　用于渐变色填充的九种固定图案。这些图案包括线性扫掠状、球状和抛物面状图案。

3）"方向"区　用于指定渐变色的角度及其是否对称。

①"居中"复选框　用于指定对称的渐变配置。如果没有选定此选项，则渐变色填充将朝左上方变化，创建光源在对象左边的图案。

②"角度"下拉列表框　用于指定渐变色填充的角度，相对当前 UCS 指定角度。此选项与指定给图案填充的角度互不影响。

（4）其他选项　单击"图案填充和渐变色"对话框右下角的按钮，可得到展开的对话框，以显示其他选项（图 7-24）。现介绍如下：

1）"孤岛"区　用于指定在最外面边界内填充对象的方法。填充边界内具有闭合边界的对象，如封闭的图形、文字串的外框等，称为孤岛。

①"孤岛检测"复选框　用于控制是否检测内部闭合边界（孤岛）。

②孤岛显示样式　如果 AutoCAD 检测到孤岛，则根据选中的"孤岛显示样式"进行填充，三种样式分别为"普

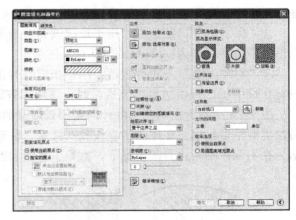

图 7-24　展开的"图案填充和渐变色"
对话框中的"图案填充"选项卡

通"、"外部"和"忽略"。如果没有内部孤岛存在，则定义的孤岛检测样式无效。图 7-25 所示为由四个对象组成的边界，使用三种样式进行图案填充的结果。

● 普通　填充从最外面边界开始向里进进，在交替的区域间填充图案。这时由外向里、

每奇数个区域被填充，如图 7-25a 所示。

● 外部　　填充从最外面边界开始向里进行，遇到第一个内部边界后即停止填充，仅仅对最外边区域进行图案填充，如图 7-25b 所示。

● 忽略　　只要最外的边界组成了一个闭合的图形，AutoCAD 将忽略所有的内部对象，对由最外端边界所围成的全部区域进行图案填充，如图 7-25c 所示。

 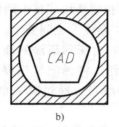 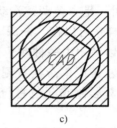

a)　　　　　　　　　　b)　　　　　　　　　　c)

图 7-25　孤岛检测样式

a）普通　b）外部　c）忽略

实际上，在应用"拾取内部点"进行图案填充和渐变色填充之前，应该选择一种孤岛显示样式。

除可在"图案填充和渐变色"对话框中其他选项中的"孤岛"区里选择"普通"、"外部"和"忽略"三种样式之一外，如果在"选项"对话框的"用户系统配置"选项卡中设置了"绘图区域中使用快捷菜单"，用户还可以在边界内拾取点或选择边界对象时，在绘图区中单击鼠标右键，从弹出的快捷菜单中选择三种样式之一。

2）"边界保留"区　　AutoCAD 在图案填充时会在被填充区域的内部用多段线或面域产生一个临时边界，以描述填充区域的边界。默认的情况是图案填充完成后，系统自动清除这些临时边界。

①"保留边界"复选框　　用于控制填充时是否保留临时边界。选中此项表示保留边界到图形当中，并可作为一个 AutoCAD 对象使用。

②"对象类型"下拉列表框　　用于指定临时边界对象是使用"多段线"还是"面域"。只有在选中了"保留边界"复选框时，该项才有效。

图 7-26 所示为由两条直线和两条圆弧形成的填充边界。图 7-26a 所示为保留临时边界，对象类型是多段线，在擦除了直线和圆弧后，填充区域仍有一条闭合的多段线；图 7-26b 所示为在不保留临时边界的情况下，擦除了直线和圆弧后的效果。

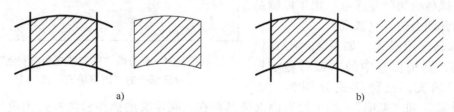

a)　　　　　　　　　　　　　　　　b)

图 7-26　图案填充中的"保留边界"与"不保留边界"

a）保留边界　b）不保留边界

3）"边界集"区 使用"添加：拾取点"选项来定义边界时，AutoCAD 要分析边界对象集。在默认的情况下，AutoCAD 将分析当前视口中所有可见的对象。用户可以重新定义边界对象集，忽略某些对象，使它们不在对象集内，同时不用将它们隐藏或删除。对于较大的图形来说，重定义边界集可使生成边界的速度加快。但是，如果在图案填充时，通过"选择对象"来定义填充边界，则在此所选的边界对象集没有效果。

①"边界集"下拉列表框 该下拉列表有两个选项，即"当前视口"和"现有集合"，默认的是"当前视口"。

● 当前视口 使用当前视口中所有可见对象来定义边界对象集。在已有一个当前边界对象集时，选择此选项将忽略当前边界对象集，而使用当前视口中所有可见的对象来定义边界对象集。

● 现有集合 使用"边界集"下拉列表框右边的"新建"按钮选择了某些对象作为边界集后，下拉列表框中将出现"现有集合"，这是采用用户指定的对象作为 AutoCAD 要分析的边界对象集。如果没有使用"新建"按钮选择对象，则此选项不可用。

②"新建"按钮 该按钮用于创建一个新的边界对象集。

4）"允许的间隙"区 "公差"文本框用于设置将对象用作图案填充边界时可忽略的最大间隙。默认值为"0"，此值指定对象必须为封闭区域而没有间隙。按图形单位输入一个值（0～5000），以设置将对象用作图案填充边界时可以忽略的最大间隙。任何小于或等于指定值的间隙都将被忽略，并将边界视为封闭，如图 7-27 所示。

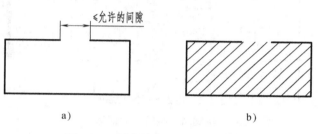

图 7-27 图案填充边界的允许间隙
a）图案填充边界 b）填充结果

5）"继承选项"区 使用"继承特性"进行图案填充时，可控制图案填充的原点位置。

①"使用当前原点"单选按钮 在进行图案填充或渐变色填充时使用当前的原点。

②"用源图案填充原点"单选按钮 在进行图案填充或渐变色填充时使用源图案的填充原点。

7.2 图案填充的编辑

1. 利用"图案填充编辑"对话框编辑图案填充

（1）功能 编辑图形中图案填充的特性，如现有图案填充的图案、比例和角度等。

（2）命令格式

1）工具栏 修改Ⅱ→ ![按钮] 按钮

2）下拉菜单 修改→对象→图案填充

3）快捷菜单 选择要编辑的图案填充对象，在绘图区域单击鼠标右键，从弹出的快捷菜单中选择"图案填充编辑"项

4）输入命令 HATCHEDIT↓

执行该命令后，命令行提示：

选择图案填充对象：（选择要编辑的图案填充对象）

选择图案填充对象后，系统弹出"图案填充编辑"对话框（图 7-28）。在此对话框中，可对已填充图案的相关特性进行编辑修改。

"图案填充编辑"对话框与"图案填充和渐变色"对话框相似，只是在编辑图案填充时，某些项不可用，而在创建图案填充时"图案填充和渐变色"对话框中不可用的"重新创建边界"按钮此处可用。

2. 利用夹点编辑图案填充

如图 7-29 所示，选择图案填充后，将光标移至中间夹点（圆点）处。这时会出现一动态菜单，利用此菜单选项便可编辑图案填充的原点、角度和比例等。

图 7-28　"图案填充编辑"对话框

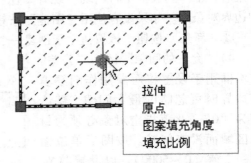

图 7-29　利用夹点编辑图案填充

思考与练习题七

1. 图案填充的功能是什么？
2. 关联图案填充与非关联图案填充在编辑时有什么区别？
3. 图案填充有哪几种方式？
4. 如何控制图案填充的可见性？
5. 绘制如图 7-30 ~ 图 7-34 所示的图形，不标注尺寸，请保存。

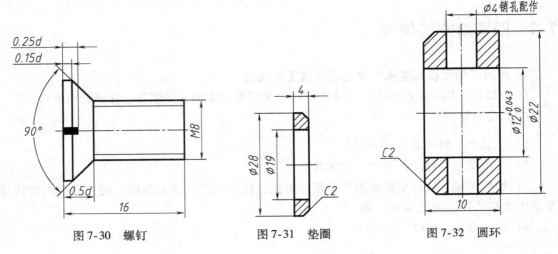

图 7-30　螺钉　　　　　　图 7-31　垫圈　　　　　　图 7-32　圆环

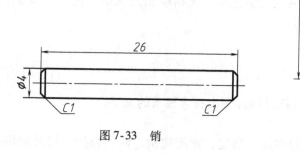

图 7-33 销

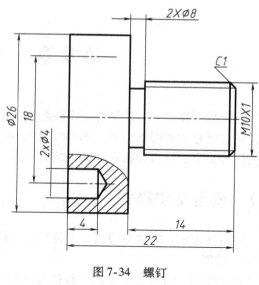

图 7-34 螺钉

第8章 文字与表格

在工程图样中，一般都有文字注释和表格，用于表达一些非图形信息，如技术要求、注释说明、标题栏和明细栏等。AutoCAD 提供了文字注写、表格绘制及编辑功能。本章主要介绍注写文字、插入表格及其编辑的方法等。

8.1 设置文字样式

注写文字前，首先应设置文字样式，这样才能注写出符合要求的文字。

1. 功能

该命令用于设置文字样式，包括文字的字体、高度、宽度比例、倾斜角度，以及颠倒、反向、垂直等参数。

2. 命令格式

1）工具栏　样式（或文字）→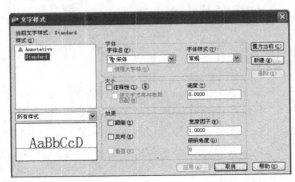 按钮
2）下拉菜单　格式→文字样式
3）输入命令　STYLE↓

执行上述命令后，系统弹出"文字样式"对话框，如图8-1所示。

图 8-1　"文字样式"对话框

3. 对话框说明

（1）当前文字样式　列出当前文字样式。

（2）样式　显示图形中的样式列表。列表包括已定义的样式名并默认显示当前样式。要更改当前样式，可从列表中选择另一种样式或选择"新建"以创建新样式。样式名前的⚠图标表示注释性文字样式。

（3）样式列表过滤器　用来指定样式列表中显示的是"所有样式"还是"正在使用的样式"。该下拉列表中有"所有样式"和"正在使用的样式"两个选项。

（4）预览　显示随着字体的改变和效果的修改而动态更改的样例文字。

（5）"字体"区 用来选择字体，设置字体样式，以及选择是否使用大字体。

1）"字体名"下拉列表框 该下拉列表中列出了所有注册的 TrueType 字体和 Fonts 文件夹中编译的形（.shx）字体的字体族名。单击右侧的下拉箭头，在下拉列表中选取需要的字体，也可以定义使用同样字体的多个样式。

2）"字体样式"下拉列表框 指定字体格式，如斜体、粗体或常规字体。选定"使用大字体"后，该选项变为"大字体"，用于选择大字体文件。

3）"使用大字体"复选框 指定亚洲语言的大字体文件。只有在"字体名"中指定".shx"文件后，才能使用"大字体"，因为只有".shx"文件可以创建"大字体"。

（6）"大小"区 更改文字的大小。

1）"注释性"复选框 指定为注释性文字样式。

2）"使文字方向与布局匹配"复选框 指定图纸空间视口中的文字方向与布局方向匹配。如果清除"注释性"选项，则该选项不可用。

3）"高度或图纸文字高度"文本框 用于设置文字的高度。如果输入"0"，则该样式的文字高度将默认为上次使用的文字高度，或者使用存储在图形样板文件中的值；如果输入大于 0 的数，则系统将自动以此值为该样式设置文字高度。如果选择"注释性"选项，则将设置要在图纸空间中显示的文字的高度。

（7）"效果"区 用来修改字体的特性，如高度、宽度因子、倾斜角度，以及是否颠倒显示、反向或垂直对齐等。

1）"颠倒"复选框 控制是否颠倒显示字符（图 8-2a）。

2）"反向"复选框 控制是否反向显示字符（图 8-2b）。

3）"垂直"框 控制是否显示垂直对齐的字符（图 8-2c）。只有在选定字体支持双向时，"垂直"才可用；TrueType 字体的垂直定位不可用。

4）"宽度因子"文本框 用于设置字符的宽度与高度之比（图 8-2d）。

5）"倾斜角度"文本框 设置文字的倾斜角。输入一个 $-85°\sim85°$ 之间的值将使文字倾斜，如图 8-2e 所示。

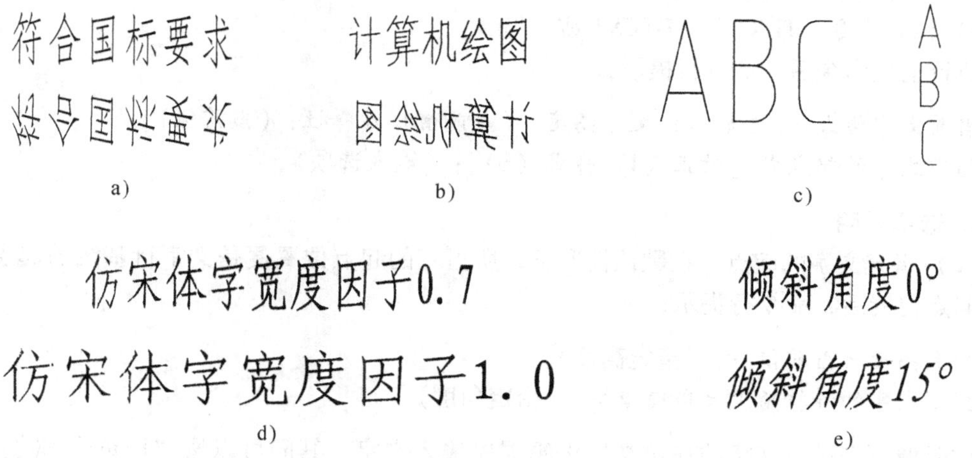

图 8-2 文字样式的设置效果

（8）"置为当前"按钮　将在"样式"下选定的样式设置为当前文字样式。

（9）"新建"按钮　用于创建新的文字样式。单击该按钮，系统弹出"新建文字样式"对话框（图 8-3），并自动为当前设置提供名称"样式 N"（N 为所提供样式的编号）。用户可以采用默认值或在该框中输入名称，然后选择"确定"，使新样式名使用当前样式设置。

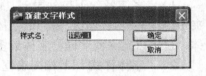

图 8-3　"新建文字样式"
对话框

（10）"删除"按钮　删除未使用的文字样式（但不能删除 Standard 样式）。

（11）"应用"按钮　将对话框中所做的样式更改应用到当前样式和图形中具有当前样式的文字。

AutoCAD 专门提供了三种符合国家标准要求的中文字体文件，即"gbenor. shx"、"gbe-itc. shx"和"gbcbig. shx"文件。"gbenor. shx"和"gbeitc. shx"文件分别用于标注直体和斜体字母与数字，"gbcbig. shx"文件则用于标注中文。此外，用户也可采用长仿宋体字，这时要选用"仿宋_GB2312"字体，宽度比例设为"0.7"。

8.2　注写文字

8.2.1　注写单行文字

1. 功能

单行文字命令可以创建一行或多行文字。其中，每行文字都是独立的对象，可对其进行编辑。

2. 命令格式

1）工具栏　文字→$\boxed{\text{A}}$按钮

2）下拉菜单　绘图→文字→单行文字

3）输入命令　TEXT↓（DTEXT 或 DT）

执行上述命令后，命令行提示：

当前文字样式：（当前值）文字高度：（当前值）注释性：（当前值）
指定文字的起点或 ［对正（J）/样式（S）］：（输入选项）

3. 选项说明

（1）指定文字的起点　在默认情况下，所指定的起点位置便是文字行基线的起点位置。指定起点位置后，命令行提示：

指定高度 < 当前值 >：（指定高度）
指定文字的旋转角度 < 当前值 >：（指定角度）

此时便可在单行文字的在位文字编辑器中输入文字。其间可以按"Enter"键换行，也可以在另外的位置单击左键，以确定一个新的起始位置。

输入完成后，按两次"Enter"键、"Ctrl + Enter"键或按"Esc"键，即可结束单行文字的输入。

所谓"单行文字的在位文字编辑器",是指包含一个高度为文字高度的边框,该边框随文字的输入而展开。

(2)对正(J) 用于设置文字的缩排和对齐方式。选择该项后,命令行提示:

输入选项[对齐(A)/布满(F)/居中(C)/中间(M)/右对齐(R)/左上(TL)/中上(TC)/右上(TR)/左中(ML)/正中(MC)/右中(MR)/左下(BL)/中下(BC)/右下(BR)]:

AutoCAD 为单行文字的水平文本行规定了四条定位线,即顶线、中线、基线和底线(图 8-4)。顶线为与大写字母顶部对齐的线,基线为与大写字母底部对齐的线,中线处于顶线与基线的正中间,底线为长尾小写字母底部所在的线。汉字在顶线和基线之间。系统提供了如图 8-4 所示的 13 个对齐点及 15 种对齐方式。各对齐点即为文本行的插入点。

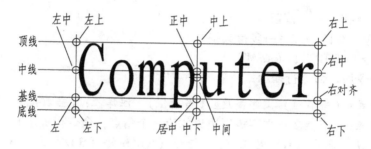

图 8-4 文字的对正方式

另外还有以下两种对正方式:

1)对齐(A) 指定以文本行基线的两个端点确定文字的高度和方向。系统将自动调整字符高度,使文字在两端点之间均匀分布,而字符的宽高比例不变,如图 8-5 所示。

2)布满(F) 指定以文本行基线的两个端点确定文字的方向。系统将调整字符的宽高比例,以使文字在两端点之间均匀分布,而文字的高度不变,如图 8-6 所示。

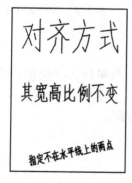

图 8-5 文字"对齐"方式的效果

图 8-6 文字"布满"方式的效果

（3）样式（S） 该选项用于设置当前使用的文字样式。输入"S"后，命令行提示：

输入样式名或［?］＜当前值＞：

输入的样式名必须是已经定义的文字样式名。系统默认的样式名为 Standard，其字体文件名为 txt. shx。

在上句提示行中输入"?"，系统弹出"AutoCAD 文本窗口"，列出当前图形已设置的文字样式、关联的字体文件、字体高度及其他参数。

8.2.2 注写多行文字

1. 功能

该命令用于注写文字段落。与单行文字不同的是，多行文字整体是一个文字对象，每一单行不再是单独的文字对象，不能单独对其进行编辑。

2. 命令格式

1）工具栏 绘图→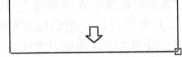按钮
2）下拉菜单 绘图→文字→多行文字
3）输入命令 MTEXT↓（或 MT）

执行上述命令后，命令行提示：

当前文字样式：（当前值）文字高度：（当前值） 注释性：（当前值）
指定第一角点：（指定多行文字矩形边界的第一个角点，命令行提示）
指定对角点或［高度（H）/对正（J）/行距（L）/旋转（R）/样式（S）/宽度（W）/栏（C）］：（输入选项）

3. 选项说明

（1）指定对角点 指定多行文字矩形边界的另一个角点。矩形边界的宽度即为段落文本的宽度，多行文字对象每行中的单字可自动换行，以适应文字边界的宽度。如图 8-7 所示，矩形框底部向下的箭头说明整个段落文本的高度可根据文字的多少自动伸缩，不受边界高度的限制。

图 8-7 多行文字矩形边界框

指定对角点后，系统弹出"多行文字编辑器"（图 8-8）。

（2）高度（H） 用于设置多行文字的高度。

（3）对正（J） 用于设置多行文字对象的对正方式。与单行文字类似，系统默认对齐方式为"左上"。

（4）行距（L） 用于在当前段落或选定段落中设置行距。

（5）旋转（R） 用于设置文字段落的旋转角度。

（6）样式（S） 用于设置多行文字的样式。

（7）宽度（W） 用于设置矩形多行文字框的宽度。

（8）栏（C） 用于创建分栏格式的多行文字。可以指定每一栏的宽度、两栏之间的距离、每一栏的高度等。

4. 多行文字编辑器

在指定了输入文字范围的矩形对角点后，系统弹出"多行文字编辑器"（图 8-8）。"多行文字编辑器"相当于一个文字处理软件，通过它可以创建或修改多行文字对象，从其他文件输入或粘贴文字，调整段落和行距与对齐等。

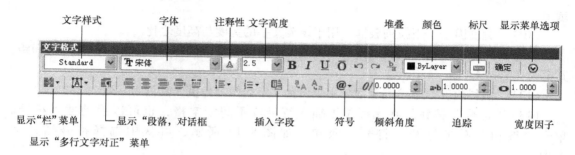

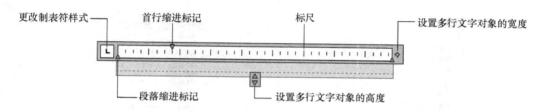

图 8-8　多行文字编辑器

（1）"文字样式"下拉列表框　用于设置文字样式。

（2）"字体"下拉列表框　用于设置字体。

（3）"注释性"按钮　打开或关闭当前多行文字对象的"注释性"。

（4）"文字高度"下拉列表框　用于设置文字高度。用户可以从下拉列表中选择高度值，也可以直接输入高度值。

（5）"堆叠"按钮　如果选定的文字中包含堆叠字符，单击该按钮，则创建堆叠文字（如分数）；如果选定堆叠文字，则取消堆叠。

使用堆叠字符，即插入符（^）、正向斜杠（/）和磅符号（#）时，堆叠字符左侧的文字将堆叠在字符右侧的文字之上。在默认情况下，包含堆叠字符的文字转换形式如图 8-9所示。

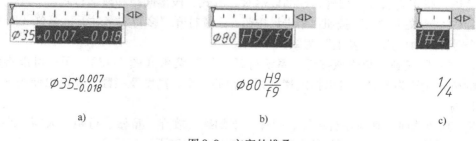

a)　　　　　　　　　　　b)　　　　　　　　　　　c)

图 8-9　文字的堆叠

（6）"颜色"下拉列表框　用于设置文字的颜色。

（7）"标尺"按钮　用于控制是否显示标尺。

（8）"确定"按钮　单击该按钮，关闭多行文字编辑器并保存所做的所有更改。

（9）"选项"按钮　单击该按钮，系统打开"选项"菜单（图 8-10），可选用相关选项。

（10）"宽度因子"下拉列表框　用于设置文字的宽度与高度之比。

（11）"追踪"下拉列表框　用于增大或减小新输入文字或选中文字的字符之间的间距，其值为 0.75~4.0。

（12）"倾斜角度"下拉列表框　用于设置文字的倾斜角度，其值为 −85°~85°。

（13）"符号"按钮　在光标位置插入符号或不间断空格，也可以手动插入符号。单击该按钮，系统打开"符号"菜单，如图 8-11 所示，可从中选择符号插入文本中。

图 8-10　"选项"菜单

图 8-11　"符号"菜单

（14）"插入字段"按钮　单击该按钮，系统打开"字段"对话框，从中可以选择要插入到文字中的字段。关闭该对话框后，字段的当前值将显示在文字中。

（15）"段落"按钮　单击该按钮，系统打开"段落"对话框，可为段落和段落的第一行设置缩进，指定制表位和缩进，控制段落对齐方式、段落间距和段落行距。

（16）"多行文字对正"按钮　单击该按钮，系统打开"多行文字对正"菜单（图 8-12），共有九个对齐选项可用。"左上"为默认项。

（17）"栏"按钮　单击该按钮，系统打开"栏"菜单（图 8-13）。用户可以将多行文字对象的格式设置为多栏，可以指定栏和栏间距的宽度、高度及栏数，还可以使用夹点编辑栏宽和栏高。

（18）其他选项　其他还有粗体、斜体、下划线、放弃、重做、行距、大写、小写、制表符样式设置等按钮，与一般软件按钮的含义相同，这里不再赘述。

图 8-12 "多行文字对正"菜单　　　　图 8-13 "栏"菜单

8.2.3 特殊字符的输入

绘制工程图样时,有时需要标注一些特殊字符,如"φ"、"°"(度)、"±"等。由于这些字符不能直接从键盘上输入,因此 AutoCAD 提供了一些控制码。从键盘上输入控制码,便可得到特殊字符。常用特殊字符及其对应的控制码如下:

特殊字符"φ",控制码为"％％C"。例如,φ15,输入"％％C15"。

特殊字符"°",控制码为"％％D"。例如,45°,输入"45％％D"。

特殊字符"±",控制码为"％％P"。例如,±0.008,输入"％％P0.008"。

此外,还可利用"多行文字编辑器"中的"选项"或"符号"项输入特殊字符。

8.3 编辑文字

文字创建后,由于文字的内容、样式、字高及比例设置、对齐方式等难免有所差异,一般都需要进行编辑。下面简单介绍一下文字的编辑方法。

1. 文字内容及特性的编辑

(1) 功能　用于编辑单行文字的内容及多行文字的内容、样式、字高等特性。

(2) 命令格式

1) 工具栏　文字→![按钮图标]按钮

2) 下拉菜单　修改→对象→文字→编辑

3) 快捷菜单　选择文字对象,在绘图区域中单击鼠标右键,然后选择"编辑"(选择对象为单行文字)或"编辑多行文字"(选择对象为多行文字)

4) 双击文字对象

5) 输入命令　DDEDIT↓

执行上述命令后,命令行提示:

选择注释对象或 [放弃(U)]:(输入选项)

(3) 选项说明

1）选择注释对象　根据所选择的文字类型显示相应的编辑方法。对于注写的文字将显示文字编辑器，可对文字进行编辑。

其中，对于单行文字只能对其内容进行修改，若需要修改文字的字体样式、字高等特性，用户可以通过修改该单行文字所采用的文字样式等方法来修改。

2）放弃（U）　放弃上一次操作，返回文字或属性定义的先前值。

2. 文字的缩放

（1）功能　用于缩放选定的文字对象。

（2）命令格式

1）工具栏　文字→ 按钮

2）下拉菜单　修改→对象→文字→比例

3）输入命令　SCALETEXT↓

执行上述命令后，命令行提示：

选择对象：（选择文字对象）

……

选择对象：↓

输入缩放的基点选项

［现有（E）/左对齐（L）/居中（C）/中间（M）/右对齐（R）/左上（TL）/中上（TC）/右上（TR）/左中（ML）/正中（MC）/右中（MR）/左下（BL）/中下（BC）/右下（BR）］＜当前值＞：（指定一个位置作为缩放的基点）

指定新模型高度或［图纸高度（P）/匹配对象（M）/比例因子（S）］＜当前值＞：（输入选项）

（3）部分选项说明

1）指定新模型高度　以指定的文字高度缩放所选文字对象。

2）图纸高度（P）　根据注释性特性缩放文字高度。

3）匹配对象（M）　缩放最初选定的文字对象以与选定文字对象的大小匹配。

4）比例因子（S）　按参照长度和指定的新长度缩放所选文字对象。

3. 文字的对正

（1）功能　更改选定文字对象的对正点而不改变其位置。

（2）命令格式

1）工具栏　文字→ 按钮

2）下拉菜单　修改→对象→文字→对正

3）输入命令　JUSTIFYTEXT↓_

执行上述命令后，命令行提示：

选择对象：（可以选择单行文字对象、多行文字对象、引线文字对象和属性对象）

……

选择对象：↓

输入对正选项

〔左对齐 (L)/对齐 (A)/布满 (F)/居中 (C)/中间 (M)/右对齐 (R)/左上 (TL)/中上 (TC)/右上 (TR)/左中 (ML)/正中 (MC)/右中 (MR)/左下 (BL)/中下 (BC)/右下 (BR)〕<右下>：

4. 文字的查找与替换

（1）功能　指定要查找、替换的文字，以及控制搜索的范围及结果。

（2）命令格式

1）工具栏　文字→ 按钮

2）下拉菜单　编辑→查找

3）快捷菜单　终止所有活动命令，在绘图区域单击鼠标右键，然后选择"查找"

4）输入命令　FIND ↓

执行上述命令后，系统弹出"查找和替换"对话框，如图 8-14 所示。

（3）对话框中常用选项的说明

1）"查找内容"文本框　用于指定要查找的内容。

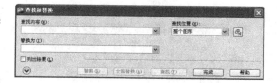

图 8-14　"查找和替换"对话框

2）"替换为"文本框　用于指定替换查找内容的文字。

3）"查找位置"下拉列表框　用于指定查找范围是在整个图形中还是仅在当前选择中。

通过该对话框，输入要查找的字符串，指定搜索范围，便可以进行查找操作。如果要进行字符串的替换，则在"替换为"文本框中输入新的字符串，单击"替换"按钮即可。其他操作与一般文本编辑器中的"查找替换"功能基本一致。

8.4　注写多行文字实例

注写如图 8-15 所示的多行文字。其中，汉字字体为"gbcbig. shx"，阿拉伯数字字体为"gbenor. shx"，标题字高为"7"，其余字高均为"5"。

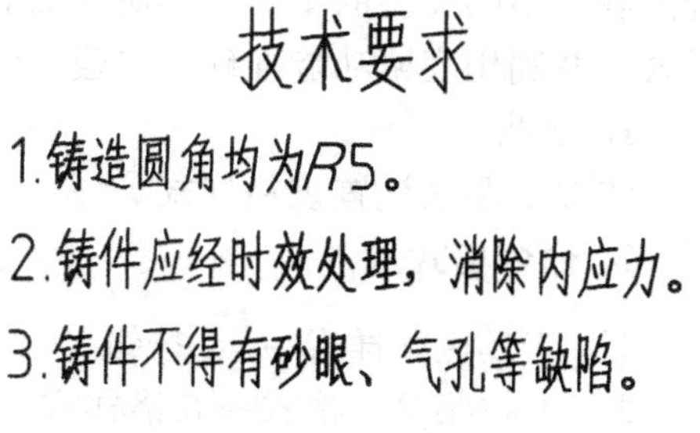

第一步　打开 AutoCAD 2011，使用默认样板创建新图形文件。

第二步　设置文字样式。可通过"格式"→"文字样式"，在"文字样式"对话框内进行设置，如图 8-16 所示。取样式名为"样式1"，且"置为当前"。

第三步　输入多行文字。可通过"绘图工具栏"

技术要求

1.铸造圆角均为R5。

2.铸件应经时效处理，消除内应力。

3.铸件不得有砂眼、气孔等缺陷。

图 8-15　多行文字

栏" → ，在绘图窗口中分别指定文本框的两个对角点。在系统弹出的"多行文字编辑器"的文本框内输入多行文字，如图 8-17 所示。将字高设为"5"。

第四步　编辑文字。调整列宽（文本框的宽度）；选中"技术要求"四个字，将字高改设为"7"，并单击"居中"按钮。完成操作后，如图 8-18 所示。

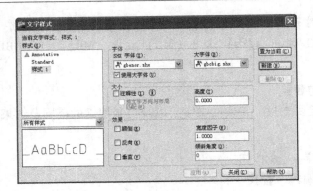

图 8-16　设置文字样式

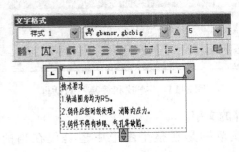

图 8-17　多行文字的输入

图 8-18　多行文字的编辑

　　第五步　在多行文字编辑器中，单击"确定"按钮，注写的多行文字效果如图 8-15 所示。

8.5　设置表格样式

　　在产品设计过程中，表格主要用来展示与图形相关的标准、数据信息、材料和装配信息等内容。不同类型的图形，其对应的制图标准也不相同，这就需要设置符合产品设计的表格样式，并利用表格功能准确、快速、清晰地反映出设计思想及创意。

　　1. 功能

　　该命令用来设置表格样式。

　　2. 命令格式

　　1）工具栏　样式→按钮

　　2）下拉菜单　格式→表格样式

　　3）输入命令　TABLESTYLE↓

　　执行上述命令后，系统弹出"表格样式"对话框，如图 8-19 所示。

　　3. 对话框说明

　　（1）当前表格样式　显示当前表格样式的名称。默认的当前表格样式是 Standard。

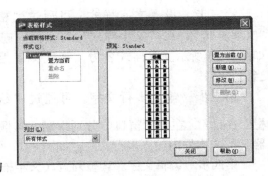

图 8-19　"表格样式"对话框

（2）"样式"列表框 列出已创建的表格样式名，且当前样式被高亮显示。在"样式"列表框中，在一个样式名上单击鼠标右键，将弹出一个快捷菜单（图 8-19），其中共有三个选项：

1）置为当前 将选定样式名置为当前样式。

2）重命名 对选定样式进行重命名。

3）删除 删除选定的样式。如果选定样式是当前样式，此选项不可用。

（3）"列出"下拉列表框 控制"样式"列表框的显示内容。其中有两个选项：

1）所有样式 列出所有表格样式。

2）正在使用的样式 仅列出被当前图形中的表格引用的表格样式。

（4）"预览"框 显示"样式"列表框中选定样式的预览图像。

（5）"置为当前"按钮 将"样式"列表框中选定的表格样式设置为当前样式。

（6）"新建"按钮 单击该按钮，显示"创建新的表格样式"对话框（图 8-20），从中可以定义新的表格样式。

在"新样式名"文本框中输入新的表格样式名称，在"基础样式"下拉列表中选择新表格样式要采用哪一个现有表格样式作为基础样式。然后单击"继续"按钮，打开"新建表格样式：明细表"对话框（图 8-21）。

图 8-20 "创建新的表格样式"对话框

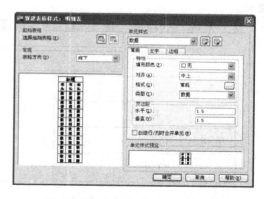

图 8-21 "新建表格样式"对话框

在解释"新建表格样式：明细表"对话框之前，需要先通过图 8-22 了解表格的各部分名称，以便对其各组成部分进行介绍。

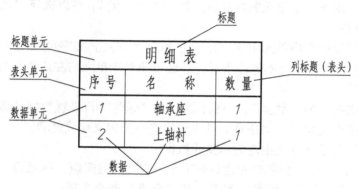

图 8-22 表格的各部分名称

1）"起始表格"区　使用户可以在图形中指定一个表格作为样例来设置此表格样式的格式。选择表格后，可以指定要从该表格复制到表格样式的结构和内容。

使用"删除表格"图标，可以将表格从当前指定的表格样式中删除。

2）"常规"区　用于更改表格方向。

表格方向是指设置表格的方向。"向下"将创建由上而下读取的表格，"向上"将创建由下而上读取的表格。

① 向下　标题行和列标题行位于表格的顶部，创建由上而下读取的表格。

② 向上　标题行和列标题行位于表格的底部，创建由下而上读取的表格（图 8-23）。

3）预览　用于显示当前表格样式设置效果的样例。

4）单元样式　用于定义新的单元样式或修改现有的单元样式，可以创建任意数量的单元样式。"单元样式"菜单中显示的是表格中的单元样式。

①"创建新单元样式"按钮 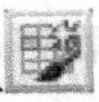 用于启动"创建新单元样式"对话框。

②"管理单元样式"按钮 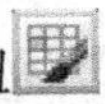 用于启动"管理单元样式"对话框。

5）"单元样式"选项卡　用于设置数据单元、单元文字和单元边界的外观，具体设置哪一项取决于处于活动状态的选项卡："常规"选项卡、"文字"选项卡或"边框"选项卡。

①"常规"选项卡（图 8-24）的各选项如下。

图 8-23　由下而上读取的表格

图 8-24　"新建表格样式"对话框中
的"常规"选项卡

● "特性"区

◆ 填充颜色　用于指定单元的背景色，默认值为"无"。可以选择"选择颜色"以显示"选择颜色"对话框。

◆ 对齐　用于设置表格单元中文字的对正和对齐方式。文字可相对于单元的顶部边框和底部边框进行居中对齐、上对齐或下对齐，还可相对于单元的左边框和右边框进行居中对正、左对正或右对正。

◆ 格式　为表格中的"数据"、"列标题"或"标题"行设置数据类型和格式。单击该按钮将显示"表格单元格式"对话框，从中可以进一步定义格式选项。

◆ 类型　用于将单元样式指定为标签或数据。

● "页边距"区　用于控制单元边界和单元内容之间的间距，单元边距设置将应用于表格中的所有单元。"页边距"区有"水平"和"垂直"两个选项：

◆ 水平　设置单元中的文字或块与左右单元边界之间的距离。

◆ 垂直　设置单元中的文字或块与上下单元边界之间的距离。

●"创建行/列时合并单元"复选框　将使用当前单元样式创建的所有新行或新列合并为一个单元。可以使用此选项在表格的顶部创建标题行。

②"文字"选项卡（图 8-25）

● 文字样式　列出图形中的所有文字样式。单击 [...] 按钮将显示"文字样式"对话框，从中可以创建新的文字样式。

● 文字高度　用于设置文字高度。数据和列标题单元的默认文字高度为"0.18"，标题的默认文字高度为"0.25"。

● 文字颜色　用于指定文字颜色。选择列表底部的"选择颜色"可显示"选择颜色"对话框。

● 文字角度　用于设置文字角度。默认的文字角度为0°，可以输入 $-359°\sim359°$ 之间的任意角度。

③"边框"选项卡（图 8-26）

图 8-25　"新建表格样式"对话框中
的"文字"选项卡

图 8-26　"新建表格样式"对话框
中的"边框"选项卡

● 线宽　单击右侧按钮，可设置将要应用于指定边界的线宽。

● 线型　单击右侧按钮，可设置将要应用于指定边界的线型。用户可以选择标准线型随块、随层和连续，或者选择"其他"加载自定义线型。

● 颜色　单击右侧按钮，可设置将要应用于指定边界的颜色。选择"选择颜色"可显示"选择颜色"对话框。

● 双线　用于将表格边界显示为双线。

● 间距　用于确定双线边界的间距，默认间距为"0.1800"。

● 边框按钮　用于控制单元边界的外观。边框特性包括栅格线的线宽和颜色，各边框按钮的含义如下：

◆ 所有边框按钮 ⊞ 　将边界特性设置应用到指定单元样式的所有边界。

◆ 外边框按钮 ⊡ 　将边界特性设置应用到指定单元样式的外部边界。

◆ 内边框按钮 ⊞ 　将边界特性设置应用到指定单元样式的内部边界。

◆ 底部边框按钮 ⊟ 　将边界特性设置应用到指定单元样式的底部边界。

◆ 左边框按钮 将边界特性设置应用到指定单元样式的左边界。

◆ 上边框按钮 将边界特性设置应用到指定单元样式的上边界。

◆ 右边框按钮 将边界特性设置应用到指定单元样式的右边界。

◆ 无边框按钮 隐藏指定单元样式的边界。

6）单元样式预览　显示当前表格样式设置效果的样例。

8.6　插入表格

1. 功能

该命令用来在绘图区插入一个表格，并可在此表格中添加相应的文本信息。

2. 命令格式

1）工具栏　绘图→ 按钮

2）下拉菜单　绘图→表格

3）输入命令　TABLE↓

执行上述命令后，系统弹出"插入表格"对话框，如图 8-27 所示。

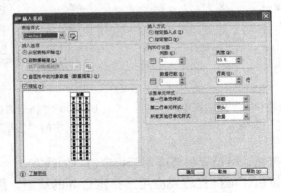

图 8-27　"插入表格"对话框

3. 对话框说明

（1）"表格样式"下拉列表框　确定使用哪一种表格样式。

（2）"插入选项"区　指定插入表格的方式。

1）"从空表格开始"单选按钮　用于创建可以手动填充数据的空表格。

2）"自数据链接"单选按钮　用于从外部电子表格中调用数据创建表格。

3）"自图形中的对象数据（数据提取）"单选按钮　用于启动"数据提取"向导。

（3）预览　显示当前表格样式的样例。

（4）"插入方式"区　指定表格位置。

1）"指定插入点"单选按钮　指定表格左上角的位置。用户可以使用定点设备，也可以在命令提示下输入坐标值。如果表格样式将表格的方向设置为由下而上读取，则插入点位于表格的左下角。

2）"指定窗口"单选按钮　指定表格的大小和位置。用户可以使用定点设备，也可以在命令提示下输入坐标值。选定此选项时，行数、列数、列宽和行高取决于窗口的大小，以及列和行设置。

（5）"列和行设置"区　设置列和行的数目和大小。

1）"列"下拉列表框　用于指定列数。选定"指定窗口"选项并指定列宽时，"自动"选项将被选定，且列数由表格的宽度控制。如果已指定包含起始表格的表格样式，则可以选择要添加到此起始表格的其他列的数量。

2）"列宽"下拉列表框　用于指定列的宽度。选定"指定窗口"选项并指定列数时，则选定了"自动"选项，且列宽由表格的宽度控制。最小列宽为一个字符。

3）"数据行数"下拉列表框　用于指定行数。选定"指定窗口"选项并指定行高时，则选定了"自动"选项，且行数由表格的高度控制。带有标题行和表格头行的表格样式最少应有三行，最小行高为一个文字行。如果已指定包含起始表格的表格样式，则可以选择要添加到此起始表格的其他数据行的数量。

4）"行高"下拉列表框　用于按照行数指定行高。文字行高基于文字高度和单元边距，这两项均在表格样式中设置。选定"指定窗口"选项并指定行数时，则选定了"自动"选项，且行高由表格的高度控制。

（6）"设置单元样式"区　对于那些不包含起始表格的表格样式，需要指定新表格中行的单元格式。

1）"第一行单元样式"下拉列表框　用于指定表格中第一行的单元样式，默认情况下使用标题单元样式。

2）"第二行单元样式"下拉列表框　用于指定表格中第二行的单元样式，默认情况下使用表头单元样式。

3）"所有其他行单元样式"下拉列表框　用于指定表格中所有其他行的单元样式，默认情况下使用数据单元样式。

（7）表格选项　对于包含起始表格的表格样式，从插入时保留的起始表格中指定表格元素。

1）标签单元文字　保留新插入表格中的起始表格的表头或标题行中的文字。

2）数据单元文字　保留新插入表格中的起始表格的数据行中的文字。

3）块　保留新插入表格中的起始表格中的块。

4）保留单元样式替代　保留新插入表格中的起始表格中的单元样式替代。

5）数据链接　保留新插入表格中的起始表格中的数据连接。

6）字段　保留新插入表格中的起始表格中的字段。

7）公式　保留新插入表格中的起始表格中的公式。

在上面的"插入表格"对话框中进行相应设置后，单击"确定"按钮，系统将在指定的插入点或窗口自动插入一个空表格，并显示"多行文字编辑器"，用户可以逐行逐列输入相应的文字或数据（图 8-28）。若直接单击"多行文字编辑器"的"确定"按钮，则可插入一空表格（图 8-29）。

在"多行文字编辑器"中输入文本信息的过程中，表格单元的行高会随输入文字的高度或行数的增加而增加。要移动到下一单元，可以按"Tab"键或使用箭头向左、向右、向上和向下移动；在选中的单元中按"F2"键或双击单元格，可以注写或编辑单元格中的文字。

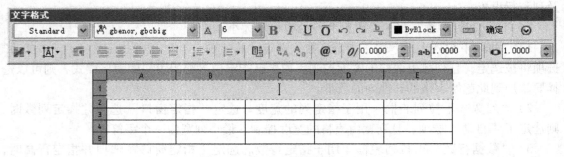

图 8-28　在空表格内添加内容

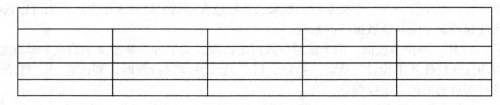

图 8-29　插入空表格

8.7　编辑表格

1. 选择表格和表格单元

AutoCAD 提供了灵活的表格编辑方法。编辑表格或其单元时，首先要选择表格或单元。

（1）选择整个表格　单击表格的任意一根表格线可以选择整个表格。

（2）选择一个表格单元　单击表格单元内的空白处可以选择一个表格单元。

（3）选择一个表格单元区域　选择一个表格单元区域的方法有三种：

1）单击选择一个表格单元，按住"Shift"键单击另一个表格单元，可同时选中以这两个表格单元为对角点的所有表格单元。

2）单击选择一个表格单元，按住鼠标左键移动，松开鼠标时，光标带动的虚线框移过的单元都将被选中。

3）直接在表格单元内按住鼠标左键移动，松开鼠标时，光标带动的虚线框移过的单元，都将被选中。

2. 使用夹点编辑表格

（1）使用夹点编辑整个表格　单击网格线选中表格，使用以下夹点之一编辑表格（即单击夹点，使夹点成为选中状态，移动鼠标）。

1）左上夹点　移动表格。

2）右上夹点　统一拉伸表格宽度。

3）左下夹点　统一拉伸表格高度。

4）右下夹点　统一拉伸表格宽度和高度。

5）列夹点　单击以更改列宽。按住"Ctrl"键并单击以更改列宽并拉伸表格。

6）表格底部中间的夹点为表格打断夹点，利用它可以将表格打断成表格片段等。

注意：以上用夹点编辑表格的方法针对的是如图 8-30 所示的表格；对于由下而上读取的表格（图 8-23），左下夹点用于移动表格，右上夹点用于修改表格高和表格宽并按比例修改行和列，其他夹点的作用请读者自己试操作。

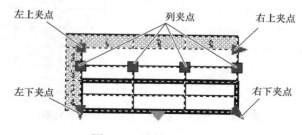

图 8-30　表格上的夹点

在编辑表格的过程中，最小列宽是单个字符的宽度。空白表格的最小行高是文字的高度加上单元边距。

（2）使用夹点编辑表格单元（修改行高、列宽、合并单元）　选择一个或多个要编辑的表格单元，使顶部或底部的夹点成为选中状态，移动鼠标可编辑选定单元的行高。如果选中多个单元，则每行的行高将做同样的修改。

当左侧或右侧的夹点成为选中状态时，移动鼠标可修改选定单元的列宽。如果选中多个单元，则每列的列宽将做同样的修改。

3. 使用快捷菜单编辑表格

（1）编辑表格　选中整个表格，单击鼠标右键，系统将弹出一个快捷菜单（图 8-31），可选择相应选项编辑表格。

（2）编辑表格单元　选中一个表格单元或一个单元区域，单击右键，系统将弹出快捷菜单（图 8-32），可通过其选项编辑表格单元。

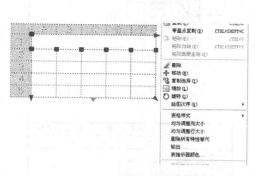

图 8-31　利用快捷菜单编辑表格

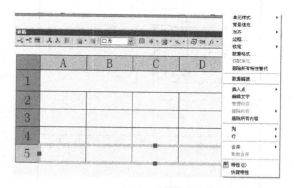

图 8-32　利用快捷菜单编辑表格单元

4. 使用"表格"工具栏编辑表格

选中表格或表格单元后，系统会弹出一"表格"工具栏。用户可通过其中的选项，对表格进行修改。图 8-33 所示为将表中右下角的六个单元格合并为一个单元格的情形。

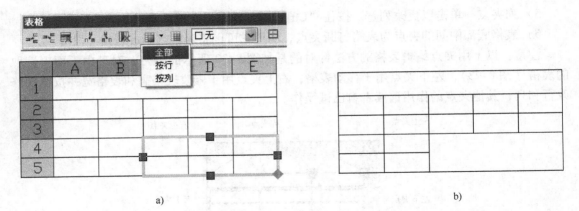

图 8-33　利用"表格"工具栏合并单元格

思考与练习题八

1. 单行文字和多行文字的属性有哪些区别？
2. 要改变单行文字的字体类型或字高，应如何操作？
3. 如何输入特殊字符？
4. 设置表格样式的目的是什么？
5. 绘制如图 8-34 ~ 图 8-37 所示的图形，不标注尺寸，请保存备用。

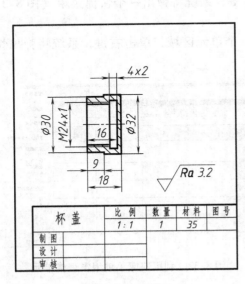

图 8-34　杯盖

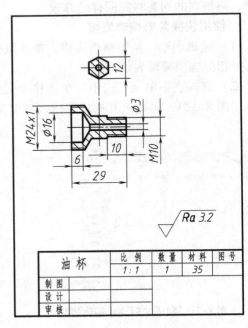

图 8-35　油杯

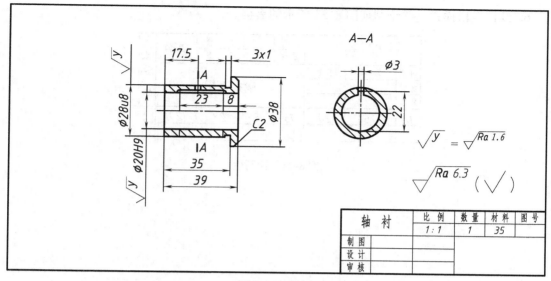

图 8-36　轴衬

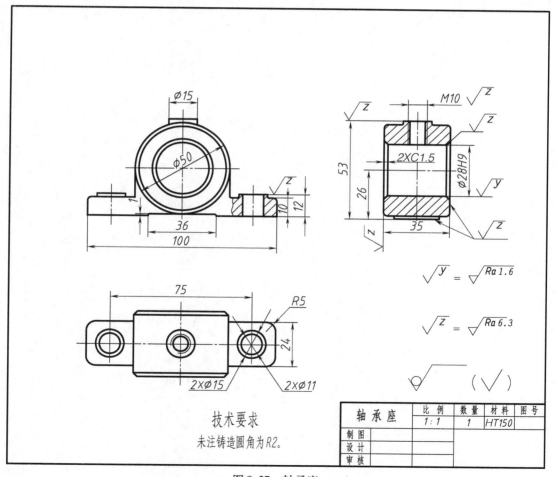

图 8-37　轴承座

6. 设置表格样式，并绘制如图 8-38 所示的表格。

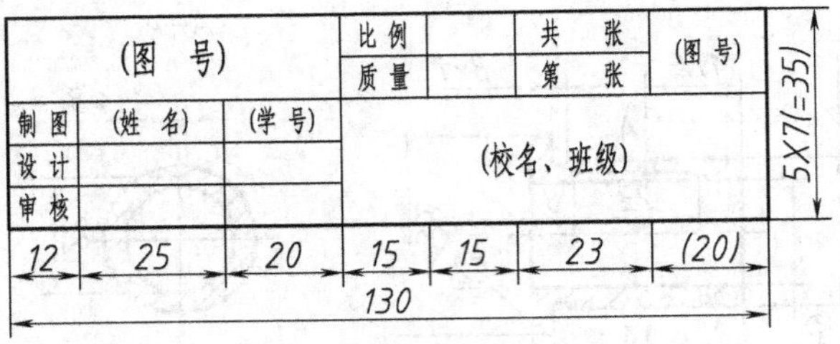

(图 号)		比 例		共 张	(图 号)	5×7(=35)
		质 量		第 张		
制 图	(姓 名)	(学 号)	(校名、班级)			
设 计						
审 核						
12	25	20	15	15	23	(20)
			130			

图 8-38 标题栏

第9章 块、设计中心及创建注释性对象简介

9.1 块的创建与使用

在工程设计中，有很多图形元素需要被大量地重复应用，如螺栓、螺母、垫圈、轴承等标准件和常用件，以及表面粗糙度代号、标题栏等。对于这些多次重复使用的图形，如果每次都重新绘制，显然麻烦费时。

在 AutoCAD 中，可将逻辑上相关联的一系列图形对象定义成一个整体，称之为块。系统把块视为单一的对象，可方便地对其进行诸如插入、移动、复制及镜像等编辑操作。块的使用还可相对减小图形文件的占用空间，并可非常方便地对图形进行修改，从而避免了大量的重复劳动，提高了效率。

9.1.1 创建块

1. 功能

该命令可将当前图形文件中选定的对象定义为块。

2. 输入方法

1）工具栏　绘图→ 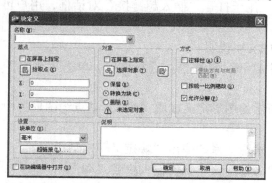 按钮
2）下拉菜单　绘图→块→创建
3）输入命令　BLOCK↓（或 BMAKE、B）

执行上述命令后，系统弹出"块定义"对话框，如图9-1所示。

图9-1　"块定义"对话框

3. 对话框说明

（1）"名称"文本框　指定块的名称。块名称及块定义保存在当前图形中。

（2）"基点"区　指定块的插入基点，默认值是（0，0，0）。定义块时的基点实际上是插入块时的位置基准点。

1）"在屏幕上指定"复选框　选取该项，关闭对话框时，系统将提示用户指定基点。

2）"拾取点"按钮　单击该按钮，系统暂时关闭对话框以使用户能在当前图形中拾取插入基点。

3）"X"、"Y"、"Z"文本框　在 X、Y、Z 三个坐标文本框中直接输入坐标值。

（3）"对象"区　用于选择构成块的对象，以及创建块之后如何处理这些对象，是保留还是删除选定的对象或将它们转换成块实例。

1）"在屏幕上指定"复选框　选择该项将关闭对话框，系统提示选择块对象。

2）"选择对象"按钮　单击该按钮，系统将暂时关闭"块定义"对话框，提示选择块对象。完成选择对象后，按"Enter"键重新显示"块定义"对话框。

3）"快速选择"按钮　单击该按钮，将显示"快速选择"对话框，用于定义选择集。

4）"保留"单选按钮　单击该按钮，创建块以后，将选定对象保留在图形中作为区别对象。

5）"转换为块"单选按钮　单击该按钮，创建块以后，将选定对象转换成图形中的块实例。

6）"删除"单选按钮　单击该按钮，创建块以后，将从图形中删除选定的对象。

7）选定的对象　显示选定对象的数目。

（4）"方式"区　指定块的行为。

1）"注释性"复选框　创建注释性块。

2）"使块方向与布局匹配"复选框　指定在图纸空间视口中的块参照的方向与布局的方向匹配。如果未选择"注释性"选项，则该选项不可用。

3）"按统一比例缩放"复选框　指定是否阻止块参照不按统一比例缩放。

4）"允许分解"复选框　指定块参照是否可以被分解。

（5）"设置"区　指定块的设置。

1）"块单位"下拉列表框　指定块参照插入单位。

2）"超链接"按钮　用于打开"插入超链接"对话框，用户可以使用该对话框将某个超链接与块定义相关联。

（6）说明　指定块的文字说明。

（7）"在块编辑器中打开"复选框　选择该项，单击"确定"按钮后，将在块编辑器中打开当前的块定义。

例 9-1　将图 9-2 所示的图形定义成块"K1"，基点为图形的中心。

操作过程如下：

1）调用"创建块"命令　系统弹出"块定义"对话框。

2）输入块名　在"名称"文本框内输入块名"K1"。

3）选择基点　单击"拾取点"按钮，在绘图窗口内选择图形的中心点为块的插入基点。

4）选择对象　单击"选择对象"按钮，在绘图窗口内选择图 9-2 所示图形并确认，返回"块定义"对话框。

5）完成其他设置　如块单位为 mm、按统一比例缩放、允许分解等。

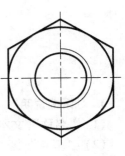

图 9-2　定义块

6）单击"确定"按钮，完成块的创建。

9.1.2　使用块

1. 使用"块插入"命令插入块

（1）功能　将图形或已定义的块插入当前图形中。

（2）命令格式

1）工具栏　绘图→ 按钮

2）下拉菜单　插入→块

3）输入命令　INSERT↓（或 I）

执行上述命令后，系统弹出"插入"对话框，如图9-3所示。

（3）对话框说明

1）"名称"下拉列表框　指定要插入块的名称，或者指定要作为块插入的文件的名称。

2）"浏览"按钮　打开"选择图形文件"对话框，从中可选择要插入的块或图形文件。

3）路径　指定块的路径。

4）预览　显示要插入的指定块的预览效果。

5）"插入点"区　用于指定块的插入点。选中"在屏幕上指定"复选框，单击"确定"按钮后，AutoCAD 会提示指定插入点，可见到拖动的图形。若取消该项，可以在 X、Y、Z 的文本框中输入插入点的坐标值。

图 9-3　"插入"对话框

6）"比例"区　用于指定插入块的缩放比例。选中"在屏幕上指定"复选框，单击"确定"按钮，AutoCAD 会提示插入块时的 X、Y、Z 三个方向上的比例因子，可见到拖动的图形。若取消该项，可以在 X、Y、Z 文本框中输入缩放比例。如果选中"统一比例"项，则 AutoCAD 将对块进行等比例缩放。

7）"旋转"区　用于指定插入块的旋转角度。选中"在屏幕上指定"复选框，单击"确定"按钮，AutoCAD 会提示输入插入块时的旋转角度。若取消该项，可以直接在"角度"文本框中输入旋转角度值。

8）"块单位"区　显示块的单位和比例。

9）"分解"复选框　用于设置是否在插入块的同时将块分解。选定"分解"时，只可以指定统一的比例因子。

最后，单击"确定"按钮，完成插入块的设置。

在 AutoCAD 中创建块的过程中，"0"图层是一个浮动图层，用"0"图层中的对象创建成的块，如果其对象的特性（如颜色、线型、线宽等）都设置为逻辑属性"ByLayer"（随层），则块的属性将随插入图层（当前图层）的特性发生变化。例如，在"0"层绘制一圆，并定义为块"Z1"。另外，设"1"层为红色，"2"层为蓝色。将"Z1"插入"1"层，则变为红色圆；将"Z1"插入"2"层，则变为蓝色圆。

基于这一点，如果要创建一个通用的块库以便在各图层中使用，最好将创建块的对象放到"0"层中,并将其颜色、线型、线宽等特性都设置为逻辑属性"ByLayer"(随层)。

2. 使用设计中心插入块

在设计中心可以找到并打开任何图形文件(可以是".dwg"、".dwt"、".dws"文件)以获得图形里的块定义,并将缩略图直观地显示出来。通过简单的拖动就可以在当前图形中插入其他图形中的块。

打开设计中心的方法如下:

1)工具栏 标准→![按钮图标]按钮

2)下拉菜单 工具→选项板→设计中心

3)输入命令 ADCENTER↓

在当前图形中打开设计中心,从其内容窗口中选择对应的块,然后将它拖动到绘图区,放开按键,即可将所选内容插入当前图形中,如图 9-4 所示。

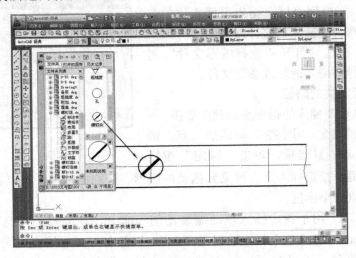

图 9-4 使用设计中心插入块

3. 使用工具选项板插入块

在工具选项板上,将一些常用的块和填充图案集合到一起分类放置,需要的时候只要拖动它们就可将其插入图形中,这极大地方便了块和填充的使用。同时,还可根据需要创建新的工具选项板,以及加入常用的 AutoCAD 命令。

(1)打开工具选项板

1)工具栏 标准→![按钮图标]按钮

2)下拉菜单 工具→选项板→工具选项板

3)输入命令 TOOLPALETTES↓

执行上述命令后,系统将弹出"工具选项板"窗口,其中已经定义了很多按专业分类的块,直接拖动就可以将块插入当前图形中。

(2)插入块 在当前文件中,尝试将之前定义好的块(如"螺母")添加到工具选项板中,然后在打开的另一文件中,从工具选项板将块插入图形中。

将块添加到工具选项板的方法有如下几种:

1）使用设计中心将块拖动到工具选项板中。

2）使用设计中心右键快捷菜单直接创建工具选项板。

3）将块复制到剪贴板中，然后粘贴到工具选项板。

图 9-5 所示为将定义好的"螺母"块，通过复制然后粘贴到工具选项板中；图 9-6 所示则是在打开的另一文件中，从工具选项板中将"螺母"插入图形中。

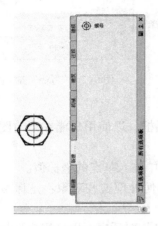

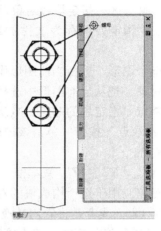

图 9-5　将块复制到工具选项板中　　　　　图 9-6　将块从工具选项板拖动到当前图形中

9.1.3　设置插入基点和块存盘

1. 设置插入基点

（1）功能　设置当前图形文件的插入基点。

（2）命令格式

1）下拉菜单　绘图→块→基点

2）输入命令　BASE↓

执行上述命令后，命令行提示：

输入基点＜当前值＞：（指定点或按"Enter"键）

在插入没有用"块定义"方式生成的图形文件时，系统默认将该图形的坐标原点作为插入基点进行比例缩放、旋转等操作。使用该命令可以对图形文件指定新的插入基点。

2. 块存盘

用 BLOCK 命令定义的块保存在其所属的图形当中，只能在该图中插入。但是有些块在许多图中都会经常用到，这时可以用 WBLOCK 命令将在当前图形中定义的块或选择的对象，甚至全部的当前图形保存成一个新的图形文件，并可在任意图形文件中将其插入。

用 WBLOCK 命令存储的文件，其扩展名也是".dwg"，这与用 SAVE 命令存储的文件格式相同。两个命令的不同之处是：WBLOCK 命令只存储图形中已用到的信息，例如，一个图形建立了 6 个图层，而只用到了 3 个图层，没有用到的 3 个图层将不被保存；而 SAVE 命令则存储图形中的所有信息，不管其是否用到。所以对于同一个图形，用 WBLOCK 命令存储比用 SAVE 命令存储文件容量要小。

（1）功能　将对象或块以文件的形式保存，以供其他图形调用。

（2）命令格式　输入命令：WBLOCK↓（或 W）。

执行该命令后，系统弹出"写块"对话框，如图 9-7 所示。

（3）对话框说明

1）"源"区　指定块或对象及插入点，以保存为文件。

① 块　指定要保存为文件的现有块，可从列表中选择名称。

图 9-7　"写块"对话框

② 整个图形　选择当前图形作为一个块。

③ 对象　把从当前图形中选择的对象作为块进行存储。

④ 基点　指定块的基点，默认值是（0，0，0）。

● "拾取点"按钮　单击该按钮，系统将暂时关闭对话框，以使用户能在当前图形中拾取插入基点。

● "X"、"Y"、"Z"文本框　在 X、Y、Z 三个文本框中输入基点的坐标值。

⑤ 对象　用于选择构成块的对象，以及创建块之后如何处理这些对象：是保留还是删除选定的对象，或者是将它们转换成块实例。

● "选择对象"按钮　单击该按钮，将临时关闭"写块"对话框，以便用户选择一个或多个对象保存至文件。

● "快速选择"按钮　打开"快速选择"对话框，从中可以过滤选择集。

● "保留"　将选定对象保存为文件后，在当前图形中仍保留它们。

● "转换为块"　将选定对象保存为文件后，在当前图形中将它们转换为块。块指定为"文件名"中的名称。

● "从图形中删除"　将选定对象保存为文件后，从当前图形中删除它们。

● 选定的对象　指示选定对象的数目。

2）"目标"区　指定文件的新名称和新位置，以及插入块时所用的测量单位。

① 文件名和路径　指定文件名和保存块或对象的路径。

② 插入单位　指定从"设计中心"拖动新文件或将其作为块插入使用不同单位的图形中时，用于自动缩放的单位值。如果希望插入时不自动缩放图形，请选择"无单位"。

例 9-2　已知两被联接件的厚度分别为 20mm、28mm，被联接件上的孔径为 18mm，选用合适的螺栓、螺母和垫圈，并应用块插入的知识，画出装配图（用简化画法画出）。

分析　根据螺栓联接的画法，经计算并查阅相关标准，所用标准件的规格为：螺栓 GB/T 5781—2000　M16×70；螺母 GB/T　6170—2000　M16；垫圈 GB/T 97.2—2002　16。

作图步骤如下：

第一步　画出螺栓、螺母和垫圈的图形，如图 9-8 所示。利用 WBLOCK 命令分别将其创建成块文件，其中"×"表示插入基点。块文件名分别为"LS"、"LM"、和"DQ"。

第二步　按所给尺寸绘制两被联接件的零件图，并另存为文件"LSLJ. dwg"，如图 9-9a 所示。

第三步　应用"插入块"命令分别将"LS"、"DQ"和"LM"插入图 9-9a 所示的图形中，经过编辑得到如图 9-9b 所示的图形。

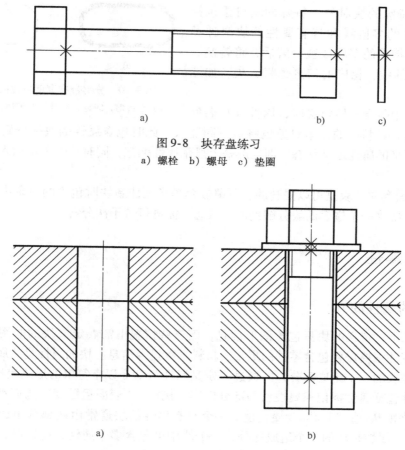

图 9-8　块存盘练习

a）螺栓　b）螺母　c）垫圈

图 9-9　块插入练习

a）未插入块　b）插入块及编辑后——螺栓联接图

9.2　块的分解

块在插入到图形之后表现为一个整体，用户可以对这个整体进行删除、复制、镜像、旋转等操作，但是不能直接对组成块的对象进行操作。这时可通过分解块的方法，让其图块变成定义前的各自状态，然后进行编辑。在 AutoCAD 中，利用分解命令可以分解图块、多段线、填充图案、标注等对象。

该命令的激活方法如下：

1）工具栏　修改→按钮

2）下拉菜单　修改→分解

3）输入命令　EXPLODE↓

执行上述命令后，在命令行的提示下选择需要分解的块，选择完毕后按"Enter"键，块就被分解。

应注意两点：

1）分解特殊的块对象　特殊的块对象包括带有宽度特性的多段线和带有属性的块两种类型。带有宽度特性的多段线被分解后，将转换为宽度为"0"的线，相应的信息也将丢失，如图9-10 所示。

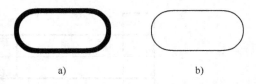

图 9-10　分解带有宽度特性的多段线
a）分解前，线宽为 8　b）分解后，线宽为 0

当块定义中包含属性定义时，属性（如名称和数据）作为一种特殊的文本对象也将被一同插入。此时包含属性的块被分解，块中的属性将转换为原来的属性定义状态，即在屏幕上显示属性标记，同时丢失了块插入时指定的属性值。

2）分解嵌套块　块是可以嵌套的。所谓嵌套是指创建新块时包含的对象中有块。块可以多次嵌套。要将一个嵌套的块分解到原始状态，需进行若干次分解。

9.3　块的属性

9.3.1　块的属性简介

一般情况下，定义的块只包含图形信息，而有些情况下需要定义块的非图形信息，例如，定义的零件图块需要包含零件的重量、材料、数量等信息。块的属性是从属于块的非图形信息，它是块的一个组成部分，并通过"定义属性"命令以字符串的形式表现出来。

一个属性包括属性标记和属性值两部分内容。例如，"表面粗糙度"为属性标记，而具体的评定参数如 Ra 值"3.2"为属性值。一个具有属性的块通常由两部分组成，即"图形实体＋属性"。属性是块的一个组成部分，一个块中可包含多个属性，应用时，属性可以显示或隐藏，还可以根据需要改变其属性值。

9.3.2　定义块的属性

1. 功能

该命令用于创建块的文本信息，并使具有属性的块在使用时具有通用性。

2. 命令格式

1）下拉菜单　绘图→块→定义属性

2）输入命令　ATTDEF↓

执行上述命令后，系统弹出"属性定义"对话框，如图 9-11 所示。

3. 对话框说明

（1）"模式"区

1）"不可见"复选框　选中该项，表示在插入块后不显示其属性值。

2）"固定"复选框　选中该项，表示块的属性已设为指定值，块在插入块时不再提示属性信息，也不能对其属性值进行修改。

图 9-11　"属性定义"对话框

3）"验证"复选框　选中该项，插入块时将提示验证属性值是否正确。

4）"预设"复选框　选中该项，在插入包含预设属性值的块时，将属性设置为默认值。

5）"锁定位置"复选框　锁定块参照中属性的位置。解锁后，属性可以相对于使用夹点编辑的块的其他部分移动，并且可以调整多行属性的大小。

6）"多行"复选框　指定属性值可以包含多行文字。选定此选项后，可以指定属性的边界宽度。

（2）"属性"区

1）"标记"文本框　指定属性的标记，即属性标签。

2）"提示"文本框　指定在插入包含该属性定义的块时显示的提示。

3）"默认"文本框　指定默认属性值。

（3）"插入点"区　用于确定属性值在块中的插入点。可在"X"、"Y"、"Z"文本框中输入插入点的坐标值，或者选中"在屏幕上指定"复选框，在绘图窗口内指定一个点作为属性值的插入点。

（4）"文字设置"区　用于设置属性文字的对齐方式、文字样式、文字高度、文字的旋转角度等参数。

（5）"在上一个属性定义下对齐"复选框　用于设置当前定义的属性采用上一个属性的字体、字高及旋转角度，且与上一个属性对齐。如果之前没有创建属性定义，则此选项不可用。

当需要定义带有属性的块时，应先绘制出所要组成块的对象，然后使用"定义属性"命令建立块的属性。

例 9-3　将表面粗糙度代号（图 9-12）定义为一个带有属性的块文件，其中数字和字母的高为"5"。

分析　首先根据国家制图标准绘制出完整的图形符号，并使用"属性定义"命令定义其属性，然后将属性和完整的图形符号一同创建成块。这样的块就会带有属性，插入块时系统会提示输入属性值。

图 9-12　表面粗糙度代号

作图步骤如下：

第一步　绘制要求去除材料的表面粗糙度图形符号，即扩展符号。

1）用正多边形命令作任意边长的正三边形，如图 9-13a 所示（作图过程略）。

2）用缩放对象命令将图 9-13a 所示的正三边形缩放成高为 H_1 的正三边形；通过分解、延伸等命令，完成扩展符号的绘制，如图 9-13b 所示。根据国家标准的规定（GB/T 31—2006），当数字和字母的高度为"5"时，高度 H_1、H_2（最小值）分别为"7"和"15"。

第二步　绘制完整图形符号，即完整符号，如图 9-13c 所示。这里，根据表面粗糙度的评定参数及数值（此例为 $Ra\ 12.5$），AB 长约取"18"。

也可用其他方法作出上述图形符号。

第三步　定义属性。在"属性定义"对话框中设置有关参数，相关参数如图 9-14 所示。然后单击"确定"按钮，在绘图窗口中指定属性的插入点（可通过夹点调整属性标记

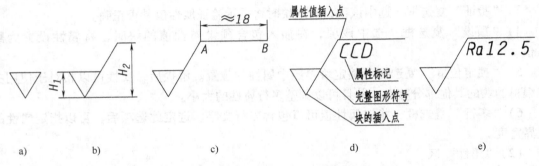

图 9-13　创建带有属性的块——表面粗糙度代号

的位置），便可完成属性的定义，如图 9-13d 所示。

第四步　将定义属性后的表面粗糙度代号保存为块文件。用 WBLOCK 命令将表面粗糙度代号和属性（图 9-13d）一同保存为块文件，即将带有属性的表面粗糙度代号保存为块，如图 9-13e 所示。本例块的文件名取"K3"。

在绘制机械图样时，通常将表面粗糙度代号及几何公差的基准符号分别定义为带有属性的块。然后利用块插入等命令完成表面粗糙度及几何公差的标注，如图 9-15 所示。

图 9-14　"属性定义"对话框

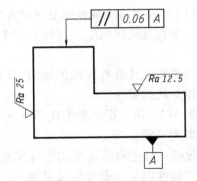

图 9-15　表面粗糙度、几何公差的标注示例

9.3.3　块属性的编辑及管理

1. 块属性显示的控制

（1）功能　控制图形中块属性的可见性。

（2）命令格式

1）下拉菜单　视图→显示→属性显示

2）输入命令　ATTDISP↓

输入上述命令后，命令行提示：

输入属性的可见性设置［普通（N）/开（ON）/关（OFF）］＜当前值＞：（输入选项）

（3）选项说明

1）普通（N）　按属性定义的可见性来显示。

2）开（ON） 显示所有的属性。

3）关（OFF） 隐藏所有的属性。

2. 块属性编辑

（1）功能 用于查看和更改选定的块的属性特性和属性值。

（2）命令格式

1）工具栏 修改Ⅱ→  按钮

2）下拉菜单 修改→对象→属性→单个

3）输入命令 EATTEDIT↓

执行上述命令后，命令行提示：

选择块：（选择带有属性的块，如取前例的"K3"）

此时，系统弹出"增强属性编辑器"对话框，如图 9-16 所示。

（3）对话框说明

1）块 编辑其属性的块的名称。

2）标记 标识属性的标记。

3）选择块 在使用定点设备选择块时临时关闭对话框。

如果修改了块的属性，并且未保存所做的更改就选择一个新块，则系统将提示在选择其他块之前先保存更改。

图 9-16 "增强属性编辑器"对话框
中的"属性"选项卡

4）应用 更新已更改属性的图形，并保持"增强属性编辑器"的打开状态。"增强属性编辑器"包含下列选项卡：

①"属性"选项卡（图 9-16） 显示块中每个属性的标记、提示和值。只能修改属性值，且不能编辑锁定层上的属性值。

②"文字选项"选项卡（图 9-17） 用于定义属性文字在图形中的显示方式，即对属性文字的文字样式、对齐方式、文字高度、旋转角度、文字的宽度比例和倾斜角度等进行设置。其中，"反向"和"颠倒"两个选项分别表示文字行是否反向显示及是否上下颠倒显示等。

③"特性"选项卡（图 9-18） 定义属性所在的图层，以及属性文字的线宽、线型和颜色。如果图形使用打印样式，可以使用"特性"选项卡为属性指定打印样式。

图 9-17 "增强属性编辑器"对话框
中的"文字选项"选项卡

图 9-18 "增强属性编辑器"对话框
中的"特性"选项卡

9.4　AutoCAD 设计中心

AutoCAD 2011 的设计中心是一个集管理、查看和重复利用图形等功能为一体的高效工具。它的功能是共享 AutoCAD 图形中的设计资源，内容包括图层、图块、文字样式、标注样式、线型、布局、外部参照和光栅图像等。它不仅可以调用本机上的图形，还可以调用局域网上其他计算机上的图形，联机设计中心还可以将互联网上的设计资源拖到当前图形中。可以说，设计中心是协同设计过程的一个共享资源库。

9.4.1　启动 AutoCAD 设计中心

1. 功能

该命令可启动 AutoCAD 设计中心以管理图形。

2. 命令格式

1）工具栏　　标准→▦ 按钮

2）下拉菜单　　工具→选项板→设计中心

3）输入命令　　ADCENTER ↓

执行上述命令后，系统打开"设计中心"窗口，如图 9-19 所示。

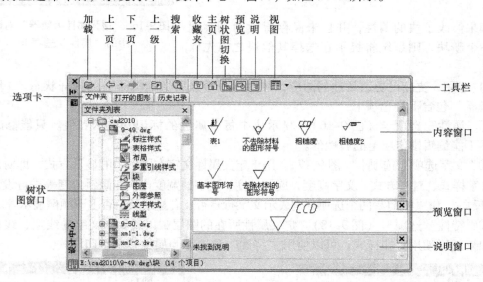

图 9-19　"设计中心"窗口

3. AutoCAD 设计中心窗口的组成

（1）工具栏　工具栏位于窗口的上方，如图 9-19 所示。其中，"预览"按钮用于显示或隐藏"预览窗口"；"说明"按钮用于显示或隐藏"说明窗口"；"搜索"按钮用于搜索计算机或网络中的图形文件、填充图案和块等信息。其他工具类似于资源管理器或者 IE 浏览器中的功能，在此不做赘述。

（2）选项卡　包含"文件夹"、"打开的图形"、"历史记录"、"联机设计中心"四个选项卡。

1）文件夹　用于显示文件夹列表，如图 9-19 所示。

2）打开的图形　以树状图的形式显示当前打开图形的相关内容。

3）历史记录　用于显示最近浏览过的 AutoCAD 图形的路径。

4）联机设计中心　用于显示对应的在线帮助。

（3）树状图窗口　用于显示系统内的所有资源，包括磁盘及所有文件夹、文件和层次关系。树状图窗口的操作与 Windows 资源管理器的操作方法类似。

（4）内容窗口　在树状图窗口中选中某一项时，AutoCAD 会在内容窗口中显示所选项的内容。根据在树状图窗口中选中选项的不同，内容窗口中显示的内容可以是图形文件、文件夹、图形文件中的命名对象（如块、图层、标注样式、文字样式等）、填充图案、Web 等。

（5）预览窗口　当选定的内容项目是一个图形、块或图像时，预览窗口将显示对应的光栅图像，如图 9-19 所示，否则窗口内呈现灰色。

9.4.2　使用 AutoCAD 设计中心

1. 查找图形文件

该功能可以查找所需要的图形内容。

单击"设计中心"工具栏中的"搜索"按钮，即可打开"搜索"对话框，如图 9-20 所示。

"搜索"对话框中各选项的功能如下：

（1）"搜索"下拉列表框　用于确定查找对象的类型。可以通过下拉列表在标注样式、布局、块、填充图案、填充图案文件、图层、图形、图形和块、外部参照、文字样式、线型等类型中进行选择。

（2）"于"下拉列表框　用于确定搜索路径，也可以单击"预览"按钮选择路径。

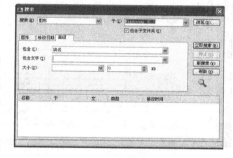

图 9-20　"搜索"对话框

（3）"包含子文件夹"复选框　用于确定搜索时是否包含子文件夹。

（4）"立即搜索"按钮　用于启动搜索。搜索到符合条件要求的文件后，将在下方显示结果。

（5）"停止"按钮　用于停止查找。

（6）"新搜索"按钮　用于重新搜索。

（7）"图形"选项卡　用于设置搜索图形的文字及其位于的字段（文字名、标题、主题、作者、关键字）。

（8）"修改日期"选项卡　用于设置查找的时间条件。

（9）"高级"选项卡　用于设置是否包含块、图形说明、属性标记、属性值等，并可以设置图形大小的范围。

2. 打开图形文件

（1）用快捷菜单打开图形　在设计中心的内容窗口中，用鼠标右键单击所选图形文件的图标，打开快捷菜单；在快捷菜单中选择"在应用程序窗口中打开"选项，如图 9-21 所示，可将所选图形文件打开并设置为当前图形。

(2) 用拖动的方式打开图形　在设计中心的内容窗口中，单击需要打开的图形文件的图标，并按住鼠标左键将其拖动到 AutoCAD 主窗口中除绘图区以外的任何地方（如工具栏区或命令区），然后松开鼠标左键后，AutoCAD 即打开该图形文件并将其设置为当前图形。

图 9-21　用快捷菜单打开图形文件的示例

如果将图形文件拖动到 AutoCAD 的绘图区中，则是将该文件作为一个图块插入当前的图形文件中，而不是打开该图形。

3. 在当前图形中添加内容

利用设计中心可以方便地将某一图形中的图层、线型、文字样式、尺寸样式、表格样式、块和外部参照等，通过鼠标拖动的方式添加到当前图形中，如图 9-22 所示；也可以使用复制粘贴的方法将其添加到当前图形中，如图 9-23 所示。

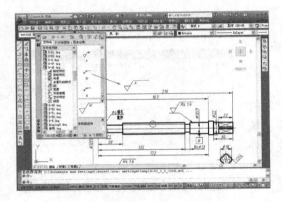

图 9-22　用鼠标拖动的方式添加块

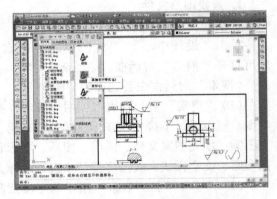

图 9-23　用复制粘贴的方式添加文字样式

9.5　创建注释性对象简介

注释性是属于通常用于对图形加以注释的对象的特性。使用这一特性，可以使缩放注释的过程自动化。创建注释性对象后，它们将根据当前注释比例的设置进行缩放，并自动以正确的大小在图纸上打印或显示出来。

可将诸如"文字"、"多行文字"、"标注"、"图案填充"、"公差"、"多重引线"、"引线"、"块"、"属性"等对象创建成注释性对象。下面讨论创建注释性文字样式的过程。

1. 创建注释性文字的样式

1) 打开"文字样式"对话框，单击"新建"按钮，在弹出的"新建文字样式"对话框中输入样式名，然后单击"确定"按钮，如图 9-24 所示。

2）在"文字样式"对话框中的"大小"区内，选中"注释性"复选框，此时，样式名"样式1"前会出现⚠符号，表明以此文字样式注写的文字均为注释性对象。在"图纸文字高度"文本框中输入文字将在图纸上显示的高度，并设置其他选项，然后单击"应用"（或"置为当前"），如图9-25所示。

3）单击"关闭"按钮，完成注释性文字样式的创建。

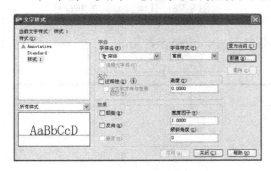

图 9-24　"文字样式"对话框

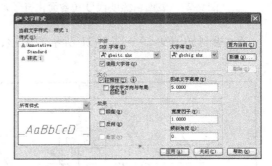

图 9-25　选择"注释性"指定图纸文字高度、字体等

2. 注写注释性文字

若所选注释比例为1∶1，则在当前文字样式下所注写的文字将以设定的高度"5"在图纸上显示；若注释性文字也支持1∶2的比例，则把注释性比例选为1∶2时，所注写的文字将自动扩大一倍，即高度变为"10"，如图9-26所示。其他比例依此类推。

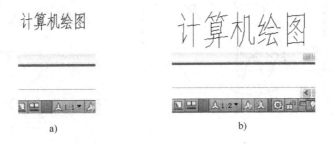

a)　　　　　　　　　　　　　　b)

图 9-26　不同注释比例的文字在图纸上的显示效果

思考与练习题九

1. 块与图形文件有什么关系？
2. 块与图层、颜色、线型、线宽有什么关系？
3. "块定义"命令与"写块"命令有什么区别？
4. 什么是属性？为什么要使用属性？属性与块有什么关系？
5. AutoCAD设计中心有哪些功能？
6. 将图9-27所示的表面粗糙度代号（含简化符号）分别定义成带有属性的块（数字和字母高度自定）。
7. 将几何公差的基准符号定义为一个带有属性的块文件，如图9-28所示（用做

基准的字母高为 h）。

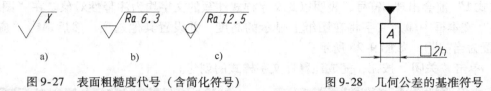

图 9-27　表面粗糙度代号（含简化符号）　　　　　图 9-28　几何公差的基准符号

8. 绘制如图 9-29～图 9-31 所示的图形，不标注尺寸，请保存备用。

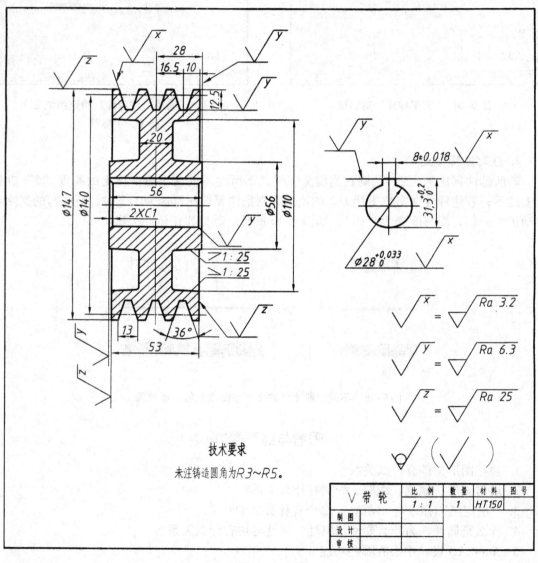

图 9-29　V 带轮

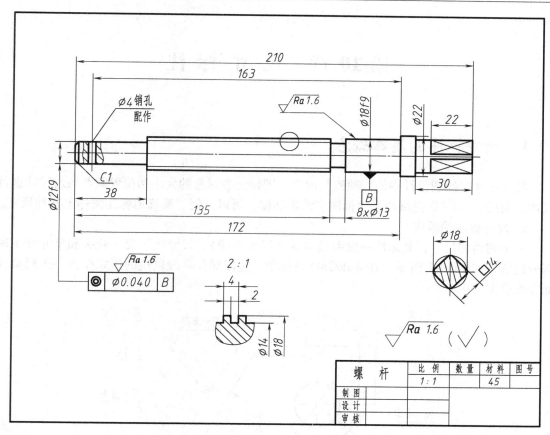

图 9-30　螺杆

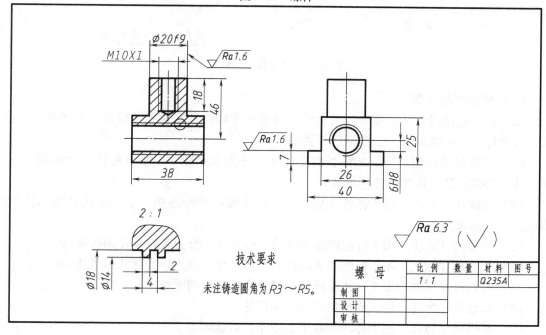

技术要求

未注铸造圆角为 R3～R5。

图 9-31　螺母

第 10 章 尺寸标注

10.1 尺寸标注的基本概念

尺寸标注是绘图设计中的一项重要内容，图样上各对象的大小和位置需要通过尺寸进行表达。利用 AutoCAD 提供的尺寸标注和编辑功能，可以方便、准确地标注图样上各种尺寸。

1. 尺寸标注的组成

一个完整的尺寸，其标注一般由延伸线（尺寸界线）、尺寸线、尺寸箭头和尺寸文字四部分组成，如图 10-1 所示。在 AutoCAD 系统中，这四部分一般以块的形式作为一个对象存储在图形文件中。

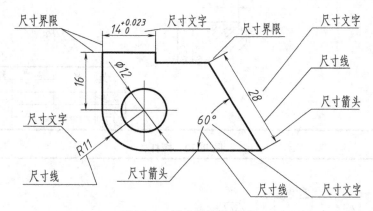

图 10-1　尺寸标注的组成

2. 尺寸标注的类型

尺寸标注包括线性（长度）尺寸标注、角度尺寸标注、半径尺寸标注、直径尺寸标注、弧长尺寸标注、引线标注、公差标注等类型。

（1）线性尺寸标注　用于标注长度型尺寸，分为水平标注、垂直标注、旋转标注、对齐标注、基线标注、连续标注等形式。

（2）角度尺寸标注　用于标注角度尺寸。在角度尺寸标注中，也可采用基线标注和连续标注两种形式。

（3）直径尺寸标注　用于标注圆或圆弧的直径尺寸，分为直径标注和折弯标注。

（4）半径尺寸标注　用于标注圆或圆弧的半径尺寸，分为半径标注和折弯标注。

（5）弧长尺寸标注　用于标注弧线段或多段线弧线段的弧长尺寸。

（6）快速尺寸标注　用于成批快速地标注尺寸。

（7）坐标尺寸标注　用于标注相对于坐标原点的坐标。

（8）圆心标注　用于标注圆或圆弧的中心标记或中心线。

（9）引线标注　用于标注多行文字或块等。

（10）公差标注　用于标注几何公差。

常见尺寸标注的类型如图 10-2 所示。

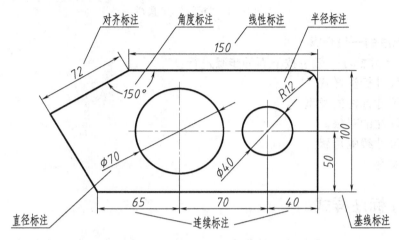

图 10-2　常见尺寸标注的类型

3. 尺寸标注命令的调用方法

标注尺寸时，可用下列方法调用尺寸标注命令：

（1）键盘输入　在命令行"命令："的提示下，直接输入相应命令便可进行尺寸标注。

（2）使用"标注"下拉菜单　在其下拉菜单中，选用相应选项可进行尺寸标注，"标注"下拉菜单如图 10-3 所示。

图 10-3　"标注"下拉菜单

（3）使用"标注"工具栏　在其工具栏内，单击相应图标按钮可进行尺寸标注，"标注"工具栏如图 10-4 所示。

图 10-4　"标注"工具拦

4. 尺寸标注的一般步骤

图样中的尺寸标注一般可按下面的步骤进行：

1）建立尺寸标注样式。

2）选择尺寸标注的类型。

3）选择标注的对象。

4）指定尺寸线的位置。

5）标注文字。

10.2　尺寸标注样式

尺寸样式是一组尺寸参数设置的集合，用以控制尺寸标注中各组成部分的格式和外观。在标注尺寸之前，一般应根据国家标准的要求设置尺寸样式。用户可以根据需要，利用"标注样式管理器"设置多个尺寸样式，以便于标注尺寸时灵活地应用这些设置，并确保尺寸标注的标准化。

10.2.1　创建尺寸标注样式

要创建尺寸标注样式，首先需要打开"标注样式管理器"。下面简单介绍"标注样式管理器"的功能及使用方法等。

1. 功能

该命令用于创建、修改尺寸标注样式及设定当前标注样式等。

2. 命令格式

1）工具栏　标注（或样式）→![按钮]按钮

2）下拉菜单　标注（或格式）→标注样式

3）输入命令　DIMSTYLE↓（或 D、DST、DDIM、DIMSTY）

执行上述命令后，系统弹出"标注样式管
理器"对话框，如图 10-5 所示。

3. 对话框说明

（1）当前标注样式　显示当前标注样式的
名称。

（2）"样式"列表框　列出图形中的标注
样式，显示当前样式名及其预览图。在该列
表中用鼠标右键单击标注样式名称可显示快
捷菜单，可设置当前标注样式、重命名样式
和删除样式，但不能删除当前样式或当前图

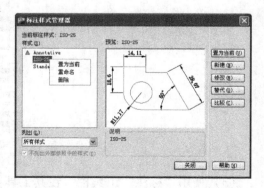

图 10-5　"标注样式管理器"对话框

形使用的样式。默认的公制尺寸样式为 ISO-25，英制尺寸样式为 Standard， ⚠ Annota-tive 为注释性尺寸样式。

（3）"列出"下拉列表框　用于控制在"样式"列表框中所显示的尺寸标注样式，可在"所有样式"与"正在使用的样式"之间进行选择。

（4）"不列出外部参照中的样式"复选框　用于确定是否在"样式"列表框中显示外部参照图形的尺寸标注样式。

（5）"预览"框　显示当前尺寸标注样式的图形标注效果。

（6）"说明"显示框　用于对当前使用的尺寸标注样式进行说明。

（7）"置为当前"按钮　将在"样式"下选定的某一标注样式设置为当前标注样式。

（8）"新建"按钮　单击该按钮，系统弹出"创建新标注样式"对话框（图 10-6），用于指定新标注样式的名称，以及新标注样式将基于的现有标注样式等。

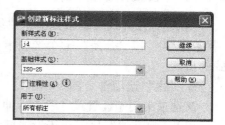

图 10-6　"创建新标注样式"对话框

"创建新标注样式"对话框说明：

1）"新样式名"文本框　指定新的标注样式名。

2）"基础样式"下拉列表框　选取创建新样式所基于的标注样式，新的样式是在这个样式的基础上通过修改一些特性得到的。

3）"注释性"复选框　指定样式为注释性标注样式。

4）"用于"下拉列表框　用于指定新建尺寸标注样式的适用范围，可在"所有标注"、"线性标注"、"角度标注"、"直径标注"等样式中选择一项。

5）"继续"按钮　完成"创建新标注样式"对话框的设置后，单击该按钮，系统弹出"新建标注样式"对话框（图 10-7），从中可以定义新的标注样式特性。

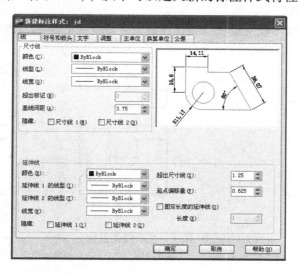

图 10-7　"新建标注样式"对话框中的"线"选项卡

（9）"修改"按钮　单击该按钮，系统弹出"修改标注样式"对话框，从中可以修改标注样式。它对已标注的尺寸也起同样的作用。

"修改标注样式"对话框选项与"新建标注样式"对话框中的选项相同。

（10）"替代"按钮　单击该按钮，系统弹出"替代当前样式"对话框，从中可以设置标注样式的临时替代。当采用临时标注样式标注尺寸后，再继续采用原来的标注样式标注其他尺寸时，其标注效果不受临时标注样式的影响。

"替代当前样式"对话框选项与"新建标注样式"对话框中的选项相同。

（11）"比较"按钮　用于比较不同标注样式中的尺寸变量，并用列表的形式显示出来。

10.2.2　设置标注样式特性

"新建标注样式"对话框中有"线"、"符号和箭头"、"文字"、"调整"、"主单位"、"换算单位"和"公差"七个选项卡，如图 10-7 所示。用户可通过这些选项卡设置标注样式的特性。

1. "线"选项卡（图 10-7）

该选项卡用于设置尺寸线、延伸线的形式和特性等。

（1）"尺寸线"区　用于设置尺寸线的特性。

1）"颜色"下拉列表框　用于设置尺寸线的颜色。用户可从下拉列表中选择颜色，如果选取"选择颜色…"选项，系统将打开"选择颜色"对话框供用户选择其他颜色。

2）"线型"下拉列表框　用于设置尺寸线的线型。用户可从下拉列表中选择线型，或者选择随层、随块，以及加载其他线型作为尺寸线。

3）"线宽"下拉列表框　用于设置尺寸线的线宽。用户可从下拉列表中选择线宽。

4）"超出标记"文本框　用于指定当箭头使用倾斜、建筑标记、积分和无标记时，尺寸线超过延伸线的距离。

5）"基线间距"文本框　设置基线标注的尺寸线之间的距离。如图 10-8 所示。

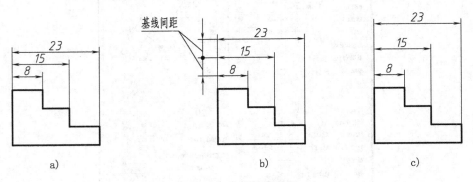

图 10-8　基线间距设置

a）基线间距为"3"　b）基线间距为"5"　c）基线间距为"7"

6）"隐藏"复选框组　确定是否隐藏尺寸线及相应的箭头，如图 10-9 所示。

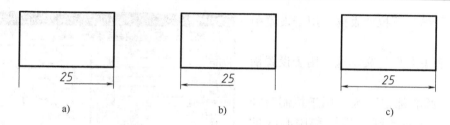

图 10-9 尺寸线隐藏方式

a) 隐藏 "尺寸线 1" b) 隐藏 "尺寸线 2" c) 显示 "尺寸线 1 和 2"

（2）"延伸线"区 用于设置延伸线的特性等。

1）"颜色"下拉列表框 用于设置延伸线的颜色。用户可从下拉列表中选择颜色，如果选取 "选择颜色…" 选项，系统将打开 "选择颜色" 对话框供用户选择其他颜色。

2）"延伸线 1 的线型"下拉列表框 用于设置第一条延伸线的线型。用户可从下拉列表中选择线型，或者选择随层、随块，以及加载其他线型作为延伸线。

3）"延伸线 2 的线型"下拉列表框 用于设置第二条延伸线的线型。用户可从下拉列表中选择线型，或者选择随层、随块，以及加载其他线型作为延伸线。

4）"线宽"下拉列表框 用于设置延伸线的线宽。用户可从下拉列表中选择线宽。

5）"隐藏"复选框组 确定是否隐藏延伸线，如图 10-10 所示。

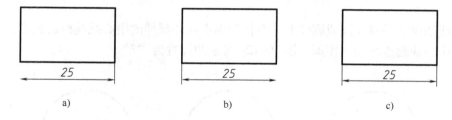

图 10-10 延伸线隐藏方式

a) 隐藏 "延伸线 1" b) 隐藏 "延伸线 2" c) 显示 "延伸线 1 和 2"

6）"超出尺寸线"文本框 用于设置延伸线超出尺寸线的距离。

7）"起点偏移量"文本框 设置自图形中定义标注的点到延伸线的偏移距离。

8）"固定长度的延伸线"复选框 启用固定长度的延伸线。

9）"长度"文本框 "长度"是指延伸线的实际起始点到延伸线与尺寸线交点之间的距离。选中 "固定长度的延伸线" 复选框时，"长度" 文本框才可使用。

10）预览 显示样例标注图像，它可显示对标注样式设置所做的更改的效果。

2. "符号和箭头"选项卡（图 10-11）

该选项卡用于设置箭头、圆心标记、弧长符号和折弯半径标注的格式和位置。

（1）"箭头"区 用于设置箭头的形式和大小。

1）"第一个"下拉列表框 用于设置第一个箭头的形式。一旦确定了第一个箭头的类型，第二个箭头将自动与其匹配。要想第二个箭头取不同的形状，可在 "第二个" 下拉列表框中进行设定。

2）"第二个"下拉列表框 用于设置第二个箭头的形式。

3）"引线"下拉列表框　用于设置引线箭头。

4）"箭头大小"文本框　用于设置箭头的大小。

（2）"圆心标记"区　用于控制直径标注和半径标注的圆心标记和中心线的外观。

1）"无"单选按钮　选中此项，对圆或圆弧的圆心不做任何标记（图10-12a）。

2）"标记"单选按钮　选中此项，对圆或圆弧的圆心以十字线符号作为标记（图10-12b）。

3）"直线"单选按钮　选中此项，对圆或圆弧的圆心标记为中心线（图10-12c）。

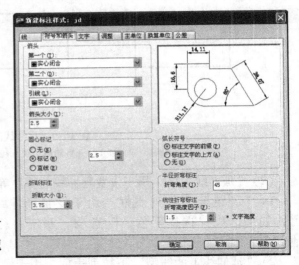

图 10-11　"新建标注样式"对话框中的"符号和箭头"选项卡

4）"大小"文本框　用于显示和设置圆心标记或中心线的长度。

中心标记的尺寸是从圆或圆弧的中心到中心标记端点的距离，图10-12b所示的设置为"2"。

中心线的尺寸是指从圆或圆弧的中心标记端点向外延伸的中心线线段的长度，也就是中心标记与中心线起点之间的距离，图10-12c所示的设置为"3"。

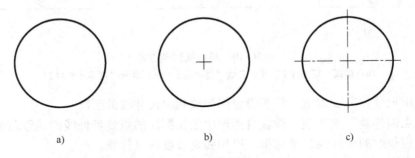

图 10-12　圆心标记
a）无　b）标记　c）直线

（3）"折断标注"区　控制折断标注的间距宽度。

（4）"弧长符号"区　用于控制弧长标注中圆弧符号的位置与显示。

1）"标注文字的前缀"单选按钮　选中此项，将弧长符号放置在标注文字之前（图10-13a）。

2）"标注文字的上方"单选按钮　选中此项，将弧长符号放置在标注文字的上方（图10-13b）。

3）"无"单选按钮　选中此项，在弧长标注中不显示弧长符号（图10-13c）。

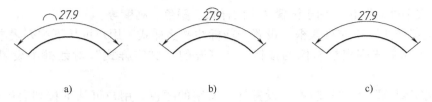

图 10-13　弧长符号

a）标注文字之前　b）标注文字的上方　c）无

（5）"半径折弯标注"区　用于控制折弯半径标注时的折弯角度。图 10-14a 和图 10-14b所示的折弯角度分别为90°和45°。

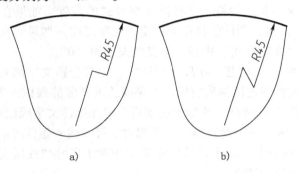

图 10-14　折弯角度

（6）"线性折弯标注"区　用于控制线性标注折弯的显示。线性折弯高度是通过形成折弯的角度的两个顶点之间的距离来确定的，其值为折弯高度因子与文字高度之积。

（7）预览　显示样例标注图像，它可显示对标注样式设置所做的更改的效果。

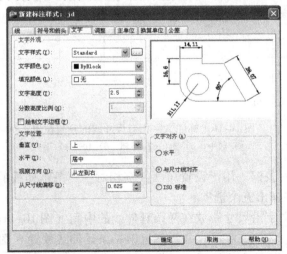

图 10-15　"新建标注样式"对话框中的"文字"选项卡

3. "文字"选项卡（图 10-15）

该选项卡用于设置标注文字的外观、位置和对齐方式等。

（1）"文字外观"区　用于设置文字的样式、颜色、高度等。

1）"文字样式"下拉列表框　设置当前标注文字样式。用户可从下拉列表中选择一种文字样式，也可单击列表框右侧的按钮，在打开的"文字样式"对话框中设置新的文字样式。

2）"文字颜色"下拉列表框　设置标注文字的颜色。用户可从下拉列表中选择颜色，如果选取"选择颜色…"选项，系统将打开"选择颜色"对话框供用户选择其他颜色。

3）"填充颜色"下拉列表框　设置标注中文字背景的颜色。用户可从下拉列表中选择颜色，如果选取"选择颜色…"选项，系统将打开"选择颜色"对话框供用户选择其他颜色。

4）"文字高度"文本框　设置当前标注文字样式的高度。如果在"文字样式"中将文字高度设为大于"0"的值，则该值将作为固定的文字高度。如果要在"文字"选项卡中设置文字高度，则应在"文字样式"中将文字高度设置为"0"。

5）"分数高度比例"文本框　在尺寸标注中，设置分数文字的高度与当前标注文字样式的高度的比例。系统将该比值与当前标注文字样式的高度的乘积作为分数文字的高度。

6）"绘制文字边框"复选框　选择此选项后，将在标注文字周围绘制一个边框。

（2）"文字位置"区　用于设置标注文字相对于尺寸线和延伸线的位置。

1）"垂直"下拉列表框　用于设置标注文字相对于尺寸线在垂直方向的位置。单击右边的下拉箭头，将弹出四个选项：

① 居中　将标注文字放置在尺寸线的中断处（图10-16a）。

② 上　将标注文字放置在尺寸线的上方（图10-16b）。

③ 外部　将标注文字放在尺寸线上远离第一个定义点的一边（图10-16c）。

④ JIS　按照日本工业标准（JIS）放置标注文字（图10-16d）。

⑤ 下　将标注文字放在尺寸线的下方（图10-16e）。

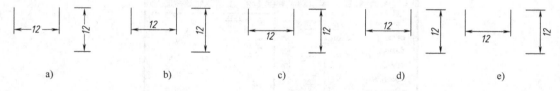

图10-16　标注文字相对尺寸线的垂直位置
a）居中　b）上　c）外部　d）JIS　e）下

2）"水平"下拉列表框　用于设置尺寸文字相对于两条延伸线的位置（图10-17）。单击右边的下拉箭头，将弹出五个选项：

① 居中　将标注文字沿尺寸线放在两条延伸线的中间（图10-17a）。

② 第一条延伸线　标注文字沿尺寸线靠近第一条延伸线放置（图10-17b）。

③ 第二条延伸线　标注文字沿尺寸线靠近第二条延伸线放置（图10-17c）。

④ 第一条延伸线上方　沿第一条延伸线放置标注文字或将标注文字放在第一条延伸线之上。当"文字位置"区的"垂直"项取"居中"时，标注文字沿第一条延伸线放置；取"上方"时，标注文字则放在第一条延伸线之上（图10-17d）。

⑤ 第二条延伸线上方　沿第二条延伸线放置标注文字或将标注文字放在第二条延伸线

之上。当"文字位置"区的"垂直"项取"居中"时,标注文字沿第二条延伸线放置;取"上方"时,标注文字则放在第二条延伸线之上(图 10-17e)。

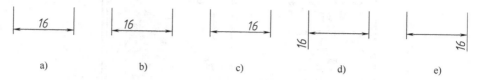

图 10-17 尺寸文字相对于延伸线的位置

a)居中 b)第一条延伸线 c)第二条延伸线 d)第一条延伸线上方 e)第二条延伸线上方

3)"观察方向"下拉列表框 用于控制标注文字的观察方向。

① 从左到右 按从左到右阅读的方式放置文字。

② 从右到左 按从右到左阅读的方式放置文字。

4)"从尺寸线偏移"文本框 用于设置文字的偏移量,即标注文字与尺寸线之间的间距。当标注文字在尺寸线上方时,标注文字底部与尺寸线之间的距离为文字的偏移量;当尺寸线断开标注时,容纳标注文字周围的距离为文字的偏移量。

(3)"文字对齐"区 用于设置标注文字的对齐方式。

1)"水平"单选按钮 选中该按钮,表示所有标注的文字均水平放置(图 10-18a)。

2)"与尺寸线对齐"单选按钮 选中该按钮,表示所有标注的文字均按尺寸线方向标注,即与尺寸线对齐(图 10-18b)。

3)"ISO 标准"单选按钮 选中该按钮,表示所标注的文字符合国际标准,即当文字位于延伸线之内时,沿尺寸线方向标注;当文字位于延伸线之外时,沿水平方向标注(图 10-18c)。

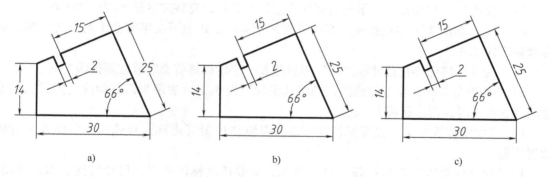

图 10-18 文字对齐的三种方式

a)水平 b)与尺寸线对齐 c)ISO 标准

(4)预览 显示样例标注图像,它可显示对标注样式设置所做的更改的效果。

4. "调整"选项卡(图 10-19)

该选项卡用于控制标注文字、尺寸线、箭头和引线的放置等。

(1)"调整选项"区 根据延伸线之间的空间来控制文字和箭头的位置。如果有足够大的空间,文字和箭头都将放在延伸线内;否则,将按照"调整选项"放置文字和箭头。

1)"文字或箭头(最佳效果)"单选按钮 系统将根据延伸线之间的距离,自动选择一种最佳方式来调整文字或箭头的位置。

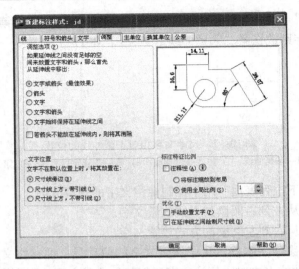

图 10-19 "新建标注样式"对话框中的"调整"选项卡

① 当延伸线间的距离足够放置文字和箭头时,文字和箭头都放在延伸线内。否则,将按照最佳效果移动文字或箭头。

② 当延伸线间的距离仅够容纳文字时,将文字放在延伸线内,而箭头放在延伸线外。

③ 当延伸线间的距离仅够容纳箭头时,将箭头放在延伸线内,而文字放在延伸线外。

④ 当延伸线间的距离既不够放文字又不够放箭头时,文字和箭头都放在延伸线外。

2)"箭头"单选按钮　表示当延伸线内空间不足时,先将箭头移动到延伸线外。

3)"文字"单选按钮　表示当延伸线内空间不足时,先将文字移动到延伸线外。

4)"文字和箭头"单选按钮　当延伸线间距离不足以放下文字和箭头时,文字和箭头都移到延伸线外。

5)"文字始终保持在延伸线之间"单选按钮　表示始终将文字放在延伸线之间。

6)"若箭头不能放在延伸线内,则将其消除"复选框　表示当两延伸线之间没有足够空间放置箭头时,则隐藏箭头。

(2)"文字位置"区　设置标注文字离开其默认位置(由标注样式定义的位置)时的放置位置。

1)"尺寸线旁边"单选按钮　选中该项,只要移动标注文字,尺寸线就会随之移动,即标注文字放置在尺寸线的旁边(图 10-20a)。

2)"尺寸线上方,带引线"单选按钮　选中该项,移动文字时尺寸线将不会移动。如果将文字从尺寸线上移开,将创建一条连接文字和尺寸线的引线(图 10-20b)。

3)"尺寸线上方,不带引线"单选按钮　选中该项,移动文字时尺寸线不会移动。系统将文字放置在尺寸线上方,不加引出线(图 10-20c)。

(3)"标注特征比例"区　用于设置全局标注比例或布局(图纸空间)比例等。所设置的尺寸标注比例因子将影响整个尺寸标注所包含的内容。

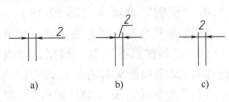

a)　　　　　b)　　　　　c)

图 10-20 三种文字位置

1）"注释性"复选框 选中该项，将创建注释性标注样式。

2）"将标注缩放到布局"单选按钮 确定图纸空间内的尺寸比例系数。

3）"使用全局比例"单选框及文本框 为所有标注样式设置一个比例，该缩放比例并不更改标注的测量值。

（4）"优化"区 用于设置标注尺寸时的精细微调。

1）"手动放置文字"复选框 忽略所有对正设置，并把文字放在"尺寸线位置"提示下指定的位置。

2）"在延伸线之间绘制尺寸线"复选框 表示 AutoCAD 会在两条延伸线之间绘制尺寸线，而不考虑两条延伸线之间的距离。

（5）预览 显示样例标注图像，它可显示对标注样式设置所做更改的效果。

5. "主单位"选项卡（图 10-21）

该选项卡用于设置主单位的格式、精度和标注文字的前缀、后缀等。

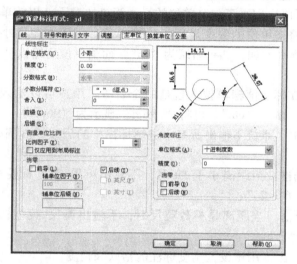

图 10-21 "新建标注样式"对话框中的"主单位"选项卡

（1）"线性标注"区 用于设置线性标注的格式和精度。

1）"单位格式"下拉列表框 设置除角度之外的所有标注类型的当前单位格式。

2）"精度"下拉列表框 显示和设置标注文字中的小数位数。

3）"分数格式"下拉列表框 用于设置分数的格式。只有在"单位格式"设为"分数"或"建筑"后，该选项才有效。

4）"小数分隔符"下拉列表框 用于设置十进制数的整数部分和小数部分之间的分隔符。下拉列表中有三个选项，分别是"逗号"、"句号"和"空格"。

5）"舍入"文本框 为除"角度"之外的所有标注类型设置标注测量值的舍入规则，即用于设定小数点的精确位数。例如，两个尺寸分别为 50.1410 和 50.8790，若将"舍入"值由原来的 0.0000 改为 0.2500，则这两个数分别显示为 50.2500 和 51.0000。

6）"前缀"文本框 在标注文字中包含前缀。用户可以输入文字或使用控制代码显示特殊符号。例如，输入控制代码"％％C"显示直径符号。

7）"后缀"文本框　在标注文字中包含后缀。用户可以输入文字或使用控制代码显示特殊符号。

8）"测量单位比例"项　用于设置比例因子，以及控制该比例因子是否只应用到布局标注中。

①"比例因子"文本框　用于设置线性标注测量值的比例因子，默认值为"1"，即系统将按实际测量值标注尺寸。如设置比例因子为"2"，实际绘图尺寸为"20"，则所标注的尺寸为"40"。

②"仅应用到布局标注"复选框　表示所设置的比例因子仅在布局中创建的标注有效，而对模型空间的尺寸标注无效。

9）"消零"项　用于确定是否显示前导零和后续零，以及零英尺和零英寸部分。

①"前导"复选框　系统不输出所有十进制标注中的前导零。例如，"0.5000"表示为".5000"。选择前导可以启用小于一个单位的标注距离的显示（以辅单位为单位）。

● 辅单位因子　将辅单位的数量设置为一个单位，用于在距离小于一个单位时以辅单位为单位计算标注距离。例如，如果后缀为"m"，而辅单位后缀以"cm"显示，则标注时应输入"100"。

● 辅单位后缀　在标注值辅单位中包括一个后缀。用户可以输入文字或使用控制代码显示特殊符号。例如，输入"cm"，可将".96m"显示为"96cm"。

②"后续"复选框　系统不输出所有十进制标注中的后续零。例如，"12.5000"表示为"12.5"。

●"0 英尺"复选框　当距离小于1ft 时，不输出英尺-英寸标注中的英尺部分。例如，"0′-6 1/2″"表示为"6 1/2″"。

●"0 英寸"复选框　当距离是整数英尺时，不输出英尺-英寸标注中的英寸部分。例如，"1′-0″"表示为"1′"。

（2）"角度标注"区　用于设置角度标注的格式和精度。

1）"单位格式"下拉列表框　设置角度单位的格式。

2）"精度"下拉列表框　设置角度标注的小数位数。

3）"消零"项　用于控制是否显示角度标注的前导零和后续零。

①"前导"复选框　不显示角度十进制标注中的前导零。例如，"0.5000"表示为".5000"。

②"后续"复选框　不显示角度十进制标注中的后续零。例如，"12.5000"表示为"12.5"。

（3）预览　显示样例标注图像，它可显示对标注样式设置所做更改的效果。

6."换算单位"选项卡（图 10-22）

该选项卡用于指定标注测量值中换算单位的显示并设置其格式和精度。

（1）"显示换算单位"复选框　用于控制向标注文字中添加换算测量值。选中该项后，在标注文字中将同时显示以两种单位标识的测量值。AutoCAD 可以转换使用不同测量单位制的标注，通常是显示英制标注的等效公制标注，或者公制标注的等效英制标注。在标注文字中，换算标注单位显示在主单位旁边的方括号"[ ]"内。

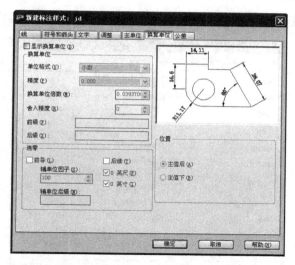

图 10-22 "新建标注样式"对话框中的"换算单位"选项卡

（2）"换算单位"区　显示和设置除角度之外的所有标注类型的当前换算单位格式。

1）"单位格式"下拉列表框　设置换算单位的单位格式。

2）"精度"下拉列表框　设置换算单位中的小数位数。

3）"换算单位倍数"文本框　用于确定主单位和换算单位之间的换算因子。例如，要将英寸转换为毫米，请输入"25.4"。此值对角度标注没有影响。

4）"舍入精度"文本框　设置除角度之外的所有标注类型的换算单位的舍入规则，即设定小数点的精确位数。

5）"前缀"文本框　在换算标注文字中包含前缀。

6）"后缀"文本框　在换算标注文字中包含后缀。

（3）"消零"区　用于确定是否显示"换算单位"的前导零和后续零，以及零英尺和零英寸部分。

（4）"位置"区　控制标注文字中换算单位的位置。

1）"主值后"单选按钮　选中该选项，将换算单位放在标注文字中的主单位之后。

2）"主值下"单选按钮　选中该选项，将换算单位放在标注文字中的主单位下面。

（5）预览　显示样例标注图像，它可显示对标注样式设置所做更改的效果。

7. "公差"选项卡（图 10-23）

该选项卡用于控制标注文字中公差的格式及显示。

（1）"公差格式"区　用于设置公差标注格式。

1）"方式"下拉列表框　设置计算公差的方法。该下拉列表框中有五种方式：

① 无　不标注偏差（图 10-24a）。

② 对称　按上、下极限偏差绝对值相等的方式标注尺寸（图 10-24b）。

③ 极限偏差　按上、下极限偏差不相等的方式标注尺寸（图 10-24c）。

④ 极限尺寸　按两个极限尺寸进行标注（图 10-24d）。

⑤ 公称尺寸　将公称尺寸标注在一个矩形框内（图 10-24e）。

注：在 GB/T　1800.1—2009 中，将"基本尺寸"改为"公差尺寸"，"上偏差"改为

"上极限偏差"，"下偏差"改为"下极限偏差"。

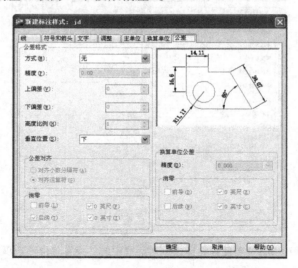

图 10-23　"新建标注样式"对话框中的"公差"选项卡

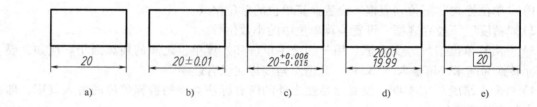

图 10-24　公差标注方式

a）无　b）对称　c）极限偏差　d）极限尺寸　e）公称尺寸

2）"精度"下拉列表框　用于设置偏差值的精度。

3）"上偏差"文本框　用于设置上极限偏差值。

4）"下偏差"文本框　用于设置下极限偏差值。

5）"高度比例"文本框　用于设置偏差数字的当前高度。"高度比例"是指偏差数字高度与公称尺寸数字高度的比值。

6）"垂直位置"下拉列表框　用于设置上、下极限偏差相对于公称尺寸的位置。选项中包括三种位置，即"上"、"中"和"下"，如图 10-25 所示。

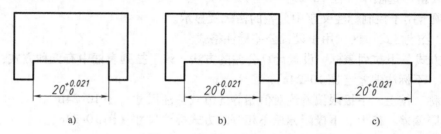

图 10-25　公差数字的对齐方式

a）上　b）中　c）下

7）"公差对齐"项　堆叠时，控制上极限偏差值和下极限偏差值的对齐方式。

①"对齐小数分隔符"单选按钮　通过值的小数分隔符堆叠值。

②"对齐运算符"单选按钮　通过值的运算符堆叠值。

8）"消零"项　用于确定是否显示偏差的前导零和后续零，以及零英尺和零英寸部分。

（2）"换算单位公差"区　用于设置换算单位的精度和消零方式。

（3）预览　显示样例标注图像，它可显示对标注样式设置所做更改的效果。

完成对上述选项卡中的某些选项的设置后，单击"确定"按钮，返回"标注样式管理器"对话框，便创建了一个尺寸标注样式。此时若单击"置为当前"按钮并关闭对话框，则刚设置的新标注样式即成为当前标注样式。

10.3　尺寸标注的类型

10.3.1　线性标注

1. 功能

该命令用来标注水平方向、垂直方向和指定角度的线性尺寸。

2. 命令格式

1）工具栏　标注→ ⊢⊣ 按钮

2）下拉菜单　标注→线性

3）输入命令　DIMLINEAR↓（或 DLI、DIMLIN）

执行上述命令后，命令行提示：

指定第一条延伸线原点或＜选择对象＞：（输入选项）

3. 选项说明

（1）指定第一条延伸线原点　指定第一条延伸线的原点之后，系统将提示指定第二条延伸线的原点。例如，在图 10-26 中指定 P_1 点之后，命令行提示：

指定第二条延伸线原点：（在图 10-26 中指定 P_2 点，命令行提示）

创建了无关联的标注

指定尺寸线位置或［多行文字（M）/文字（T）/角度（A）/水平（H）/垂直（V）/旋转（R）］：（输入选项）

1）指定尺寸线位置　AutoCAD 使用指定点定位尺寸线并确定绘制延伸线的方向。指定位置之后，系统将绘制标注，即按自动测量值标注尺寸。例如，在图 10-26 中指定了 P_3 点后，便注出尺寸"30"。

2）多行文字（M）　显示"多行文字编辑器"，并利用它编辑标注文字。要添加前缀或后缀时，可在生成的测量值前后输入前缀或后缀。

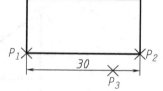

图 10-26　线性尺寸标注

当前标注样式决定了生成的测量值的外观。

3）文字（T）　在命令行自定义标注文字。

4）角度（A）　指定标注文字的角度。执行该选项后，命令行提示：

指定标注文字的角度：（指定角度）

指定尺寸线位置或［多行文字（M）/文字（T）/角度（A）/水平（H）/垂直（V）/旋转（R）］：

此时确定尺寸线的位置，可直接标注出尺寸，也可用其他选项确定要标注的尺寸文字。

5）水平（H）　用于标注水平方向的尺寸。执行该选项后，命令行提示：

指定尺寸线位置或［多行文字（M）/文字（T）/角度（A）］：（输入选项）

① 指定尺寸线位置　使用指定点定位尺寸线。指定位置之后，将绘制标注。

② 多行文字（M）、文字（T）、角度（A）　这些文字编辑和设置格式选项在所有标注命令中都是相同的。请参见上面的选项说明。

6）垂直（V）　用于标注垂直方向的尺寸。执行该选项后，命令行提示：

指定尺寸线位置或［多行文字（M）/文字（T）/角度（A）］：（输入选项）

① 指定尺寸线位置　使用指定点定位尺寸线。指定位置之后，将绘制标注。

② 多行文字（M）、文字（T）、角度（A）　其各项功能，请参见上面的选项说明。

7）旋转（R）　表示标注的尺寸线将按给定的角度旋转。选择该选项后，命令行提示：

指定尺寸线的角度＜当前值＞：（指定角度）

指定尺寸线位置或［多行文字（M）/文字（T）/角度（A）/水平（H）/垂直（V）/旋转（R）］：

在此提示下，确定尺寸线的位置，即可标注尺寸（图 10-27），也可选择其他选项进行标注。

（2）选择对象　选择对象后，系统会自动确定第一条和第二条延伸线的原点。这时，命令行提示：

选择标注对象：（如图 10-28 中的 P_1 点）

指定尺寸线位置或［多行文字（M）/文字（T）/角度（A）/水平（H）/垂直（V）/旋转（R）］：（给出尺寸线的位置，如图 10-28 所示的 P_2 点，即可完成尺寸标注；也可选择其他选项）

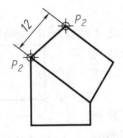　　　　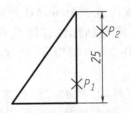

图 10-27　线性尺寸旋转标注　　　　图 10-28　线性尺寸直接标注

　　说明：如果选择直线或圆弧，将使用其端点作为延伸线的原点；如果选择圆，将使用直径的端点作为延伸线的原点。

10.3.2　对齐标注

1. 功能

该命令用于标注带有倾斜尺寸线的尺寸标注。

2. 命令格式

1）工具栏　标注→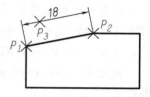按钮

2）下拉菜单　标注→对齐

3）输入命令　DIMALIGNED↓（或 DAL、DIMALI）

执行上述命令后，命令行提示：

指定第一条延伸线原点或＜选择对象＞：（输入选项）

3. 选项说明

（1）指定第一条延伸线原点　指定第一条延伸线的原点后，系统将提示指定第二条延伸线的原点。例如，在图 10-29 中指定 P_1 点后，命令行提示：

指定第二条延伸线原点：（在图 10-29 中指定 P_2 点，命令行提示）

指定尺寸线位置或［多行文字（M）/文字（T）/角度（A）］：（输入选项）

1）指定尺寸线位置　指定尺寸线的位置并确定绘制延伸线的方向后，系统将按自动测量值标注出尺寸。例如，在图 10-29 中指定了 P_3 点后，便标注出尺寸"18"。

2）多行文字（M）　利用"多行文字编辑器"编辑标注文字。

3）文字（T）　在命令行自定义标注文字。

4）角度（A）　指定标注文字的角度。执行该选项后，命令行提示：

图 10-29　对齐尺寸标注

指定标注文字的角度：（指定角度）

指定尺寸线位置或［多行文字（M）/文字（T）/角度（A）］：
（确定尺寸线的位置后，可直接标注出尺寸；也可用其他选项确定要标注的尺寸文字）

（2）选择对象　选择对象之后，系统自动确定第一条和第二条延伸线的原点。执行命令后按"Enter"键，命令行提示：

选择标注对象：（如图 10-30 中的 P_1 点）

指定尺寸线位置或［多行文字（M）/文字（T）/角度（A）］：
（指定尺寸线的位置，如图 10-30 中的 P_2 点，即可完成尺寸标注；也可选择其他选项）

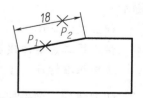

图10-30　对齐尺寸直接标注

10.3.3　基线标注

1. 功能

该命令用于创建与前一个标注或选定标注具有相同的第一条延伸线（基线）的一系列线性尺寸、角度尺寸或坐标标注。

2. 命令格式

1）工具栏　标注→ ⊢⊣ 按钮

2）下拉菜单　标注→基线

3）输入命令　DIMBASELINE↓（或 DBA、DIMBASE）

3. 说明

创建基线标注之前，必须先创建可以作为基准尺寸的线性标注、对齐标注或角度标注。选择基准标注后，系统自动将基线作为第一条延伸线原点（尺寸界线起点），并提示用户选择下一条延伸线原点（尺寸界线终点）。

例 10-1　标注如图 10-31 所示的尺寸。

分析　图 10-31 中的尺寸可采用线性基线标注的方法标出。首先注出一个线性尺寸，然后标注其他尺寸。本例中首先标出尺寸"18"。

操作过程如下：

命令：DIMLINEAR↓（线性标注——图 10-31a）

指定第一条延伸线原点或 < 选择对象 >：（拾取 P_1 点）

指定第二条延伸线原点：（拾取 P_2 点）

指定尺寸线位置或 ［多行文字（M）/文字（T）/角度（A）/水平（H）/垂直（V）/旋转（R）］：（指定尺寸线的位置后，便注出尺寸"18"，如图 10-31a 所示）

命令：DIMBASELINE↓（基线标注——图 10-31b）

指定第二条延伸线原点或 ［放弃（U）/选择（S）］ < 选择 >：（拾取 P_3 点，命令行提示）

标注文字 = 26

指定第二条延伸线原点或 ［放弃（U）/选择（S）］ < 选择 >：（拾取 P_4 点，命令行提示）

标注文字 = 52

指定第二条延伸线原点或 ［放弃（U）/选择（S）］ < 选择 >：（拾取 P_5 点，命令行提示）

标注文字 = 70

指定第二条延伸线原点或 ［放弃（U）/选择（S）］ < 选择 >：↓

选择基准标注：↓

结束命令，结果如图 10-31b 所示。

图 10-32 所示为角度基线标注示例。

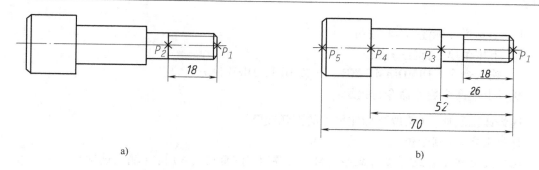

图 10-31　线性基线标注示例

a）前一个尺寸标注　b）基线标注后

10.3.4　连续标注

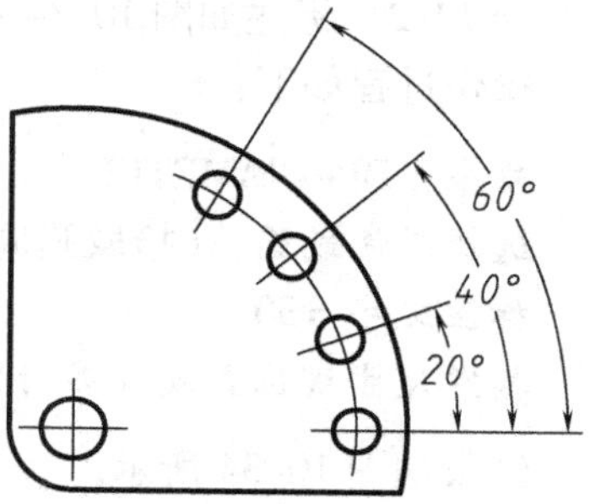

1. 功能

从上一个标注或选定标注的第二条延伸线处开始，按某一方向顺序创建线性标注、角度标注或坐标标注。相邻的尺寸共用一条尺寸延伸线，而且所有的尺寸线都在同一直线或弧线上。

2. 命令格式

1）工具栏　标注→![按钮]按钮

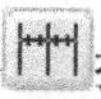

2）下拉菜单　标注→连续

3）输入命令　DIMCONTINUE↓（或 DCO、DIMCONT）

3. 说明

进行连续标注时，系统自动将上一个尺寸延伸线的原点（尺寸界线终点）作为连续标注的起点，并提示用户选择下一尺寸延伸线的原点（尺寸界线终点）。

图 10-33 所示为连续尺寸标注示例。

图 10-32　角度基线标注示例

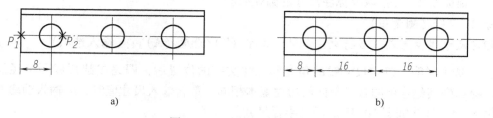

图 10-33　连续尺寸标注示例

a）原有尺寸标注　b）连续标注后

10.3.5　直径与半径标注

1. 直径标注

（1）功能　用于标注圆或圆弧的直径尺寸。

（2）命令格式

1）工具栏　标注→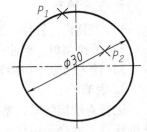按钮

2）下拉菜单　标注→直径

3）输入命令　DIMDIAMETER↓（或 DDI、DIMDIA）

执行上述命令后，命令行提示：

选择圆弧或圆：（拾取要标注尺寸的圆弧或圆）

标注文字 =（测量值）

指定尺寸线位置或 [多行文字（M）/文字（T）/角度（A）]：（输入选项）

（3）选项说明　确定尺寸线的角度和标注文字的位置后，即完成圆弧或圆直径尺寸的标注。提示中其他选项的含义与前面所述基本相同，重新输入尺寸值时，应输入前缀"φ"。

例 10-2　标注如图 10-34 所示的直径尺寸。

操作过程如下：

命令：DIMDIAMETER↓

选择圆弧或圆：（拾取圆周上的 P_1 点，命令行提示）

标注文字 =30

指定尺寸线位置或 [多行文字（M）/文字（T）/角度（A）]：（拾取 P_2 点）

结果如图 10-34 所示。

2. 半径标注

（1）功能　用来标注圆或圆弧的半径尺寸。

（2）命令格式

1）工具栏　标注→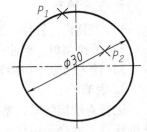按钮

2）下拉菜单　标注→半径

3）输入命令　DIMRADIUS↓（或 DRA、DIMRAD）

执行上述命令后，命令行提示：

选择圆弧或圆：（拾取要标注尺寸的圆弧或圆）

标注文字 =（测量值）

指定尺寸线位置或 [多行文字（M）/文字（T）/角度（A）]：（输入选项）

图 10-34　直径尺寸标注

（3）选项说明　确定尺寸线的角度和标注文字的位置后，即完成圆弧或圆半径尺寸的标注。提示中其他选项的含义与前面所述基本相同，重新输入尺寸值时，应输入前缀"R"。

例 10-3　标注如图 10-35 所示的半径尺寸。

操作过程如下：

命令：DIMRADIUS↓

选择圆弧或圆：（拾取圆弧上的 P_1 点，命令行提示）

标注文字 =16

指定尺寸线位置或 [多行文字（M）/文字（T）/角度（A）]：（拾取 P_2 点）

结果如图 10-35 所示。

3. 折弯半径标注

（1）功能　用于圆弧或圆的折弯半径标注。一般适用于圆弧或圆的半径尺寸较大，在图形上不便确定圆心的场合。

（2）命令格式

1）工具栏　标注→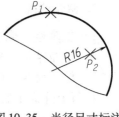按钮

2）下拉菜单　标注→折弯

图 10-35　半径尺寸标注

3）输入命令　DIMJOGGED↓

执行上述命令后，命令行提示：

选择圆弧或圆：（选择一个圆弧、圆或多段线弧线段）

指定图示中心位置：（确定一点，作为折弯半径标注的新中心点，替代圆或圆弧的实际中心点）

标注文字＝（测量值）

指定尺寸线位置或［多行文字（M）/文字（T）/角度（A）］：（输入选项）

（3）选项说明

1）指定尺寸线位置　指定一点，确定尺寸线的角度和标注文字的位置。之后命令行提示：

指定折弯位置：（指定一点，即指定折弯的中点，这时系统按测量值标注出半径及半径符号。折弯角度由"标注样式管理器"对话框中的"符号和箭头"选项卡确定）

2）多行文字（M）　利用"多行文字编辑器"编辑标注文字。

3）文字（T）　在命令行自定义标注文字。

4）角度（A）　修改标注文字的角度。

例 10-4　用折弯半径标注如图 10-36 所示圆弧的半径尺寸。

操作过程如下：

命令：DIMJOGGED↓

选择圆弧或圆：（选择圆弧，拾取 P_1 点）

指定图示中心位置：（拾取 P_2 点）

标注文字＝44

指定尺寸线位置或［多行文字（M）/文字（T）/角度（A）］：（拾取 P_3 点）

指定折弯位置：（拾取 P_4 点）

结果如图 10-36 所示。

10.3.6　弧长标注

1. 功能

该命令用于标注圆弧长度尺寸。

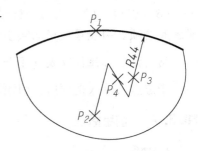

图 10-36　折弯标注圆弧半径

2. 命令格式

1）工具栏　标注→按钮

2）下拉菜单　标注→弧长

3）输入命令　DIMARC↓

执行上述命令后，命令行提示：

选择弧线段或多段线弧线段：（选择圆弧）

指定弧长标注位置或［多行文字（M）/文字（T）/角度（A）/部分（P）/引线（L）］：（输入选项）

3. 选项说明

（1）指定弧长标注位置　指定尺寸线的位置，并确定延伸线的方向。命令行提示：

标注文字＝（测量值）

这时系统按测量值标注出弧长尺寸，如图 10-37a 所示。

（2）多行文字（M）　利用"多行文字编辑器"编辑标注文字。

（3）文字（T）　在命令行自定义标注文字。

（4）角度（A）　指定标注文字的角度。执行该选项后，命令行提示：

指定标注文字的角度：（指定角度）

指定尺寸线位置或［多行文字（M）/文字（T）/角度（A）/部分（P）/引线（L）］：（确定尺寸线的位置，可直接标注出弧长尺寸；也可用其他选项进行标注）

（5）部分（P）　用于标注部分圆弧长度尺寸。选择此选项后，命令行提示：

指定弧长标注的第一个点：（指定圆弧上弧长标注的起点，如在图 10-37b 中拾取 P_1 点）

指定弧长标注的第二个点：（指定圆弧上弧长标注的终点，如在图 10-37b 中拾取 P_2 点）

指定弧长标注位置或［多行文字（M）/文字（T）/角度（A）/部分（P）/引线（L）］：

指定弧长标注位置后，系统按测量值标注出弧长尺寸，如图 10-37b 所示。

在该选项中，指定圆弧长度标注的点可不位于圆弧上。

（6）引线（L）　为弧长标注添加引线。当圆弧（或弧线段）的圆心角大于 90°时才会显示此选项。引线是按径向绘制的，指向所标注圆弧的圆心。选择此选项后，命令行提示：

指定弧长标注位置或［多行文字（M）/文字（T）/角度（A）/部分（P）/无引线（N）］：

指定点或输入选项后，引线将自动创建，如图 10-37c 所示。

10.3.7　角度标注

1. 功能

该命令用于标注圆弧的圆心角、两条非平行直线之间的夹角，以及不共线三点决定的两直线之间的夹角。

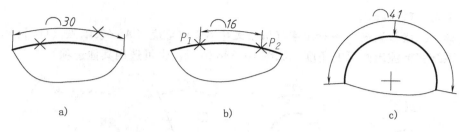

图 10-37 弧长尺寸标注

2. 命令格式

1）工具栏　标注→◹按钮

2）下拉菜单　标注→角度

3）输入命令　DIMANGULAR↓（或 DAN、DIMANG）

执行上述命令后，命令行提示：

选择圆弧、圆、直线或＜指定顶点＞：（输入选项）

3. 选项说明

（1）选择圆弧　在圆弧上拾取一点，系统将以圆弧的圆心为角度的顶点，以圆弧端点为延伸线的原点，在延伸线之间绘制一条圆弧作为尺寸线，并以拖动的方式显示尺寸标注。命令行提示：

指定标注弧线位置或［多行文字（M）/文字（T）/角度（A）/象限点（Q）］：（确定弧线位置，系统将标注出圆弧的角度，如图 10-38a 所示，也可选用其他选项）

（2）选择圆　在圆上拾取一点，系统将以该拾取点作为第一条延伸线的原点，以圆的圆心为顶点。命令行提示：

指定角的第二个端点：（指定一点，该点是第二条延伸线的原点，且无需位于圆上。命令行提示）

指定标注弧线位置或［多行文字（M）/文字（T）/角度（A）/象限点（Q）］：（确定弧线位置，系统将标注出圆弧的角度，如图 10-38b 所示；也可选用其他选项）

（3）选择直线　用两条相交直线定义角度。选择一条直线后，命令行提示：

选择第二条直线：（选择第二条直线，系统通过将每条直线作为角度的矢量，将直线的交点作为角度顶点来确定角度。命令行提示如下）

指定标注弧线位置或［多行文字（M）/文字（T）/角度（A）/象限点（Q）］：（确定弧线位置，系统将标注出两直线间的夹度，如图 10-38c 所示；也可选用其他选项）

（4）按"Enter"键　即选定默认的"指定顶点"项，系统会自动按三点方式标注角度尺寸（图 10-38d）。命令行提示：

指定角的顶点：（指定一点作为角的顶点，命令行提示）

指定角的第一个端点：（指定一点作为角的第一个端点，命令行提示如下）

指定角的第二个端点：（指定一点作为角的条二个端点，命令行提示如下）

创建了无关联的标注

指定标注弧线位置或 [多行文字 (M)/文字 (T)/角度 (A)/象限点 (Q)]：（确定弧线位置，系统将标注出圆弧的角度，如图 10-38d 所示；也可选用其他选项）

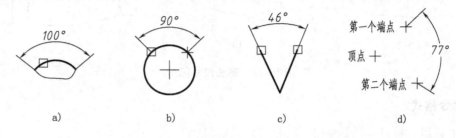

图 10-38　角度尺寸标注

（5）多行文字（M）、文字（T）、角度（A）　这些选项的功能同前所述。

（6）象限（Q）　指定标注应锁定到的象限。打开象限行为后，将标注文字放置在角度标注外时，尺寸线会延伸超过延伸线。

10.3.8　快速标注

1. 功能

该命令可快速创建一系列尺寸标注，特别适合完成一系列基线标注或连续标注，或者完成一系列圆、圆弧的标注。

2. 命令格式

1）工具栏　标注→ [⊡] 按钮

2）下拉菜单　标注→快速标注

3）输入命令　QDIM↓

执行上述命令后，命令行提示：

关联标注优先级＝端点

选择要标注的几何图形：（选择要标注的对象）

……

选择要标注的几何图形：↓

指定尺寸线位置或 [连续 (C)/并列 (S)/基线 (B)/坐标 (O)/半径 (R)/直径 (D)/基准点 (P)/编辑 (E)/设置 (T)] <当前值>：（输入选项）

3. 选项说明

（1）指定尺寸线位置　确定尺寸线位置。直接确定尺寸线位置时，系统按测量值对所选择的实体进行快速标注。

（2）连续（C）　创建一系列连续标注。

（3）并列（S）　创建一系列并列标注（图 10-39）。

（4）基线（B）　创建一系列基线标注（图 10-40）。

（5）坐标（O）　创建一系列坐标标注。

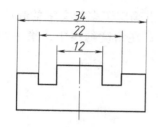

图 10-39　快速标注——并列

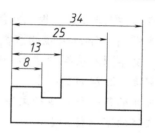

图 10-40　快速标注——基线

（6）半径（R）　创建一系列半径标注。

（7）直径（D）　创建一系列直径标注。

（8）基准点（P）　为基线标注和坐标标注设置新的基点（图 10-41）。

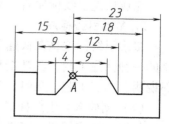

图 10-41　快速标注——基准点

（9）编辑（E）　用来增减尺寸标注点。

（10）设置（T）　为指定延伸线原点设置默认对象捕捉。

命令行提示：

关联标注优先级 ［端点（E）/交点（I）］ ＜当前值＞：

程序将返回上一个提示。

10.3.9　引线标注

引线标注可分为快速引线标注和多重引线标注。

1. 快速引线标注

引线标注的对象是两端分别带有箭头（或圆点或无）和注释内容的一段或多段引线，引线可以是直线或样条曲线，注释内容可以是文字、图块、几何公差等形式。

快速引线标注命令是 AutoCAD 常用的引线标注命令。在命令行中输入 "QLEADER"，可以激活快速引线标注命令，命令行提示如下：

命令：QLEADER↓ （或 LE）（这时，命令行提示）

指定第一个引线点或 ［设置（S）］ ＜设置＞：（指定第一个引线点，或者按 "Enter" 键进入 "引线设置" 对话框）

快速引线标注命令的 "引线设置" 对话框如图 10-42 所示。用户可以在其中对引线的注释、引线和箭头、附着等参数进行设置。

例如，绘制如图 10-43 所示的引线标注，操作过程如下：

命令：QLEADER↓

指定第一个引线点或 ［设置（S）］ ＜设置＞：（指定 A 点）

指定下一点：（指定 B 点）

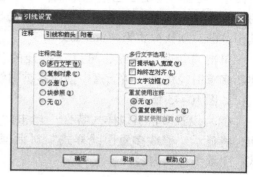

图 10-42　"引线设置" 对话框

指定下一点：（指定 C 点。根据本例的设置，该点确定了多行文字的起始位置。在此例中，注释类型为多行文字，引线的点数设置为 "3"；在角度约束中，第一段为任意角度，第二段为水平；文字附着选择 "最后一行加下划线"）

指定文字宽度 <2.7464 >：↓

输入注释文字的第一行 < 多行文字（M）>：15↓

输入注释文字的下一行：↓

结果如图 10-43 所示。

完成快速引线标注后，文字注释将变成多行文字对象，可直接修改文字内容。

2. 多重引线标注

多重引线标注是在快速引线标注的基础上改进而来的一种标注工具，其功能更加强大，常用于标注材料说明、加工工艺、几何公差等注释性内容。

（1）创建多重引线样式

与尺寸标注相似，在进行多重引线标注前，需要创建多重引线样式。用户可以通过 "多重引线样式管理器" 对话框创建多重引线样式。下面简单介绍 "多重引线样式管理器" 的功能及使用方法等。

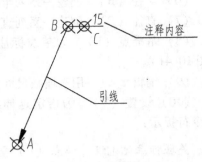

图 10-43　快速引线标注

1）功能　用于创建、修改多重引线样式，以及设定当前多重引线样式等。

2）命令格式

① 工具栏　样式（或多重引线）→ 按钮

② 下拉菜单　格式→多重引线样式

③ 输入命令　MLEADERSTYLE↓

执行上述命令后，系统弹出 "多重引线样式管理器" 对话框（图 10-44）。

3）对话框说明　"多重引线样式管理器" 对话框与 "标注样式管理器" 对话框相似，其 "样式" 列表中列出了当前图形文件中已创建的所有多重引线样式，并显示了当前样式名及其预览图，默认样式为 "Standard"。

单击 "新建" 按钮，可以在打开的 "创建新多重引线样式" 对话框中创建多重引线样式，如图 10-45 所示。

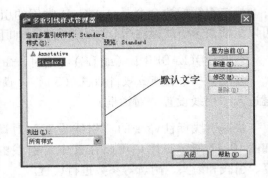

图 10-44　"多重引线样式管理器" 对话框

（2）设置多重引线样式特性　单击 "创建新多重引线样式" 对话框中的 "继续" 按钮，将显示 "修改多重引线样式" 对话框（图 10-46），从中可以设置多重引线的引线格式、引线结构和内容。

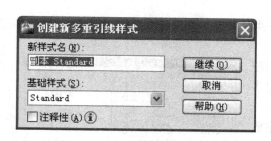

图 10-45　"创建新多重引线样式"对话框

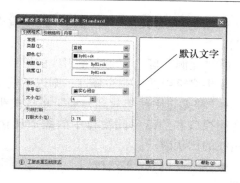

图 10-46　"修改多重引线样式"对话框中的
"引线格式"选项卡

1）"引线格式"选项卡（图 10-46）　此选项卡用来设置引线的类型、箭头的符号及大小等参数。

①"常规"区　控制多重引线的基本外观。

● "类型"下拉列表框　确定引线类型。用户可以选择直引线、样条曲线或无引线。

● "颜色"下拉列表框　确定引线的颜色。

● "线型"下拉列表框　确定引线的线型。

● "线宽"下拉列表框　确定引线的线宽。

②"箭头"区　控制多重引线箭头的外观。

● "符号"下拉列表框　设置多重引线的箭头符号。

● "大小"下拉列表框　显示和设置箭头的大小。

③"引线打断"区　控制将折断标注添加到多重引线时使用的设置。

● "打断大小"下拉列表框　显示和设置选择多重引线后用于 DIMBREAK 命令的折断大小。

④ 预览　显示已修改样式的预览图像。

⑤ 了解多重引线样式　单击该链接或信息图标，可以了解有关多重引线和多重引线样式的详细信息。

2）"引线结构"选项卡（图 10-47）　此选项卡用于设置多重引线的引线点数、弯折角度及基线的长度等。

①"约束"区　控制多重引线的约束。

● "最大引线点数"复选框　指定引线的最多点数（引线的线段数比其点数少 1）。

● "第一段角度"复选框　指定第一段引线的放置角度。

● "第二段角度"复选框　指定第二段引线的放置角度。

②"基线设置"区　控制多重引线的基线设置。

● "自动包含基线"复选框　将水平基线附着到多重引线内容。

图 10-47　"修改多重引线样式"对话框中的"引线结构"选项卡

● "设置基线距离"复选框 为多重引线基线设置长度（在图 10-50 中，基线距离为"2"）。

③ "比例"区 控制多重引线的缩放。"注释性"复选框用于指定多重引线为注释性。如果多重引线为非注释性，则以下选项可用。

● "将多重引线缩放到布局"单选按钮 根据模型空间视口和图纸空间视口中的缩放比例，确定多重引线的比例因子。

● "指定比例"单选按钮 指定多重引线的缩放比例。

④ 预览 显示已修改样式的预览图像。

⑤ 了解多重引线样式 单击该链接或信息图标，可以了解有关多重引线和多重引线样式的详细信息。

3）"内容"选项卡（图 10-48） 此选项用于设置多重引线标注的内容、文字外观及引线连接形式等。

图 10-48 "修改多重引线样式"对话框
中的"内容"选项卡

① "多重引线类型"下拉列表框 用于设置多重引线的标注内容，如多行文字、块等，如图 10-49 所示。选择不同的引线类型，选项卡内将对应不同的设置选项。

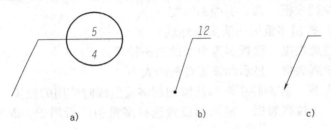

图 10-49 多重引线的标注内容
a）块 b）多行文字 c）无

② "文字选项"区 控制多重引线文字的外观。

● "默认文字"下拉列表框 为多重引线内容设置默认文字，单击 ... 按钮将启动"多行文字编辑器"。

● "文字样式"下拉列表框 指定属性文字的预定义样式，显示当前加载的文字样式。

● "文字角度"下拉列表框 指定多重引线文字的旋转角度。

● "文字颜色"下拉列表框 指定多重引线文字的颜色。

● "文字高度"下拉列表框 指定多重引线文字的高度。

● "始终左对正"复选框 指定多重引线文字始终左对齐（图 10-50）。

● "文字边框"复选框" 使用文本框对多重引线文字内容加框。

③ "引线连接"区 控制多重引线的引线连接设置。

● "水平连接"单选按钮 将引线插入文字内容的左侧或右侧。水平连接包括文字和引线之间的基线，有以下三个选项可选：

● 连接位置-左 控制文字位于引线右侧时，基线连接到多重引线文字的方式（图 10-50）。

● 连接位置-右　控制文字位于引线左侧时，基线连接到多重引线文字的方式（图 10-50）。
● 基线间隙　指定基线和多重引线文字之间的距离。

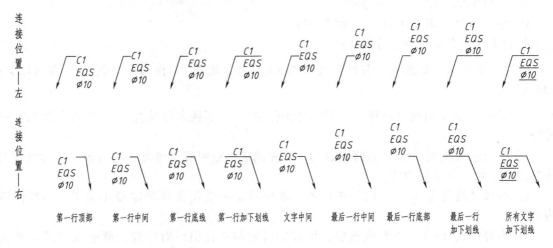

图 10-50　水平连接中基线与文字的相对位置

●"垂直连接"单选按钮　将引线插入文字内容的顶部或底部（图 10-51）。垂直连接不包括文字和引线之间的基线，有以下两个选项可选：

● 连接位置-上　将引线连接到文字内容的中上部（图 10-52a）。单击下拉菜单，可在引线连接和文字内容之间插入上划线。

● 连接位置-下　将引线连接到文字内容的底部（图 10-52b）。单击下拉菜单，可在引线连接和文字内容之间插入下划线。

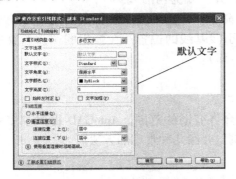

图 10-51　"修改多重引线样式"对话框的"内容"选项卡中的"垂直连接"项

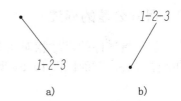

图 10-52　垂直连接中多重引线与文字的相对位置示例
a）连接位置——上，居中　b）连接位置——下，居中

（3）标注多重引线　设置完多重引线样式特性后，便可利用多重引线命令进行标注。下面介绍多重引线命令的功能和使用方法。

1）功能　创建多重引线对象。多重引线对象通常包含箭头、水平基线、引线或曲线和多行文字对象或块。

2）命令格式

① 工具栏　多重引线→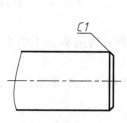按钮

② 下拉菜单　标注→多重引线

③ 输入命令　MLEADER↓（或 MLD）

执行上述命令后，命令行提示：

指定引线箭头的位置或［引线基线优先（L）/内容优先（C）/选项（O）］＜当前值＞：（输入选项）

3）说明　多重引线可创建为"引线箭头优先"、"引线基线优先"或"内容优先"三种形式。

① 引线箭头优先（H）　选择该选项，将先确定多重引线对象箭头的位置，然后指定引线基线的位置，并注释内容。

② 引线基线优先（L）　选择该选项，将先确定基线位置再指定箭头位置，然后注释内容。

③ 内容优先（C）　选择该选项，将首先指定与多重引线对象相关联的文字或块的位置，然后指定箭头的位置。

4）选项　该选项可重新对引线样式进行临时更改。

例 10-5　完成如图 10-53 所示的多重引线标注。

第一步　设置多重引线样式。单击"格式"→"多重引线样式"→"修改多重引线样式"。在该对话框的"引线格式"选项卡中，设置类型为直线、箭头符号为无；在"引线结构"选项卡中设置最大引线点数为 2、第一段角度为 45°、基线距离为 2；在"内容"选项卡中，选择引线类型为多行文字、文字样式为样式 1、文字高度为 3.5、水平连接、"连接位置-右"项为第一行加下划线；基线间隙为 0.5 等项，并"置为当前"。

第二步　多重引线标注。调用"多重引线"命令，并选用"引线箭头优先"项；启用对象捕捉功能，捕捉倒角处交点，移动鼠标指定引线基线的位置；在弹出的"多行文字编辑器"中输入"C1"，单击"确定"即可（图 10-53）。

10.3.10　尺寸公差的标注

尺寸公差是指零件的尺寸相对其公称尺寸所允许变动的范围。AutoCAD 提供了多种尺寸公差的标注方法，下面以图 10-54 所注尺寸为例，介绍几种常用的方法。

图 10-53　多重引线标注

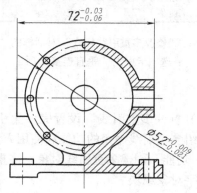

图 10-54　标注尺寸公差示例

1. 方法一

用创建的"尺寸标注样式"直接标注尺寸公差。

1）创建样式名为"公差1"的尺寸标注样式。根据国家标准，在"新建标注样式"对话框中的选项卡内设置相关内容。其中，在"公差"选项卡中设置参数的情形如图 10-55 所示。本例标注"$72^{-0.03}_{-0.06}$"，设置参数后单击"确定"，并选择"置为当前"。

2）标注尺寸公差。启用线性尺寸标注命令，当命令行提示"指定尺寸线位置或……"时直接按"Enter"键，便可注出带有所设置公差的尺寸。

按上述所设样式和操作方法标注出的尺寸，其公称尺寸可能不同，但公差值相同。

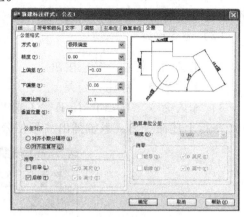

图 10-55 在"新建标注样式"对话框中的"公差"选项卡内设置参数

2. 方法二

利用所创建标注样式（如"公差1"），在标注中选用"多行文字编辑器"标注尺寸公差。

此方法是在上述标注方法的基础上产生的。它们的区别在于：当命令行提示"指定尺寸线位置或……"时，这里不按"Enter"键，而是选取"多行文字（M）"项，即打开"多行文字编辑器"，然后输入尺寸公差并选择"堆叠"等方式完成标注。

图 10-54 中用"直径标注"方式标注"$\phi 52^{+0.009}_{-0.021}$"。这时，标注样式为"公差1"，在"多行文字编辑器"内输入尺寸公差值（图 10-56）。

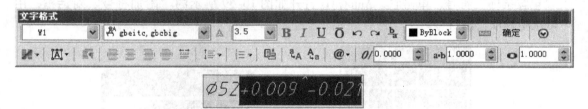

图 10-56 在尺寸标注中利用"多行文字编辑器"输入尺寸公差值

用这种方法标注尺寸，可以在同一标注样式下，标注出不同的尺寸公差值。

10.3.11 几何公差的标注

在生产实际中，经过加工的零件不但会产生尺寸误差，而且会产生形状和位置误差。为此，国家标准规定了一项保证零件加工质量的技术指标——《产品几何技术规范（GPS）几何公差 形状、方向、位置和跳动公差标注》（GB/T 1182—2008）。

在技术图样中，几何公差一般应采用代号形式标注。几何公差代号用框格表示，并用带箭头的指引线指向被测要素。用户可使用以下两个命令标注几何公差（在旧的国家标准中，几何公差被称为形位公差，AutoCAD 中仍沿用此名称）。

1. 形位公差标注命令

（1）功能　用于标注公差代号，即注写几何公差框格的内容。标注位置公差时，通常应先按要求绘制出带箭头的指引线。

（2）命令格式

1）工具栏　标注→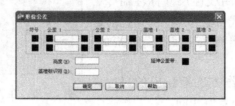按钮

2）下拉菜单　标注→公差

3）输入命令　TOLERANCE↓（或 TOL）

执行上述命令后，系统弹出"形位公差"对话框，如图 10-57 所示。

图 10-57 "形位公差"对话框

（3）对话框说明

1）符号　设定或改变公差符号。单击下面的黑方块，系统弹出"特征符号"对话框，如图 10-58 所示，可从中选取公差符号。

2）公差 1（2）　产生第一（二）个公差的公差值及"附加符号"符号。白色文本框左侧的黑方块用于控制是否在公差值之前加直径符号，单击它，则出现直径符号，再单击则直径符号消失。白色文本框用于确定公差值，可在其中输入一个具体数值。右侧黑方块用于插入"包容条件"符号，单击它，AutoCAD 打开如图 10-59 所示的"附加符号"对话框，用户可从中选取所需符号。

图 10-58 "特征符号"对话框　　　　　图 10-59 "附加符号"对话框

3）基准 1（2、3）　确定第一（二、三）个基准符号及材料状态符号。白色文本框用于输入基准符号；单击其右侧黑方块，AutoCAD 弹出"包容条件"对话框，用户可从中选取适当的"包容条件"符号。

4）"高度"文本框　确定标注复合几何公差的高度。

5）延伸公差带　单击此黑方块，可在复合公差带后面加一个复合公差符号。

6）"基准标识符"文本框　产生一个标识符号，用一个字母表示。

例 10-6　如图 10-60 所示，用公差命令标注平面度公差。

第一步　绘制指引线（图 10-60a）。将带有箭头的指引线画到被测要素处，可用多重引

线命令绘出。这时，其样式中的"最大引线点数"可设为2，"第一段角度"为90°，"基线距离"取10，"多重引线类型"为无等。

也可用快速引线命令绘出指引线。这时，"引线设置"中的"注释类型"选"无"，引线点数设为"3"，第一段角度约束为"90°"，第二段角度约束为"水平"等。

第二步　注写几何公差框格，并将其放于指引线端点上（图10-60b）。调用公差命令，在"形位公差"对话框内按规范填写有关内容，之后单击"确定"按钮，关闭"形位公差"对话框，此时系统提示：

输入公差位置：

这时可打开对象捕捉，拖动公差框格到指引线的端点，确认后，便完成了几何公差的标注。

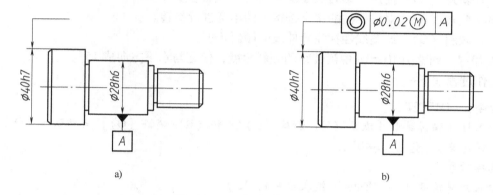

图 10-60　几何公差标注示例

2. 快速引线标注命令

此命令可一次标注出指引线和几何公差框格。例如，对如图10-60所示的公差进行标注，启动 QLEADER 命令后，在"引线设置"对话框中设置"注释类型"为"公差"，引线点数为"3"，第一段角度约束为"90°"，第二段角度约束为"水平"等。之后便可一次注出其公差。

对于位置公差的标注，还应在基准要素上（或延长线）作出基准符号，通常将基准符号定义为一个带有属性的块。

10.4　编辑标注对象

在 AutoCAD 中，可以对已标注对象的文字、位置及样式等内容进行修改，而不必删除它们重新标注。

10.4.1　编辑标注文字和延伸线

1. 功能

此命令用于旋转、修改或恢复标注文字，以及更改延伸线的倾斜角。

2. 命令格式

1）工具栏　标注→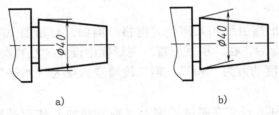按钮

2）下拉菜单　标注→倾斜

3）输入命令　DIMEDIT↓

执行上述命令后，命令行提示：

输入标注编辑类型［默认（H)/新建（N)/旋转（R)/倾斜（O)］＜当前值＞:（输入选项）

3. 选项说明

（1）默认（H）　将旋转标注文字移回默认位置。

（2）新建（N）　使用"多行文字编辑器"更改标注文字。

（3）旋转（R）　对已标注的文字按指定的角度进行旋转。

（4）倾斜（O）　调整线性标注延伸线的倾斜角度。

例 10-7　调整图 10-61a 中延伸线的倾斜角度，使之与水平方向成 15°。

操作过程如下：

命令：DIMEDIT↓

输入标注编辑类型［默认（H)/新建（N)/旋转（R)/倾斜（O)］＜默认＞：O↓

选择对象：（选取"φ40"）

选择对象：↓

输入倾斜角度（按"Enter"键表示无）：15↓

结果如图 10-61b 所示。

a)　　　　　　　　　　　b)

图 10-61　线性标注延伸线的编辑

a) 编辑前　b) 编辑后

10.4.2　编辑标注文字的位置

1. 功能

此命令用于移动和旋转标注文字，以及重新定位尺寸线。

2. 命令格式

1）工具栏　标注→按钮

2）下拉菜单　标注→对齐文字→子菜单选项

3）输入命令　DIMTEDIT↓

执行上述命令后，命令行提示：

选择标注：（选择一标注对象）

为标注文字指定新位置或 ［左对齐（L）/右对齐（R）/居中（C）/默认（H）/角度（A）］：（输入选项）

3. 选项说明

（1）为标注文字指定新位置　拖动时动态更新标注文字的位置。

（2）左对齐（L）　将标注文字沿尺寸线移至靠近左延伸线的位置（图 10-62a）。本选项只适用于线性标注、直径标注和半径标注。

（3）右对齐（R）　将标注文字沿尺寸线移至靠近右延伸线的位置（图 10-62b）。本选项只适用于线性标注、直径标注和半径标注。

（4）居中（C）　将标注文字放在尺寸线的中间（在延伸线内有足够空间的情况下），如图 10-62c 所示。

（5）默认（H）　将标注文字恢复到原来的默认位置，如图 10-62d 所示。

（6）角度（A）　修改标注文字的角度。例如，图 10-62e 中指定标注文字为 45°。

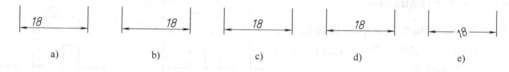

图 10-62　移动和旋转标注文字

10.4.3　调整标注间距

1. 功能

该命令用于对平行的线性标注之间的间距或共享一个公共顶点的角度标注之间的间距做等距调整。用户还可以使用间距值 "0" 来对齐线性标注或角度标注。

2. 命令格式

1）工具栏　标注→▥ 按钮

2）下拉菜单　标注→标注间距

3）输入命令　DIMSPACE↓

执行上述命令后，命令行提示：

选择基准标注：（选择平行线性标注或角度标注）

选择要产生间距的标注：（选择平行线性标注或角度标注以使其从基准标注均匀隔开，命令行提示）

输入值或 ［自动（A）］ ＜自动＞：（指定间距或按 "Enter" 键）

3. 说明

（1）输入值　指定从基准标注均匀隔开选定标注的间距值。例如，如果输入 "5.5"，则所有选定标注将以 "5.5" 的距离隔开。

（2）自动（A）　根据在选定基准标注的标注样式中指定的文字高度自动计算间距，所得的间距值是标注文字高度的两倍。

例 10-8　将图 10-63a 中的标注尺寸调整为以尺寸"8"为基准，相邻尺寸线间距为"4.5"（图 10-63b）。

操作过程如下：

命令：DIMSPACE ↓

选择基准标注：（选择尺寸标注"8"）

选择要产生间距的标注：（选择尺寸标注"16 "）

找到 1 个

选择要产生间距的标注：（选择尺寸标注"30"）

找到 1 个，总计 2 个

选择要产生间距的标注：↓

输入值或［自动（A）］＜自动＞：4.5↓

结果如图 10-63b 所示。

10.4.4　多重引线的编辑

利用多重引线编辑功能，可以添加、删除、合并引线，或者改变引线的位置等，以满足设计要求。

1. 添加引线

该命令用于将引线添加至现有的多重引线对象，或者从多重引线对象中删除引线。其打开方式有以下两种：

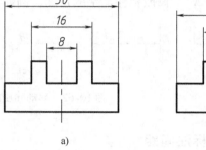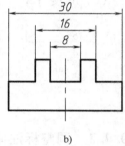

a)　　　　　　　b)

图 10-63　调整平行线性标注的间距
a) 调整前　b) 调整后

1) 工具栏　多重引线→🖉按钮

2) 输入命令　MLEADEREDIT ↓

执行上述命令后，命令行提示：

选择多重引线：（选择多重引线，命令行提示）

指定引线箭头位置或［删除引线（R）］：

这时，用户可根据需要添加或删除多重引线。图 10-64 所示为添加多重引线的过程。

2. 多重引线对齐

该命令用于将选定的多重引线对象对齐并按一定间距排列。其打开方式有以下两种：

1) 工具栏　多重引线→🖾按钮

2) 输入命令　MLEADERALIGN ↓

执行上述命令后，命令行提示：

选择多重引线：（选择多重引线，命令行提示）

选择多重引线：↓

当前模式：使用当前间距

选择要对齐到的多重引线或［选项（O）］：

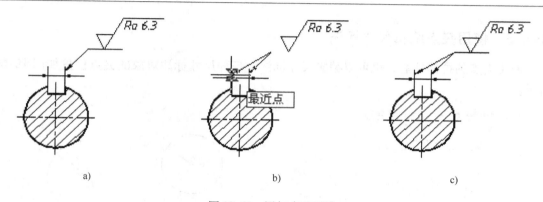

图 10-64　添加多重引线

a）原图　b）选择并指定引线箭头位置　c）添加结果

1）选择要对齐到的多重引线　选定多重引线后，指定所有其他多重引线要与之对齐。

这时命令行提示：

指定方向：

确定方向后，指定所有其他多重引线要与之对齐（图 10-65）。

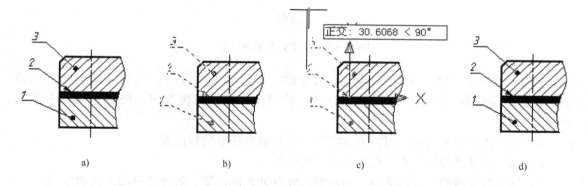

图 10-65　多重引线对齐

a）原图　b）选择多重引线　c）选择要对齐到的多重引线并指定方向　d）多重引线对齐效果

2）选项（O）　指定用于对齐并分隔选定多重引线的选项。这时命令行提示：

输入选项 [分布（D）/使引线线段平行（P）/指定间距（S）/使用当前间距（U）] ＜当前值＞：

各选项含义如下：

① 分布（D）　等距离隔开两个选定点之间的内容。

② 使引线线段平行（P）　放置内容，从而使所选定的多重引线的引线线段，与最后选择的要对齐到的多重引线的线段均平行。

③ 指定间距（S）　指定选定的多重引线内容之间的间距。

④ 使用当前间距（U）　使用多重引线内容之间的当前间距。

10.4.5　使用夹点编辑尺寸标注

使用夹点的拉伸功能，也可以编辑尺寸标注。各种尺寸标注对象的夹点位置如图 10-66 所示。

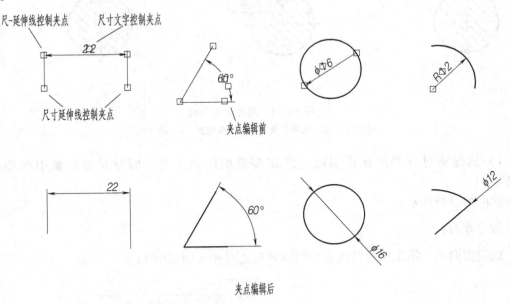

图 10-66　使用夹点编辑尺寸

尺寸中的夹点控制了尺寸延伸线、尺寸线、尺寸文字的位置。用鼠标选中相应的夹点，使其成为热点，然后移动鼠标到合适的位置，接着按鼠标左键，便可完成以下编辑操作：

1）选中文字控制夹点　可将文字沿尺寸线移动到任意位置放置。

2）选中尺寸线位置夹点　可改变尺寸线的位置。

3）选择延伸线原点控制夹点　可改变尺寸延伸线的位置，尺寸文字随之自动变化。

同样，用夹点编辑尺寸标注的方法也适用于多重引线。当然，夹点编辑的其他功能对于尺寸标注也适用。

思考与练习题十

1. 在 AutoCAD 中，可以使用的尺寸标注类型有哪些？

2. 如何设置尺寸标注样式？

3. 怎样更改当前图形中已标注的尺寸？

4. "多重引线"标注有什么用途？

5. 在图形样板文件"A3. dwt"、"A4. dwt"中，设置常用的尺寸标注样式并保存。

6. 调出第 7 ~ 9 章思考与练习题的图形，标注尺寸并保存。

7. 绘制如图 10-67、图 10-68 所示的图形并保存。

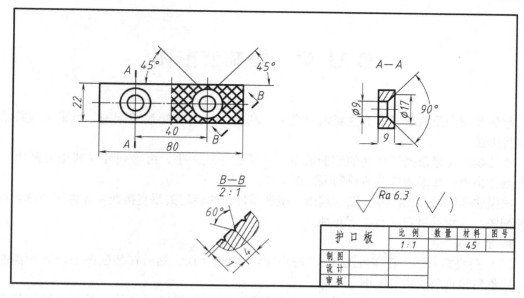

图 10-67　护口板

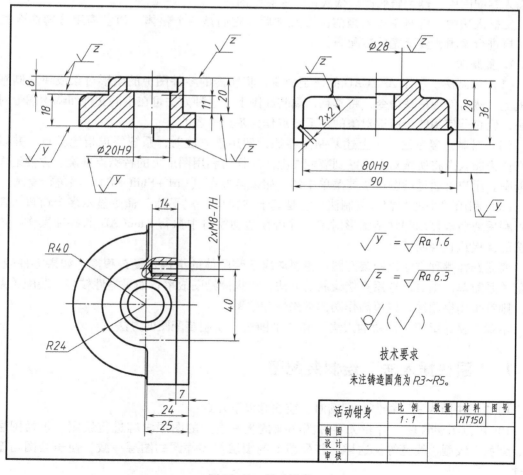

图 10-68　活动钳身

第 11 章　绘制装配图

绘制装配图是机械设计的重要内容之一。利用 AutoCAD 绘制装配图，可采用直接绘制法或拼图法。

直接绘制法是根据零件间的装配关系，从装配干线入手，由内到外（或由外到内）将零件逐个画出，经编辑修改后得到装配图。

拼图法是以已画出的零件图为基础，根据零件间的装配关系直接调用零件图，然后拼画出装配图。常用的拼图法有以下几种。

1. 插入法

（1）图块插入法　将零件图（或部分图形）创建为块，然后在装配图中插入所需的图块，经编辑整理后绘出装配图。

（2）零件图形文件插入法　首先绘出零件图，然后按机器（部件）的组装顺序将零件图插入装配图中，经编辑修改后依次拼装成装配图。

在插入法中，将对象插入当前图形文件后，它们是一个整体。通常需用分解命令处理后，再进行编辑，直至完成装配图。

2. 复制法

（1）复制法　利用 AutoCAD 的复制命令，将所需的零件图中的图形对象或块复制到剪贴板上，然后使用粘贴命令，将其粘贴到装配图上。这种方法可在不同文件间调用图形对象或块，但它是使用整个所选对象的左下角点作为基点插入的。

（2）带基点复制法　与上述复制法相比，使用该方法时，系统要求指定基点，并以该基点作为插入点将所选对象粘贴到装配图上。这样可利用图形上的特殊点准确、方便地作出装配图。用户可通过绘图区快捷菜单中的"带基点复制（Ctrl + Shift + C）"项进行复制。

（3）利用"平铺"窗口复制法　它是基于"窗口"→"平铺"命令显示多个窗口，窗口间可利用剪贴板复制和粘贴图形对象，并可在活动窗口中执行 AutoCAD 的各种操作。这种方法的优点是直观明了。

究竟选择哪种方法绘制装配图，主要取决于装配体的结构及复杂程度。如果零件较少，装配关系简单，则可以选用直接绘制的方法，以提高绘图效率；如果零件较多，装配关系复杂，则宜采用拼图法，以提高作图的准确性和效率。

本章主要介绍用"图块插入法"和"平铺法"绘制装配图的方法。

11.1　"图块插入法"绘制装配图

用"图块插入法"绘制装配图时，应注意以下几点：

1）规范图层管理　各相关零件图必须按统一设置的图层内容进行绘图，包括图层名称、颜色、线型、线宽等。这样，装配图上的图层与零件图的图层一致，便于绘图与图层管理。

2）规范尺寸标注　各相关零件图上所画图线的线性尺寸或角度尺寸必须与 AutoCAD 自动测量的尺寸一致（线性尺寸可采用缩放比例标注），且尺寸标注的样式设置应一致，以免影响装配图的效果。

3）图形比例与插入的缩放比例必须协调　绘制零件图时，可根据其结构大小和复杂程度采用相应的放大或缩小比例；但在绘制装配图时，各零件图必须根据装配图所采用的比例，采用相应的缩放比例插入。

4）块定义的基点应合适　块定义时所选的基点要满足零件图在装配图中的定位需要，这样可大大简化作图过程。

用插入法画装配图的具体做法是根据装配图的表达需要，将所画零件图（或零件图中的某些图形）分别定义成块，并选择其中的一个零件图作为基础，利用设计中心或块插入命令等将各图块按顺序插入。之后通常需要分解图块，再经过编辑、修改等完成装配图。

下面根据千斤顶的装配示意图（图 11-1）和零件图（图 11-2、图 11-3），在 A4 图幅中以 1∶1 的比例绘出千斤顶装配图。其过程如下：

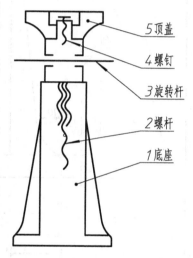

图 11-1　千斤顶装配示意图

第一步　设置（或调用）样板图形，使其图层、文字样式、标注样式等符合标准。

第二步　绘制千斤顶零件图。根据如图 11-2、图 11-3 所示的千斤顶零件图，按 1∶1 的比例绘制出零件图（过程略）。

第三步　绘制千斤顶装配图。

1）确定表达方案　根据千斤顶的结构特点、工作状况，以及零件之间的装配、连接关系，选择主视图（取剖视）作为千斤顶的装配图。

2）定义图块　根据表达方案的需要，将螺杆、旋转杆、顶盖及螺钉的主视图分别定义为 LG、XZG、DG 及 LD 图块，并取图中标记"×"处为插入基点（图 11-3）。

3）选择基础图形　根据千斤顶装配图的表达需要，选择"底座"作为装配基础件。将"底座"零件图另存为"千斤顶"，并擦除其俯视图、尺寸等（略去图纸的边界线、图框线和标题栏，如图 11-4a 所示）。

4）插入图块

① 插入 LG 图块　以 A 点为插入点，旋转 - 90°，在基础件"底座"的图形中插入 LG 图块，然后分解图块，并作修改，如图 11-4b 所示。

② 插入 DG 图块　以 B 点为插入点，旋转 - 90°，在当前图形中插入 DG 图块，然后分解图块，并作修改，如图 11-4c 所示。

③ 插入 LD 图块　以 C 点为插入点，旋转 - 90°，在当前图形中插入 LD 图块，然后分解图块，并作修改，如图 11-4d 所示。

④ 插入 XZG 图块　以 D 点为插入点，在当前图形中插入 XZG 图块，然后分解图块，并作修改，如图 11-4e 所示。

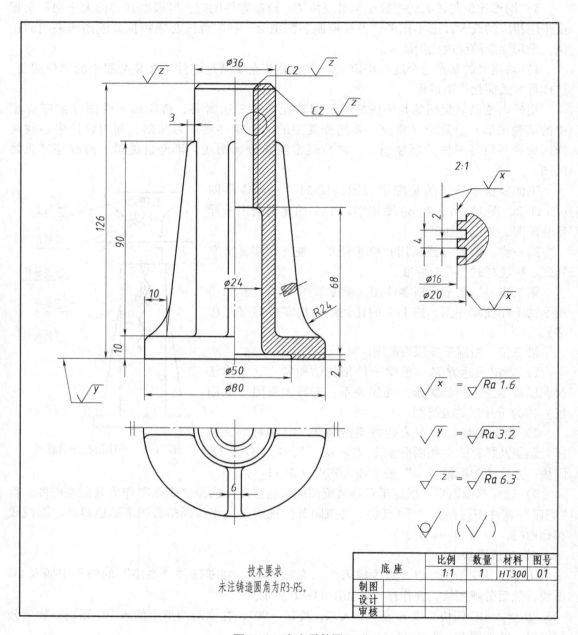

技术要求
未注铸造圆角为R3-R5。

图 11-2　底座零件图

底 座	比例	数量	材料	图号
	1:1	1	HT300	01
制图				
设计				
审核				

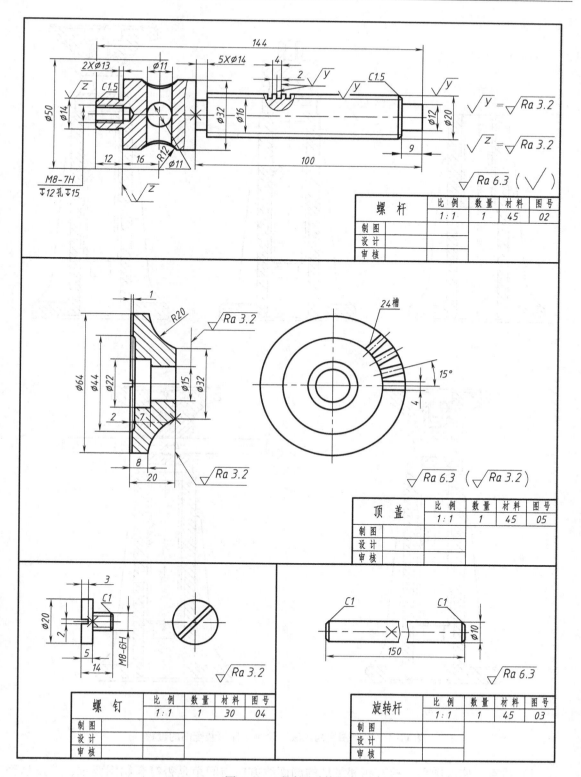

图 11-3　千斤顶零件图

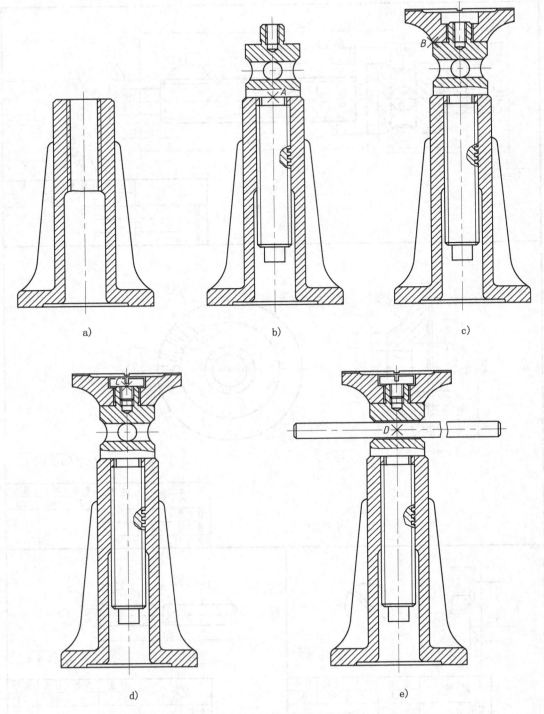

图 11-4　用"图块插入法"绘制千斤顶装配图的过程

5）检查、修改图形　检查相邻零件的剖面线方向与间距是否符合制图要求，以及是否存在漏画线或多线现象等，经过检查、修改，使其符合制图国家标准。

6）标注相关尺寸。

7）编写零件序号。

8）绘制（或调用）并填写标题栏和明细栏，完成千斤顶装配图（图 11-5）。

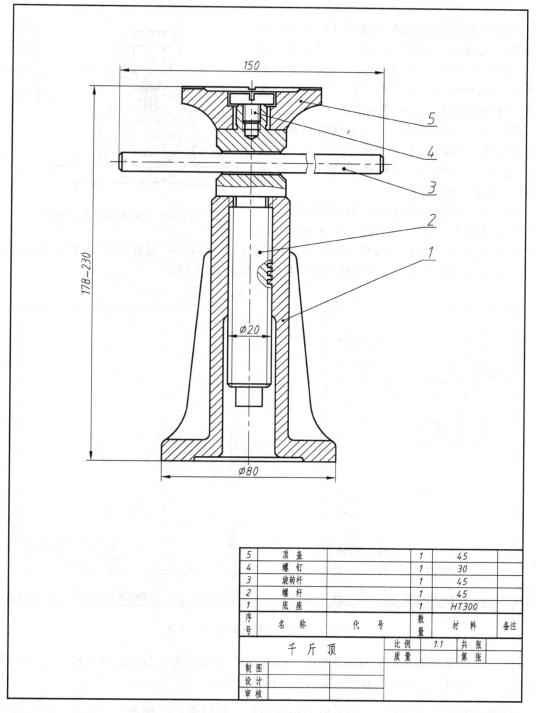

5	顶 盖		1	45	
4	螺 钉		1	30	
3	旋转杆		1	45	
2	螺 杆		1	45	
1	底 座		1	HT300	
序号	名 称	代 号	数量	材 料	备注

千 斤 顶		比例	1:1	共 张
		质量		第 张
制 图				
设 计				
审 核				

图 11-5 千斤顶装配图

9）保存并退出。

11.2 用"垂直平铺法"绘制装配图

下面根据滑动轴承装配示意图（图 11-6）和图 8-34（杯盖）、图 8-35（油杯）、图 8-36（轴衬），利用"窗口"→"垂直平铺"（也可用"水平平铺"）命令，在 A4 图幅中以 1:1 的比例绘制滑动轴承装配图。其步骤如下：

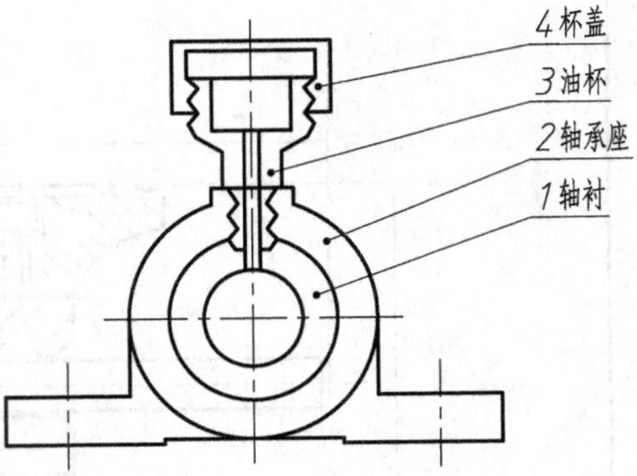

第一步　创建新图形。首先创建样板文件（或调用 A4 图幅），通过它建立新图形（图层的设置同零件图），并将该图形以文件名"HDZC.dwg"进行保存。

第二步　将轴承座图形添加到新绘图形。

（1）打开轴承座图形文件　在 AutoCAD 环境中打开如图 8-37 所示的轴承座零件图，而后选择"窗口"→"垂直平铺"命令，绘图屏幕上将显示新创建的图形与打开的轴承座零件图，如图 11-7 所示。

图 11-6　滑动轴承装配示意图

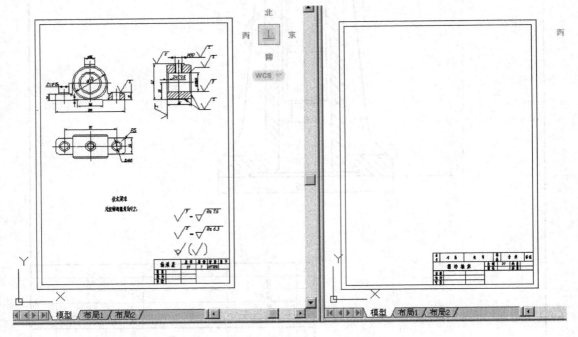

图 11-7　以垂直平铺形式显示各窗口

（2）将轴承座图形添加到新绘图形　从图 11-6 可以看出，装配图中用到了轴承座零件图中的三个视图，故将全部轴承座图形添加到新建图形。

单击轴承座零件图窗口，使其成为活动窗口。然后单击"标准"工具栏上的 　（复

制）按钮，或者选择"编辑"→"复制"命令或快捷菜单中的"复制"项，即执行 COPY-CLIP 命令。此时命令行提示：

选择对象：（选择轴承座零件图中的三个视图）

……

选择对象↓

选择新绘图形所在窗口为活动窗口。单击"标准"工具栏上的 （粘贴）按钮，或者选择"编辑"→"粘贴"命令或快捷菜单中的"粘贴"项，即执行 PASTECLIP 命令。此时命令行提示：

指定插入点：

在窗口内的恰当位置拾取一点，便将轴承座零件图复制到新建图形中。

（3）整理 关闭轴承座零件图，删除新图形中轴承座零件图的各标注尺寸，根据图 11-6 所示调整各视图的位置等，得到如图 11-8 所示的结果。

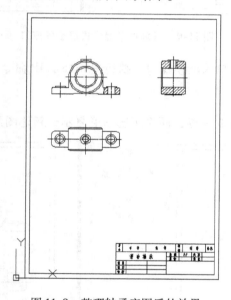

图 11-8 整理轴承座图后的效果

第三步 装轴衬。

（1）打开轴衬图形文件 在 AutoCAD 环境中打开如图 8-36 所示的轴衬零件图，而后选择"窗口"→"垂直平铺"命令，这时绘图屏幕上将显示打开的图形文件与新绘图形文件，如图 11-9 所示。

（2）将轴衬图形添加到新绘图形中 使轴衬零件图所在的窗口成为活动窗口，执行 COPYCLIP 命令后，命令行提示：

选择对象：（选择轴衬零件图中的主视图）

……

选择对象↓

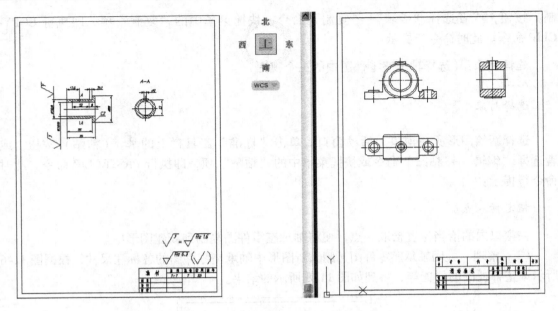

图 11-9　以垂直平铺形式显示各窗口

选择新绘图形所在的窗口为活动窗口。执行 PASTECLIP 命令后，命令行提示：

指定插入点：

在窗口内的恰当位置拾取一点，便将所选图形复制到新建图形中，如图 11-10 所示。

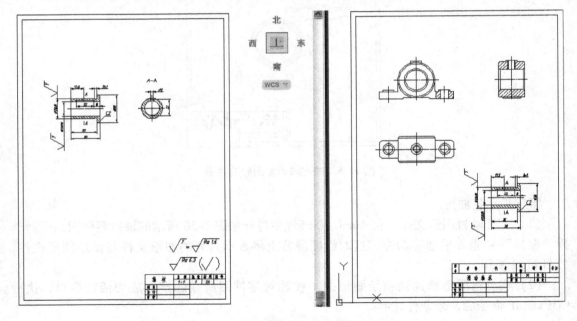

图 11-10　将轴衬图形添加到新绘图形中

（3）整理　关闭轴衬零件图形，经编辑后如图 11-11 所示。

（4）装轴衬　执行 MOVE 命令，此时命令行提示：

选择对象：（选择图 11-11 中的轴衬图形）

……

选择对象：↓

指定基点或 ［位移（D）＜位移＞：（在图 11-11 中，在轴衬图上的"×"处捕捉对应点）

指定第二个点或 ＜使用第一个点作为位移＞：（在图 11-11 中，在左视图中的"×"处捕捉对应点）

执行结果如图 11-12 所示，至此完成"装轴衬"的左视图。用户可使用类似方法完成"装轴衬"的主视图和俯视图，经编辑后如图 11-13 所示（过程略）。

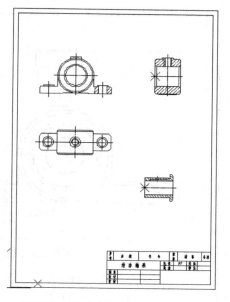

图 11-11　整理轴衬图后的效果

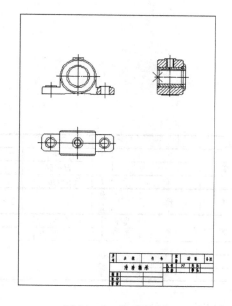

图 11-12　装配轴衬

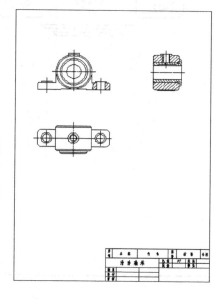

图11-13　轴承座与轴衬装配图

第四步　装油杯，装杯盖（过程略）。

第五步　检查、修改图形。检查相邻零件的剖面线方向与间距是否符合制图要求，以及是否存在漏画线或多线现象等。经过检查、修改使其符合制图国家标准。

第六步　标注尺寸，注写零件序号，填写标题栏、明细栏等（略），结果如图 11-14 所示。

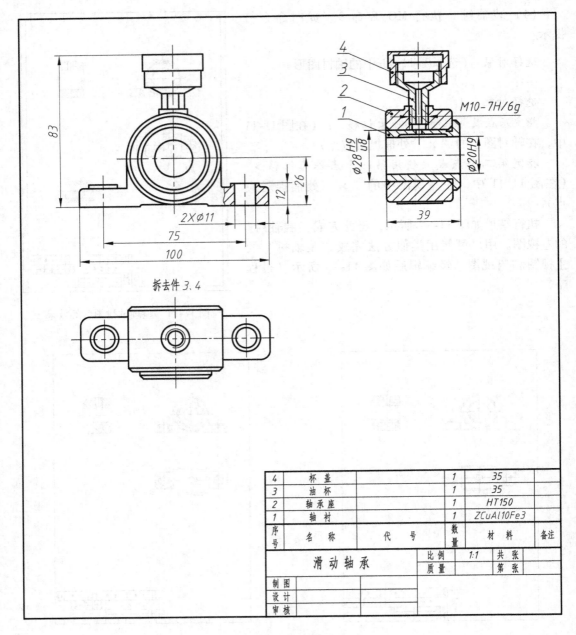

4	杯 盖		1	35	
3	油 杯		1	35	
2	轴承座		1	HT150	
1	轴 衬		1	ZCuAl10Fe3	
序号	名 称	代 号	数量	材 料	备注
滑 动 轴 承			比例	1:1	共 张
			质量		第 张
制图					
设计					
审核					

图 11-14   滑动轴承装配图

第七步   保存并退出。

思考与练习题十一

1. 绘制装配图的方法有哪几种？它们各有什么特点？

2. 绘制如图 11-15 所示的图形，并保存。

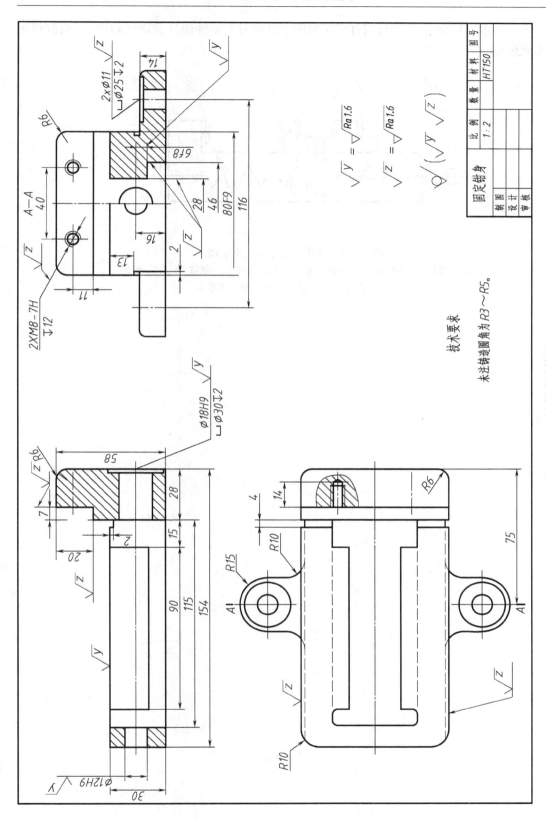

图 11-15　固定钳身零件图

3. 根据如图 11-16 所示的机用台虎钳装配示意图及其零件图（前面已画出），绘制机用台虎钳装配图（图 11-17）。

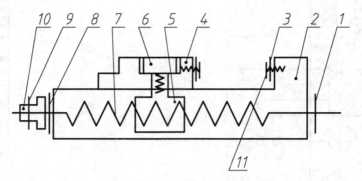

图 11-16　机用台虎钳装配示意图

1—垫圈　2—固定钳身　3—护口板　4—活动钳身　5—螺母　6、11—螺钉

7—螺杆　8—垫圈　9—销　10—圆环

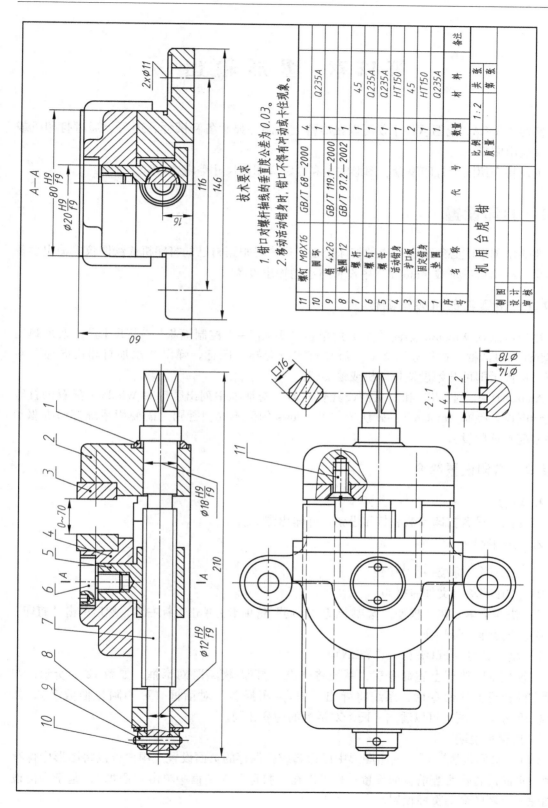

技术要求

1. 钳口对螺杆轴线的垂直度公差为 0.03。
2. 移动活动钳身时，钳口不得有冲动或卡住现象。

序号	名称	代号	数量	材料	备注
11	螺钉 M8×16	GB/T 68—2000	4	Q235A	
10	圆环		1	Q235A	
9	销 4×26	GB/T 119.1—2000	1		
8	垫圈 12	GB/T 97.2—2002	1	45	
7	螺杆		1	Q235A	
6	螺母		1	Q235A	
5	活动钳身		1	HT150	
4	护口板		2	45	
3	固定钳身		1	HT150	
2	垫圈		1	Q235A	
1					

机用台虎钳

比例	1:2	共 张
质量		第 张

图 11-17　机用台虎钳装配图

第 12 章　图形输出

使用 AutoCAD 绘图软件不仅可以在屏幕上绘制并显示各种图样，还可以通过打印机或绘图仪输出图形。

本章将介绍图形打印设置、图形输出和自定义图幅尺寸等内容。

12.1　打印设置

要输出图形就必须配备相应的打印设备。用户可根据自己的打印机或绘图仪等输出设备的型号，在 Windows 或 AutoCAD 中设置自己的输出设备。

12.1.1　设置打印机或绘图仪

用户可以在 Windows 桌面的左下角单击"开始"→"控制面板"→打印机"，系统弹出"打印机"对话框。在任务栏单击"添加打印机向导"图标，弹出"添加打印机向导"对话框，按提示即可开始设置打印机或绘图仪。

AutoCAD 在"打印"和"页面设置管理器"对话框中列出了针对 Windows 配置的打印机或绘图仪。除非 AutoCAD 的默认值与 Windows 的值不同，否则无需使用系统打印机驱动程序来配置这些设备。

12.1.2　打印设置简介

1. 功能

其功能是设置打印参数和打印设备，并输出图形。

2. 命令格式

1）工具栏　标准→🖨 按钮

2）下拉菜单　文件→打印

3）快捷菜单　在"模型"选项卡或"布局"选项卡上单击鼠标右键，然后单击"打印"

4）快捷键　Ctrl + P

5）输入命令　PLOT↓（或 PRINT）

在模型空间执行上述命令后，系统将弹出"打印-模型"对话框，如图 12-1 所示；在图纸空间执行上述命令后，系统将弹出"打印-布局 N"对话框（N 为阿拉伯数字），如图 12-2所示。从图中可以看出，两个对话框的内容相同。

3. 对话框说明

（1）"页面设置"区　列出图形中已命名或已保存的页面设置。用户可以将图形中保存的命名页面设置作为当前页面设置；也可以在"打印"对话框中单击"添加"，基于当前设置创建一个新的命名页面设置。

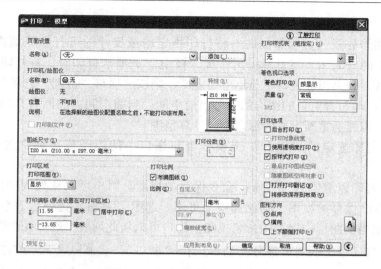

图 12-1　"打印-模型"对话框

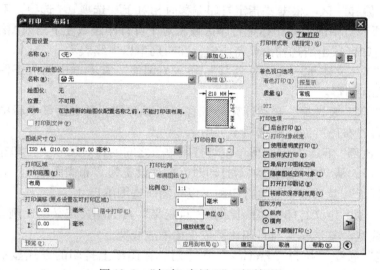

图 12-2　"打印-布局 N"对话框图

（2）"打印/绘图仪"区　打印时使用已配置的打印设备。

1）"名称"下拉列表框　列出可用的"pc3"文件或系统打印机，用户可以从中进行选择，以打印当前布局。通过设备名称前面的图标可识别其为"pc3"文件还是系统打印机。

2）绘图仪　显示当前所选页面设置中指定的打印设备。

3）位置　显示当前所选页面设置中指定的输出设备的物理位置。

4）说明　显示当前所选页面设置中指定的输出设备的说明文字。

5）"打印到文件"复选框　控制将打印输出到文件而不是绘图仪或打印机。

（3）"图纸尺寸"区　显示所选打印设备可用的标准图纸尺寸。如果未选择绘图仪，将显示全部标准图纸尺寸的列表以供用户选择。

（4）"打印区域"区　指定要打印的图形部分，用户可以在"打印范围"中选择要打印的图形区域。

1）布局/图形界限　打印布局时，将打印指定图纸尺寸的可打印区域内的所有内容，其原点从布局中的（0，0）点计算得出；从"模型"选项卡打印时，将打印栅格界限定义的整个图形区域。如果当前视口不显示平面视图，则该选项与"范围"选项的效果相同。

2）范围　打印包含对象的图形的部分当前空间，当前空间内的所有几何图形都将被打印。打印之前，可能会重新生成图形以重新计算范围。

3）显示　打印选定的"模型"选项卡当前视口中的视图或布局中的当前图纸空间视图。

4）视图　打印以前使用"View"命令保存的视图。用户可以从列表中选择命名视图，如果图形中没有已保存的视图，则此选项不可用。选中"视图"选项后，系统将显示"视图"列表，列出当前图形中保存的命名视图，用户可以从此列表中选择视图进行打印。

5）窗口　打印指定的图形部分。如果选择"窗口"，　窗口（O）<　按钮将变为可用按钮。单击　窗口（O）<　按钮以使用定点设备指定要打印区域的两个角点，或者输入坐标值。

（5）"打印偏移"区　根据"指定打印偏移时相对于"选项（"选项"对话框中的"打印和发布"选项卡）中的设置，指定打印区域相对于可打印区域左下角或图纸边界的偏移。

图纸的可打印区域由所选输出设备决定，在布局中以虚线表示。

1）"X"、"Y"文本框　在"X 偏移"和"Y 偏移"文本框中输入正值或负值，可以偏移图纸上的几何图形。

2）"居中打印"复选框　自动计算 X 偏移和 Y 偏移值，并在图纸上居中打印。当"打印区域"设置为"布局"时，此选项不可用。

（6）"打印比例"区　控制图形单位与打印单位之间的相对尺寸。打印布局时，默认缩放比例设置为 1∶1；从"模型"选项卡打印时，默认设置为"布满图纸"。

1）"布满图纸"复选框　缩放打印图形以布满所选图纸尺寸。

2）"比例"项　定义打印的精确比例。"自定义"可选用户定义的比例。

3）"缩放线宽"复选框　与打印比例成正比缩放线宽。

（7）"预览"按钮　执行"Preview"命令时，在图纸上打印的方式显示图形。用户要退出打印预览并返回"打印"对话框，可按"Esc 键"、"Enter"键或单击鼠标右键，然后在快捷菜单上单击"退出"。

（8）"应用到布局"按钮　将当前"打印"对话框设置保存到当前布局。用户只有对打印设置进行修改后，该按钮才可用。

（9）其他选项　控制是否显示"打印"对话框中的其他选项。单击"更多选项"按钮，可以在"打印"对话框中显示"打印样式表"、"着色视口选项"、"打印选项"、"图形方向"等选项。用户可以选择若干影响对象打印方式的选项。

1）打印样式表　设置、编辑打印样式表，或者创建新的打印样式表。AutoCAD 提供的打印样式可对线条颜色、线型、线宽、线条终点类型和交点类型、图形填充模式、灰度比例、打印颜色深度等进行控制。

选择此选项时，将自动打印线宽；不选择此选项时，将按指定给对象的特性打印对象，而不按打印样式打印。如果在"图层特性管理器"中设置了"线宽"，这里将保留"线宽"

的默认设置"使用对象线宽"。用户要修改打印样式，可单击打印样式列表旁的 ▦ 按钮。

　　2）着色视口选项　指定着色和渲染视口的打印方式，并确定它们的分辨率大小和每英寸点数（DPI）。

　　3）打印选项　指定线宽、打印样式、着色打印和对象的打印次序等选项。

　　4）图形方向　指定图形在图纸上的打印方向。

12.2　自定义图纸尺寸

　　打印出图时，若"打印"对话框中的图纸尺寸列表中没有所需的尺寸，可自定义图纸尺寸。现以定义 600mm×1286mm 的图纸尺寸为例，说明自定义图纸尺寸的操作过程。

　　第一步　使用"PLOT"命令，进入"打印—模型"对话框，如图 12-3 所示。

　　第二步　选择需要的打印配置文件或系统打印机（此例取"DWG To PDF.pc3"），如图 12-3 所示。

　　第三步　单击"特性"按钮，打开"绘图仪配置编辑器"对话框，并选择其中的"自定义图纸尺寸"项，如图 12-4 所示。

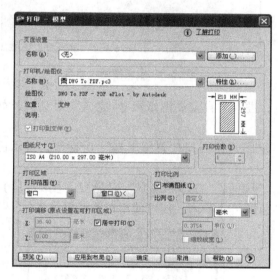

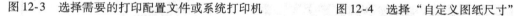

图 12-3　选择需要的打印配置文件或系统打印机　　　　图 12-4　选择"自定义图纸尺寸"

　　第四步　单击"添加"按钮（图 12-4），进入"自定义图纸尺寸—开始"对话框，选择"创建新图纸"单选按钮，如图 12-5 所示。

　　第五步　单击"下一步"按钮（图 12-5），进入"自定义图纸尺寸—介质边界"对话框，在其中设置相关尺寸和单位，如图 12-6 所示。

　　第六步　单击"下一步"按钮（图 12-6），进入"自定义图纸尺寸-可打印区域"对话框，在其中设置相关尺寸，如图 12-7 所示。

　　第七步　单击"下一步"按钮（图 12-7），进入"自定义图纸尺寸-图纸尺寸名"对话框，如图 12-8 所示。

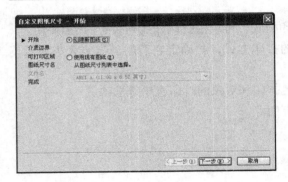

图 12-5　创建新图纸

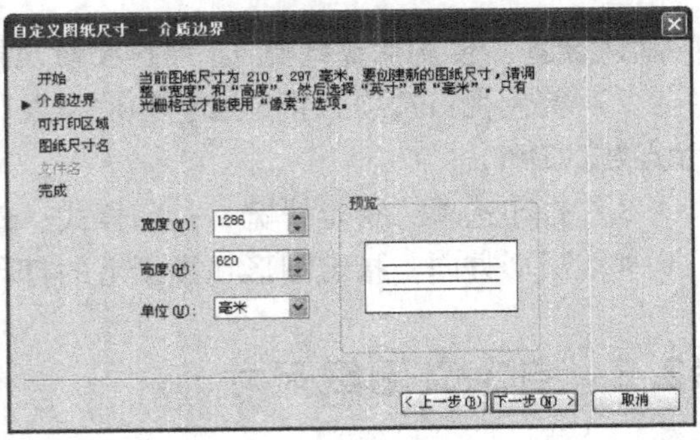

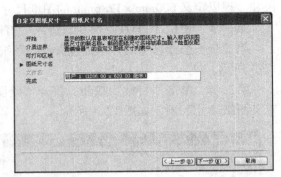

图 12-6　定义图纸介质边界

图 12-7　定义可打印区域

图 12-8　定义图纸尺寸名

　　第八步　单击"下一步"按钮（图 12-8），进入"自定义图纸尺寸-完成"对话框，如图 12-9 所示。

　　第九步　单击"完成"按钮（图 12-9），返回"绘图仪配置编辑器"对话框，显示已经添加好的自定义图纸尺寸。

　　第十步　单击"确定"按钮（图 12-10），便返回"打印—模型"对话框（图 12-11）。这时自定义的图纸尺寸也添加到该对话框的"图纸尺寸"内，便可使用该图纸尺寸了。

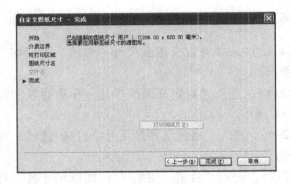

图 12-9　"自定义图纸尺寸-完成"对话框

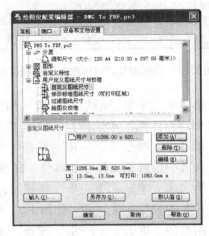

图 12-10　自定义图纸尺寸添加完毕

图 12-11 自定义图纸尺寸设置完毕

思考与练习题十二

1. 了解"打印-模型"对话框中的常用选项的用途及相关设置。掌握 AutoCAD 打印出图的基本方法。

2. 选用 A4 图幅，按 1:1 的比例打印如图 11-15 所示的固定钳身零件图。

参 考 文 献

[1] 程绪琦. AutoCAD 2006 中文版标准教程 [M]. 北京：电子工业出版社，2005.
[2] 刘魁敏. 计算机绘图——AutoCAD 2010 中文版 [M]. 北京：机械工业出版社，2011.
[3] 藏爱军. AutoCAD 2010 中文版实用教程 [M]. 北京：机械工业出版社，2009.
[4] 陈志民. AutoCAD 2011 中文版机械绘图实例教程 [M]. 北京：机械工业出版社，2010.